p5.js 編程入門觀止

藺 德 數位藝術工作室 編著

龍溪國際圖書有限公司 發行

敬告讀者

●本書所刊載的內容，是以 2018 年 10 月現時點的版本為基準。書內的功能說明或擷取畫面，可能與讀者利用之際，所使用環境的不同，而造成若干些微的差異。請讀者務必自行確認程式的版本，或所推介的網址是否還存在的問題。編著者或出版社無法適時提供相關更新的服務。

●本書僅以提供學習 p5.js 此一程式作為主要目的。因此，閱覽本書所衍生的應用問題，該由讀者自行判斷相關的責任歸屬。有關此類學習再延伸的應用結果，編著者以及出版社一概不負任何形式的保證責任。

●本書所提供的學習範例，均建立在 p5.js 官網的線上版 (https://editor.p5js.org/) 之內。本書的出版社 -- 龍溪國際圖書公司僅提供連結的功能，並無提供所有範例一次性可以全部下載所有檔案的服務項目。

●讀者可一邊閱讀本書的內容，一邊利用電腦在開啟網際網路的狀態下，進入到下列的網址：

http://www.longsea.com.tw/tw/product/show.php?num=387&category=TWBOOK

按一下「所有範例網址連結」，即可按照本書所列的章節，逐一點擊範例的網址，看見該範例的編程及執行的結果。為了確保範例執行的結果，能夠正常顯示，建議讀者事先將瀏覽器設定為「Google」或「Firefox」。若是採用其它的瀏覽器，將無法保證所有範例，均能夠正常完整顯示。相關的範例顯示問題，讀者可參閱本書 p.84 的解說。

●建議讀者，自行到官網利用自己的帳號，在 p5.js 線上版註冊一個個人專用可測試或創作的位址。如此，本書所提供的範例，即可將個別的編程複製到讀者專屬的位址之內，進行所謂的重新改作或再創作的工作。

本書所列舉的電腦系統或軟硬體名稱，一般均隸屬該研發商註冊所有。本書提及時並無特別標明其註冊商標或以™、©、® 等符號顯示，本書的編著者並無對該研發商有侵害的意圖。另本書所介紹的 URL 及其網站內的相關內容，也無法保證其不變更的權利。特此聲明。

序言

Coding 學習的必要性，已經無庸個人在此贅言了。問題的關鍵恐怕在我們應該從哪個 Coding 著手，才是付出了時間與心力後，對現在或將來的生活或工作，比較會有助益呢？這個問題似乎要回歸到：目前有哪些 Coding ？而這些不同的 Coding 又有什麼特性呢？對當前的程式現況環境，先要有一個普遍的認知與理解，才能做出比較正確的選擇。下列的這個位址：

https://buzzorange.com/techorange/2014/01/28/learn-programming-languages/

有一些程式語言的簡要介紹 (2014 年)，若能仔細看完，應當可以對近年的 Coding 環境，有比較清晰輪廓的瞭解。但在此必須補充說明的是，這份資料是僅對此十個程式語言來分類，並未針對最近根據各程式語言，所衍生出來的程式庫有進一步地著墨。畢竟目前依然純粹使用程式語言來開發系統或應用程式，還是一項相當專業的工作，這並非是一般人短時間所能達陣。而且這也跟鼓勵全民學習 Coding 的目標相違背，因此，我嘗試換個角度來看這個問題。若以編寫 Coding 的外觀而言，可歸納成下表所列的這幾種類型。

程式代碼的類型	程式的名稱	原程式語言
源代碼程式語言 (文字式程式設計)	p5.js	JavaScript
	Processing	Java
	openFrameworks	C++
	SuperCollider	類似Smalltalk
圖框式連線程式 (視覺化程式設計)	Pure Data (Max/MSP)	不詳
	TouchDesigner	Python
	vvvv	不詳
積木式堆疊程式 (視覺化程式設計)	Scratch	ActionScript
	App Inventor	Java

表 0-1：目前在影音表現方面較具代表性的應用程式

這個圖表僅列出目前主要在圖形、影音表現方面具代表性的應用程式，並未包含資料庫、人工智慧或超文字標記語言等。如果你願意參與學習 Coding 的行列，就得先閱讀相關的說明，同時考慮自己的性向，以及參酌他人已發表的既有作品，再做最後的決定才會比較適當。

儘管全世界正掀起一股學習 Coding 的熱潮，但台灣似乎還是以程式設計 (Programing) 這個既有的概念直接指稱對應的人居多。為了避免語意上的混淆，本序言仍未經翻譯而堅持使用原文，主要的理由就是擔憂早已深植人心，對程式設計原本的刻板印象，在還沒有享受到 Coding 的好處之前，卻已深受其害。要說其害處想必就是推展不易的苦果。相信「程式設計 = 學習困難」的人應該不會是少數吧！要破除這種迷思，是否應先提倡「Coding ≠ Programing」的觀念？即使 Coding 最終也能達成 Programing 的目標。

嚴格來說，Coding 是原本精通該程式語言的程式設計師，為了讓更多外行人能夠享用該程式語言的好處，所研發出來的次語言 (亦可稱經模組化的程式語言)。利用者只要按照預設的語法去編寫或編排，就能夠實現原本程式語言所要表達或表現的意義與作用，而不必每件事情都要自己從頭開始做起。我想這就是 Coding 與 Programing，最大差別所在。因此，上列的表 0-1 中間欄位所舉的程式，均屬 Coding 的範疇，而非歸 Programing 的領域。特別是視覺化程式設計，其編程跟原程式語言的源代碼 (source code) 之間，根本就迥然有別、而且大異其趣。

本書序言一開始由這個問題導入，無非就是想要告訴讀者，p5.js 究竟是一個什麼樣的應用程式，它在整個所謂 Coding 教育裡是處於什麼位置，甚至後續的章節就會逐漸讓你瞭解它能做什麼。我們都知道學習 Coding 主要目的，在於培養電腦的邏輯思維與解決問題的能力。換另一個角度來說，如何下達指令讓身邊的電腦、手機或任何晶片，為我們做事，而非僅在限定的功能裡，只是熟悉怎麼操作而已。不可否認，剛開始學習任何一種 Coding，都還是被預設的語法綁住居多，但一超越這個範圍，則是反過來藉著創意編程，就能讓電腦機器來為我們遂行想要做的事情。無論所解決的問題，是生活或工作上都一樣。而這才是學習 Coding 主要精神之所在。不過困難的是，套句阿克頓 (Lord Acton) 的話來說：「Coding 的好處，卻需熟悉 Coding 之後，方能被領悟、被重視」。

如果你有不錯的創意，而且想透過動態的影音效果，甚至以互動的方式，在網頁上展現出來，至少到目前為止，p5.js 絕對稱得上是最快速、而且是最容易達到的最佳表現工具。因為在 p5.js 所製作的任何可以執行的影像、動畫或聲音，或具互動作用的遊戲等，一經儲存下來的檔案，其實就能夠在網路、手機或平板電腦上運作的格式。我們可以完全在毫無意識 html 是否存在的狀態下，僅專注於作品本身的表現即可。

本書取名為「p5.js 編程入門觀止」，表示只要閱讀本書，入門就已足夠之意。對一個初學者來說，能夠逐步透過各章節的閱讀與理解，循序漸進全面建立起 p5.js 編寫程式的技術，就是本書出版的目的。而各章所提供的範例，力求每個區塊、每一行的代碼，均有詳盡的註釋解說，特別是針對該章所要學習的重點，請讀者務必當作是本書編寫內容的一部份來看待，千萬不要忽視它存在的意義與目的。

書內凡是鋪上淡綠底色的編程，均是附有檔案的範例；淺黃底色者則需自行輸入，或經比對後還要再修改部份的代碼；而淺藍底色者則是舉例，這是為了解說變數或某些函式的編寫方式才刻意鋪上的。三種底色的代碼分屬不同的涵義，請稍加留意即可。其實閱讀本書前幾章之後，自然而然地也就能理解到這項規範。

由於編寫本書的過程當中，以 p5.js 線上版的編輯器來說，就歷經了 alpha 版到正式版這兩個階段。書中所刊載的部分截圖，可能跟你所使用的正式版，在視窗畫面上或許存有若干些微的差異性，尤其是本書的第 1 章，請讀者不用太介意，深信這少許的不同差別，應不至於影響到操作時的困擾，甚至減損你學習 p5.js 的熱誠才對。畢竟若要根據正式版再重新截圖一次，也是一件很費時的工作。

本書所涉及的內容相當廣泛，由目錄的章節名稱來看，即可略知一二。編寫本書的過程當中，部份章節的內容是透過嘉義大學李俊彥教授、及台中教育大學資訊工程系畢業蔡育霖校友的鼎力協助，才得以豁然開朗地解決。而台中教育大學的周欣怡、沈清文同學也付出心力，幫忙做試讀與校對的工作，同時藉此表達感謝之意。沒有他們從旁的激勵與幫助，本書是無法如預定的時間順利完成。

最後必須再說明，本書所探討的範圍盡可能涵蓋 p5.js 本身提供的所有功能，包括官方已正式發布的核心程式庫 (p5.dom 與 p5.sound)。但凡第三方即社群貢獻的程式庫，全都存而不論。這無關乎那些程式庫，哪個功能強大、哪個好不好用的問題。理由是談了甲而不說乙，豈非私心偏愛。附帶一提的是，執筆期間欣見 p5.js 官網已推出簡體中文，這對習慣使用中文環境的讀者來說，確實是一項福音。但可惜 p5.js 編輯器程式本身尚未中文化，或許我們還需要時間等待。謹此為序。

目 錄

6

8

第 1 章　p5.js 與使用環境的準備

本章主要是簡介 p5.js 及其特色的說明，小試官網所提供的範例，並介紹使用環境的準備工作，最後再探討如何將 Processing 的代碼，轉換成 p5.js 的編程等項目內容。

1-1　p5.js 與 Processing

■ p5.js 是什麼？

p5.js 是瀏覽器上可直接運行的應用程式，或為了能創作出包含這些功能的網頁設計，所開發出來新世代的編程環境。由於 p5.js 是使用標準的 JavaScript 語言，所以寫好的程式就能夠直接在瀏覽器上運行。另一方面，p5.js 正因為事先已將網頁標記語言的 HTML5、串接樣式表的 CSS3 當成底層，基本上使用者根本可在毫無意識它們已經存在的狀態下，僅專心致力於視覺化的設計工作即可。p5.js 就是巧妙搭建在 JavaScript、HTML5 與 CSS3 這三種網頁元素的架構之上，提供另一種全新階層概念所開發的編程環境。

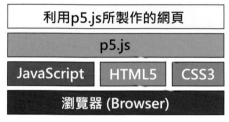

圖 1-1：p5.js 及其相關編程的關係位置圖

p5.js 所提供的編程環境，概略地說，只要上網到正確的線上版位址，或下載其基本的程式庫、再搭配任何一種文本編輯器，就能夠直接免費使用。整體歸納而言：

○ 它就是一種開源 (Open Source) 的 JavaScript 編程語言
○ 針對藝術家、設計師或初學者提供易學好用的開發環境
○ 利用此一程式可以用來表現圖形、動畫或互動網頁設計

■ p5.js 的特色

過去的資料視覺化設計常令人感到挫折 --- 由於之前的網頁有各種不同規格、技術細節的瑣碎，還有瀏覽器是否支援等問題，往往讓初學者望之卻步。近幾年來，雖已逐漸形成 JavaScript、HTML5 與 CSS3 三者並用的標準化過程，但若真的同時需要兼顧三者來進行網頁設計，確實還是相當辛苦的一件事情。因此，前後就出現許多易用的 JavaScript 程式庫，例如：為了讓 JavaScript 更容易使用的 jQuery、或令 3D 圖形更方便利用的 Three.js、甚至更輕便製作 2D 遊戲的 enchant.js，均屬於此類。而 p5.js 同樣也是為了減輕開發者的負擔，才在這波浪潮中因應而生。概略地說，p5.js 就跟前述的三個類似，同屬於 JavaScript 程式庫的一種。而 p5.js 的最大特色，就在於直接利用 JavaScript 來進行編程。更具體來講：

○ 就因為是使用 JavaScript 語言，所以擁有強大的跨平台、跨地域特性
○ 利用簡短的代碼，就能夠讓程式在網頁上秀出酷炫的動態式影音作品
○ 就像 Processing 那樣，可製作 iPhone 或 Android 能執行的應用程式

■ p5.js 與 Processing 的關係

談到 p5.js，不能不順便提一下 Processing，因為兩者具有極其微妙的關係。Processing 是麻省理工媒體實驗室的 Casey Reas 與 Benjamin Fry，根據 Java 語言在 2001 年研發出來的程式；而 p5.js 則是 Lauren McCarthy 依據 JavaScript 語言於 2011 年所研發出來的另一個程式。當年研發 Processing 最主要的理念，是想讓有心致力於利用 Java 程式語言，來創造作品的藝術家、設計師或學生們，完整打包那些屬於技術處理的旁枝末節問題，讓創作者可以更專心於視覺化表現本身。經過十幾年相當多人的共同努力，Processing 確實已發展成一種易學好用的 Java 程式開發環境，而且受到相當多有識之士的矚目。正因為如此，十年後的 p5.js 就是標榜承襲 Processing 的一貫精神，期欲打造出同樣易學好用的 JavaScript 程式開發環境。一樣是作為程式的開發環境，p5.js 與 Processing 這兩個程式，目前均受到 Processing Foundation 團隊的鼎力支援，而且還正持續開發中。

因此，p5.js 可以說就是 Processing 的 JavaScript 移植版。前述 Processing 是根據 Java 語言所研發出來的程式。儘管 JavaScript 與 Java 語言在名稱上，或在語法上都有很多相似性，但這兩種程式語言從設計之初就有極大的不同。嚴格來說，JavaScript 是一種描述（或稱腳本）語言，只要經過解釋即可運行；而 Java 則是標準的程式語言，必須透過編譯才能執行。正因為 Processing 必須經過編譯程序，使用者的電腦就要預先安裝編譯環境（例如 Processing IDE，簡稱 PDE）才能執行程式。而 p5.js 由於是使用標準的 JavaScript 語言，所以寫好程式後直接就能在瀏覽器上運行，不需任何前置安裝作業。相對來講可攜性較高，也不用擔心碰到編譯器版本的差異，而導致呈現結果的不同。因此，Processing 可以說僅存於桌面環境，自己才看得到，若要與他人分享作品，則須透過 Processing.js 格式上傳到網站，或將寫好的程式直接傳給對方。而 p5.js 寫好程式之後其實就是一個網頁，只要把這個網頁放上雲端、或將 sketch.js 嵌入某個 html 內，他人僅需透過連結，就能在瀏覽器上觀賞到這件作品。

■ 測試官網所提供的範例

在尚未正式介紹 p5.js 的使用環境之前，我們不妨先到官網小試某個範例，體驗一下編程的感覺與樂趣。

1. 首先，請到 p5.js 的官網 → https://p5js.org/ 。

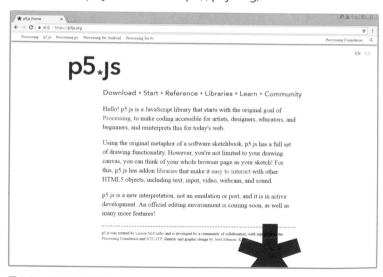

圖 1-2：p5.js 的官網頁面

10

2. 點擊「Start」。

圖 1-3：點擊 p5.js 官網的「Start」

3. 再點擊左邊的「Examples」。

圖 1-4：點擊左側的「Examples」

4. 移往整個頁面的下方，選擇點擊「Drawing」項目下的「Continous Lines」。

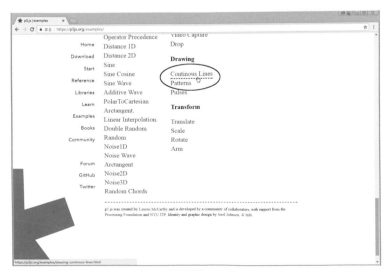

圖 1-5：再點擊「Continous Lines」這個範例

5. 在暗灰色的畫布上，利用滑鼠拖移繪製長長的一條線。感覺就像使用鉛筆來畫圖似的。

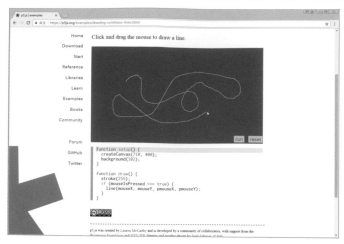

圖 1-6：在暗灰色畫布上繪製一條長長的白線

6. 把整個程式的代碼，逐行逐字比對，修改或是再輸入成如下：

```
function setup() {
  createCanvas(640, 480);
}

function draw() {
  if (mouseIsPressed) {
    fill(0, 255, 255);
  } else {
    fill(255, 255, 0);
  }
  ellipse(mouseX, mouseY, 80, 80);
}
```

7. 確認修改無誤後，請按畫布右下角的「run」鈕。再移動滑鼠至畫布內，偶爾按下滑鼠再拖移，此時顏色會轉變成天藍色的。為什麼會這樣？這只是體驗一下，若還不能完全瞭解沒關係，很快就會學到。

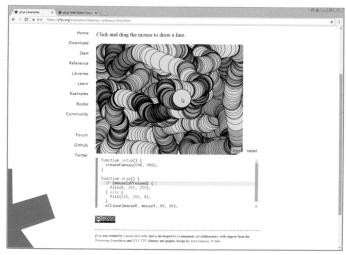

圖 1-7：更改程式後在畫布上繪製圓圈的情況

1-2 如何使用 p5.js

■ p5.js 開發環境的介紹

p5.js 的開發環境，並不像 Processing 那麼單純，而是存在很多的管道與方法。在此就先概略區分成兩種方式 --- 即線上與線下兩大類。線上類有 A. 使用 p5.js 線上版的方法；B. 使用 OpenProcessing 網站上傳的方法；C. 使用 CodePen 網站上傳的方法。線下類則有 D. 使用下載 p5.js 的完整版、搭配文本編輯器的方法；E. 使用 Processing PDE 切換成 p5.js 模式的方法；F. 使用下載與安裝獨立的 p5.js 編輯器方法。以上兩大類總共有六種方法。

上列的六種方法，其實各有其優缺點。本書強烈建議初學者儘量採用 A. 使用 p5.js 線上版的方法。因為它最簡單、最容易上手，而且可以免去一些下載或安裝的手續。只是 p5.js 線上版必須事先註冊，否則編寫好程式之後是無法儲存的。本書的編寫過程，基本上都是以這個方法進行測試為主。偶爾才使用其它的方法。當然如果你是同時要學習兩種程式語言 --- 即 Processing 與 p5.js，建議改採 E. 使用 Processing PDE 切換成 p5.js 模式的方法。理由是可以省去文本編輯器或安裝程式所占據的空間。只要先下載並安裝好 Processing 的 PDE 之後，再上網安裝 p5.js 的套件即可使用。

至於 B. 使用 OpenProcessing 網站上傳的方法，由於這個網站可以接受 Processing 與 p5.js 這兩種不同程式的編碼，是為其最大的優勢。當然缺點一樣是需要先註冊，否則就無法上傳程式。而同屬線上類的 C. 使用 CodePen 網站上傳的方法，基本上除了 p5.js 的程式之外，其它舉凡用 HTML 或 CSS 特殊語法，所編寫的程式均能接受，所以它的相容性較高。但缺點則是在免費註冊可享用的範圍內，有其功能與數量上的限制，這也直接導致它無法非常普及的原因。

線下類的 D. 使用下載 p5.js 的完整版、搭配文本編輯器的方法，這是除了官方所提供的 p5.js 線上版之外，特別推薦的方法。當然這也是為了提供給稍具程式設計經驗者另外的一種選擇。使用這種方法比較像是專業編寫程式的感覺，但編程中需要注意的地方較多，稍一不留神可能就會導致錯誤。這對完全毫無編程經驗的初學者來說，並不太建議一開始就去使用它。至於最後的 F. 使用獨立的 p5.js 編輯器方法，這是官方尚未推出 p5.js 線上版之前，廣泛被推薦使用的方法。不過目前已被停用的狀態。有興趣者還能到下列網址取得。

https://github.com/processing/p5.js-editor

接下來就專為 A. 使用 p5.js 線上版的方法及 D. 使用下載 p5.js 的完整版、搭配文本編輯器的方法，進行比較深入的解說。這兩種方法算是官方所推薦的標準編程模式，所以在此多花一些篇幅加以介紹。其它的方法就存而不論了。必要時，請上網自行搜尋相關的資訊即可。

■ 使用 p5.js 線上版的方法

確認電腦已連上網路，請至 https://editor.p5js.org/ 這個位址。或者是到 p5.js 官網其下載 (Download) 頁面下方的 Editor(編輯器) 欄位，單擊「p5.js Web Editor」(2018.10.5 的時點) 亦可。如此，就能看到如下頁所示的頁面視窗。

Editor

圖 1-8-0：到官網的下載 (Download) 頁面下方，單擊 p5.js Web Editor 的鏈結點亦可

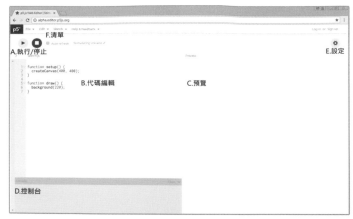

A.執行/停止：程式的執行或停止
B.代碼編輯：可輸入代碼的區域
C.預覽：圖形或動畫的顯示區域
D.控制台：顯示錯誤訊息或印表執行結果
E.設定：與編輯顯示相關的設定
F.清單：跟檔案、查找或參考資料有關的指令

圖 1-8：進到 p5.js 線上版時的視窗頁面

A. 執行 / 停止

當執行鈕被按之後，會由 ▶ 變成 ◉ 符號圖像，此刻停止鈕同時也會由 ◉ 變成 ■ 符號圖像。相反地，當停止鈕被按下後，則會由 ■ 變成 ◉ 符號圖像，此時執行鈕則由 ◉ 變成 ▶ 符號圖像。這兩個按鈕、四種圖像是互為連動的關係。重點是凡有圓圈反白的情況，就是當前所處的狀態。而在目前所預設編碼的狀態下，執行的結果 (C. 預覽) 也僅是顯示淺灰的背景色。

而兩個執行 / 停止鈕的右邊，有個口小方格名為 Auto-refresh 選項，勾選時每次修改代碼就會立即自動回饋出結果。不選時，則需按執行鈕才會有程式預覽 (Preview) 的作用。鉛筆圖像的左邊，通常 p5.js 每次建立新檔案時，就會自動形成兩個英文單字所組成的檔案名稱，其實點選此名稱即可以加以變更檔名 (中文亦可)，輸入之後記得按 Enter 鍵加以確認就是。即使事先已儲存的，也能隨時由此再變更檔名。

B. 代碼編輯
● setup( ) {...}　→僅執行一次的主函式區塊。一般用來設定畫布大小、動畫執行速率等初始化的函式。
● draw( ) {...}　→會持續重複執行的主函式區塊。通常用來設定顏色、圖形或動畫遵循條件等的函式。

頁面視窗的左側，已經幫我們預先鍵入某些基本必要的函式。其中最重要的是，function setup() {...} 與 function draw() {...} 這對孿生兄弟。前者是只執行一次的作用，通常是用來編寫僅需要規定一次即可的函式，亦即編程初始化的設定，例如：畫布的大小、動畫的執行速率或決定所需使用的色彩模式等。後者則是擁有不斷重複執行的作用，舉凡繪圖時所需填塗的顏色或指定繪製哪種圖形的函式，或者是製作動畫時，需要設定以什麼方式前進或移動的條件等，絕大部份的情況均編寫在這個區塊內。這對孿生兄弟對 p5.js 而言，就是整個程式早已預設好即所謂的「系統函式」。其分工概念如下所示：

Tips
 編程過程當中，凡是開頭冠有function關鍵字的整段程式區塊，其首行左邊的行數編號與代碼之間，則會顯現出「v」符號。若該區塊內的代碼，大致上已經搞定，此時就可以點擊該「v」符號，使整段代碼全部收納起來。而被收納起來的區塊尾端，就會變成 {…} 這個樣子，而且原左邊的「v」也會變成「>」符號。凡已收納的代碼其行數編號，也都會被隱藏起來。這對正進行中的代碼編輯，非常有幫助，因為在有限的螢幕內，相對可以節省一些空間。當然有時如果還想打開該程式區塊，來查看或編輯某些代碼的話，只要再單擊這個{…}圖像即可。

每當按 ▶ 執行時

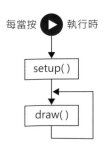

圖 1-9：程式執行時的處理流程

至於 setup 與 draw 函式之前均冠有 function 名稱，究竟有何意義呢？目前你只要先瞭解這是 p5.js 特有的規定即可。無須太鑽牛角尖，使用前不必每個字句，都非搞定不可的念頭。其實學習到某個階段，適時再加以解說，或許會比較恰當。因此，這裡其它的函式就留待後面的章節再說明。

你可以試著鍵入某個繪圖函式，例如：在 background(220); 之下，再輸入 ellipse(width/2, height/2, 80, 80); 當還在輸入代碼的途中，左邊的行號時而顯示出淺黃或淺紅色，這只代表代碼尚有不全之意。等整個函式輸入完畢，或許就不會再顯示出任何顏色。但如果函式的名稱拼錯，執行後就一定會顯示出整行條狀的淺紅色，而且更重要的是，函式名稱本身也不會變成粗體字。甚至連 D. 控制台還顯示出全英文的錯誤訊息。由此可以理解：淺黃色只是提醒注意；淺紅色已是錯誤警告。

C. 預覽 (Preview)
這個區域最單純，僅是顯示圖形或動畫的部份。當然畫面範圍主要是由設定的畫布大小來決定。若是畫布需要設定較大，而預覽區不足以顯示完整的畫面時，則可將代碼編輯區調整縮減一些 (往左移)。相反地，代碼顯示需要較寬，圖形預覽較無所謂時，則可調增代碼編輯區 (往右移)。依個人所需，可適時調整。

D. 控制台 (Console)
這個部份主要用來自動顯示錯誤的訊息，或是編程需要印表出任何資料的結果。若編程時無需印表出任何資料，則可單擊右邊的「Clear ∨」名稱符號，收納起控制台。必要時，再單擊「∧」符號重新展開。

E. 設定 (Settings)
這是用來設定整個編輯器的外觀、代碼編輯區內所顯示文字的大小或縮排的空間等作用的地方，當然還包括草稿設定 (Sketch Settings) 與無障礙 (Accessibility) 等。基本上目前尚無瞭解的必要。就以預設的選項為主，不用特意去改變它。單擊對話框右上端的「X」符號，關閉即可。

15

圖 1-10：設定各種使用環境的選項

F. 清單 (Menu)
整個編輯器上端還有清單欄位。最右端是登入 (Log in) 或註冊 (Sign up) 的位置。既然要學習 p5.js 了，還是誠懇地建議，趕緊註冊一個你個人專屬的帳號吧！若無帳號，編寫好的代碼是無法儲存的。左邊的清單中比較重要應屬檔案 (File) 內的新增 (New)、範例 (Examples) 等指令。如果你已經在此註冊了帳號，這清單內還會顯現有儲存(Save) 或開啟 (Open) 等指令。這對我們進行編程的測試、修改或儲存，甚至爾後的作品展示，都有很大的幫助。通常儲存於此的檔案，基本上是以儲存的時間先後來排列，最後儲存的，開啟時必定是顯示在最上面。此外，清單右邊的 Help & Feedback，特別是裡面的參考文獻 (Reference) 頁面，更是對學習編程有莫大的幫助。若偶爾出現不太瞭解的函式時，隨時到此查找閱覽一下，理應就容易理解。因為這裡所附的參考資料，都是以簡短的範例來說明，而且目前已經有簡體中文翻譯，應當不至於完全都看不懂其意涵。此外，還有一份快捷鍵 (Keyboard Shortcuts) 一覽表，必要時再記住常用的幾個即可。

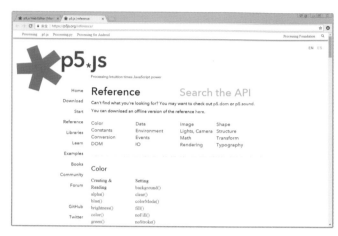

圖 1-11：官網所提供的參考文獻 (Reference) 主頁面

圖 1-12：p5.js 線上版的快捷鍵一覽表

G. 其它

隱藏在編輯器最左邊，還有早已預置好的檔案以及圖片或聲音檔案編輯的功能。點選 sketch.js 左邊的「>」符號，即可開啟專案檔案夾 (project-folder) 欄位，其中顯示著三個檔案名稱 --- 即 sketch.js、index.html 與 style.css。這就是本章一開始所提到在 p5.js 底層的東西。我們只要專心編寫 sketch.js 內的代碼就好，不用去理會其它兩種程式。因為 p5.js 早已為我們預置好。

圖 1-13：開啟專案檔案夾的狀況

當然你若想瞧一下 index.html 或 style.css 的內容，只要分別點擊一下檔名，就能看到各自的長相。目前看不懂沒關係，點擊一下左邊欄位內的 sketch.js 檔名，就可退回原來的樣態。然後再點擊一下 sketch.js 左邊的「<」符號，關閉整個專案檔案夾的欄位，恢復成原本的狀態。圖片或聲音檔等編輯的功能，後面用到時再談。在這裡我們只是瞧瞧，什麼事也不用去做。

■ **使用下載 p5.js 的完整版、搭配文本編輯器的方法**

接下來繼續談如何下載與安裝 p5.js 的完整版，然後再談搭配其它文本編輯器來構築 p5.js 開發環境的方法。如果你已習慣使用 p5.js 線上版的方法，本小節其實是可以略過的。

○首先下載 p5.js 的完整版。

請至 https://p5js.org/download/ 網址：

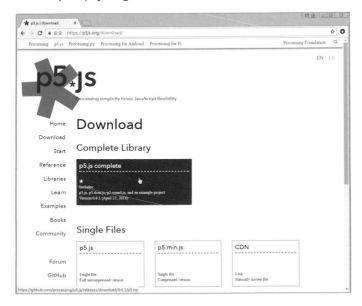

圖 1-14：到官網的下載 (Download) 頁面，再點擊 p5.js complete 的情況

請點擊 Complete Library 下方的矩形框，下載 p5.zip 這個壓縮的資料夾。下載完畢後，按著滑鼠右鍵，由跳出式清單中選擇執行「解壓縮全部 (T)」。解壓縮後的「p5」資料夾裡面應有 7 個項目。

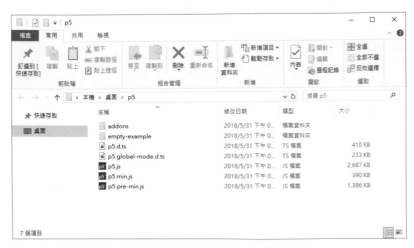

圖 1-15：p5 資料夾內有 7 個項目 (依據 2018. 04. 27---0.61 版的情況)

擺放在這裡的 p5.js、addons 資料夾，都是使用 p5.js 來編程時必要的東西。而我們若要進行程式設計時，最重要的是空白樣本，它們就擺放在 empty-example 資料夾之內。

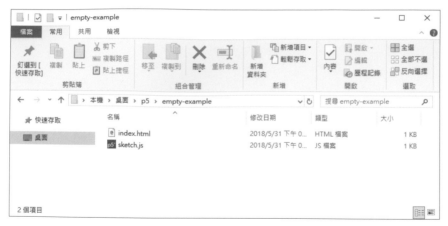

圖 1-16：empty-example 資料夾之內有兩個檔案

在 empty-example 資料夾之內，有 index.html 與 sketch.js 這兩個檔案，本節所介紹的這種方法，主要就是利用 sketch.js。首先就讓我們一起來看一下 index.html 這個檔案，目前究竟有什麼東西呢？請利用瀏覽器來開啟 index.html 這個檔案，或是將 index.html 這個檔案拖移到瀏覽器的頁面內，明顯地，這只是個完全空白的網頁。

圖 1-17：empty-example 資料夾內 index.html 檔案被執行的情況 (是完全空白的)

○接著是搭配使用任何一個文本編輯器。

接下來利用任何一種文本編輯器，開啟 index.html 這個檔案來瞧瞧。

```html
<!DOCTYPE html>
<html>
  <head>
    <meta charset="utf-8">
    <meta name="viewport" width=device-width, initial-scale=1.0, maximum-scale=1.0, user-scalable=0>
    <style> body {padding: 0; margin: 0;} </style>
    <script src="../p5.min.js"></script>
    <script src="../addons/p5.dom.min.js"></script>
    <script src="../addons/p5.sound.min.js"></script>
    <script src="sketch.js"></script>
  </head>
  <body>
  </body>
</html>
```

圖 1-18：利用 Sublime Text 2 開啟 index.html 檔案的情況

目前在市面上流通的文本編輯器相當多，Atom、Brackets、Sublime Text 2 或 Visual Studio Code 是比較有名的幾個。或許各編輯器的外觀有些不同，但所開啟的 index.html，其內容應當是一樣。可隨個人的喜好來選用。

這裡最值得注意的是，第 10 行就表示讀取 sketch.js 內的資料之意。那麼，接著我們還是用文本編輯器來開啟 sketch.js 這個檔案。

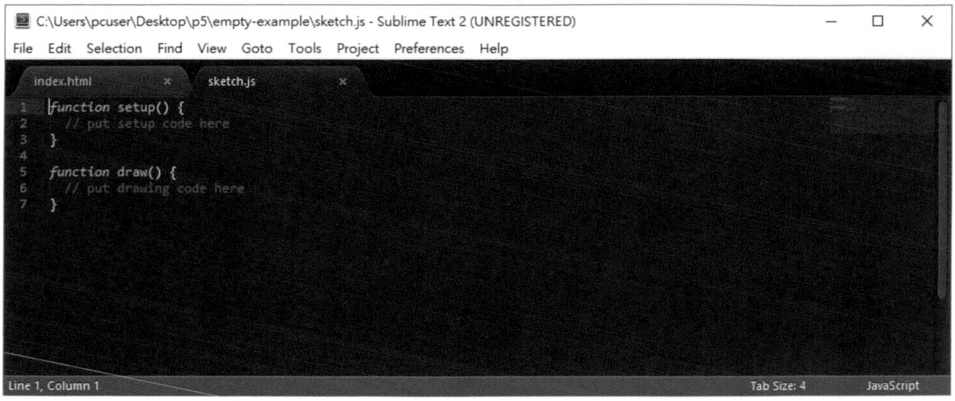

圖 1-19：利用 Sublime Text 2 開啟 sketch.js 檔案的情況

顯然地，檔案裡僅有 function setup() {...} 與 function draw() {...} 這對孿生兄弟。無怪乎剛才利用瀏覽器開啟 index.html 那個檔案時，什麼東西也沒有。

最後，就讓我們來測試一下，利用 Sublime Text 2 進行 sketch.js 的編程工作吧！將前面已改寫過的代碼，再稍微修改如下。

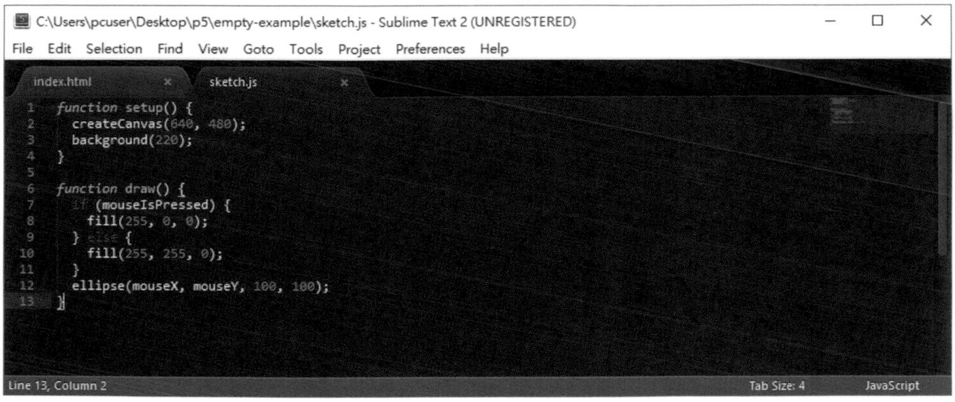

19

圖 1-20：使用 Sublime Text 2 在 sketch.js 檔案裡加入代碼的情況

接著將 sketch.js 這個檔案儲存下來。儲存的位置就是在原 empty-example 資料夾之內，亦即替代覆蓋掉既有的 sketch.js 檔案。然後再由瀏覽器開啟原 empty-example 資料夾內的 index.html 那個檔案，此時我們就會發現，頁面已經不是完全空白的，而是修改過代碼時所要表現的內容了。這裡特別要強調：如果你想要持續使用這種方法來編寫代碼的話，建議你事先複製 empty-example 資料夾。

圖 1-21：再次由瀏覽器開啟 empty-example 資料夾內的 index.html 檔案，並加以繪圖的情況

以上就是使用下載 p5.js 的完整版、搭配文本編輯器的操作方法。

1-3　如何將 Processing 的代碼轉換成 p5.js 的編程

p5.js 雖說是 Processing 的網頁版，但這並不是意味著所有程式可以完全互通，其實在編程上還是存在著某些微妙的差異。當然相反地，這也不是說要將 Processing 的編程，轉換成在 p5.js 編輯器裡能夠執行，必定是困難重重的一件事。由於 Processing 推出比較早，坊間或網路上流傳的資源、或可供參考的範例，相對比較豐富。必要時我們還是難免要將 Processing 代碼，轉換成 p5.js 編程的機會，因此，本節就聚焦於兩者的差異所在，採取大略概括的方式，以一個樣本為例，看看如何將 Processing 的代碼，轉換成可在 p5.js 執行的情況。以下先列舉出兩者在轉換時，必須注意的重點。

○原 Processing 用來定義主函式的「void」必須改成 → p5.js 的「function」
　這裡包含主要的 setup 與 draw 這對「系統函式」，還包括自定函式時，所使用函式名稱前均屬必要
○原 Processing 的「size」必須改成 → p5.js 的「createCanvas」
○原 Processing 在宣告各種變數的類型時，所使用的「int」、「float」、「boolean」、「char」、「color」或是「PImage」等，必須一律改成 → p5.js 的「var」(因為 p5.js 已無整數、浮點、布林等變數類型之分)
○原在 Processing 載入的影像或聲音檔案 → 可在 p5.js 新增「function preload() { }」函式區塊處理
○原 Processing 的「pushMatrix / popMatrix」必須改成 → p5.js 的「push / pop」
○原在 Processing 裡使用的「mousePressed」系統變數必須改成 → p5.js 的「mouseIsPressed」
○原在 Processing 裡使用的「keyPressed」系統變數必須改成 → p5.js 的「keyIsPressed」

以上這七個重點，雖然無法涵蓋兩者所有微妙的差異性，但對初學者而言，這些基礎方面的差別要點，已經足以應付入門學習之所需，亦即能夠穿梭自如於兩種編程之間的轉換才對。歸結來看，主要的變換關鍵觀念，就在於 (1) 如何將以 Java 為背景的程式轉換成用 JavaScript 的語法來表示；(2) 必須修改已經被改變的函式名稱 --- 這兩項作業要點。以下就以一個編程當作範例，儘量包含以上所述的重點，請各位注意兩種編程裡，特別是所使用各函式的差異性。當然無論是 p5.js 或者是 Processing，其編程的執行結果，在這個範例則是完全相同的。

Processing 之例   p5.js 之例

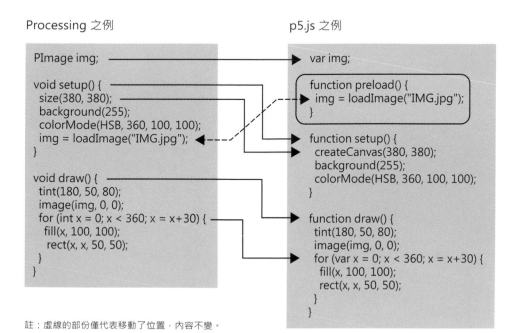

```
PImage img;

void setup() {
  size(380, 380);
  background(255);
  colorMode(HSB, 360, 100, 100);
  img = loadImage("IMG.jpg");
}

void draw() {
  tint(180, 50, 80);
  image(img, 0, 0);
  for (int x = 0; x < 360; x = x+30) {
    fill(x, 100, 100);
    rect(x, x, 50, 50);
  }
}
```

```
var img;

function preload() {
  img = loadImage("IMG.jpg");
}

function setup() {
  createCanvas(380, 380);
  background(255);
  colorMode(HSB, 360, 100, 100);
}

function draw() {
  tint(180, 50, 80);
  image(img, 0, 0);
  for (var x = 0; x < 360; x = x+30) {
    fill(x, 100, 100);
    rect(x, x, 50, 50);
  }
}
```

21

註：虛線的部份僅代表移動了位置，內容不變。

圖 1-22：兩種不同的編程，其執行的結果卻是一樣的

若想瞭解這兩種編程更詳細的轉換知識，可至下列網址仔細瞧瞧所提供的資料：

https://github.com/processing/p5.js/wiki/Processing-transition

■ 線上的自動轉換器

在此介紹一個線上版的自動轉換器，這是專為 Processing 轉換成 p5.js 代碼所設置的網頁。目前雖然轉換的成效並非很完美，但還算是可以接受的程度，特別是針對簡易的編程來說。網址如下：

http://faculty.purchase.edu/joseph.mckay/p5jsconverter.html

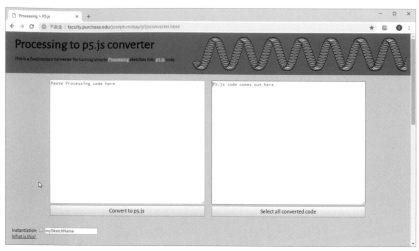

圖 1-23：進到 Processing to p5.js converter 的網頁畫面

操作方法也非常簡單明瞭。首先將 Processing 的代碼，貼入左上方的白色區塊內，然後單擊其下方的「Convert to p5.js」按鈕，就能轉換成右邊 p5.js 的代碼。轉換完畢後，再單擊「Select all converted code」按鈕即可全選。最後再拷貝起來貼至任何一種文本編輯器內，進行所謂的編程工作。

第 2 章　圖形與顏色

圖形與顏色可以說是所有視覺化工作的基礎。本章由圖形繪製的前提條件 --- 座標的概念開始談起，涉及畫布的創建、各基本圖形的畫法，再敘述顏色的設定方法，最後則是探討直、曲線的各種畫法。

2-1 圖形繪製的前提條件

■ 座標的概念

利用編程來繪圖之前，必須先要有座標的概念，否則就很難進行。提到座標，可能馬上聯想到數學的座標。但絕大多數程式語言的座標概念，其實都跟數學上所謂的座標是有所差異的。p5.js 的座標原點 (0, 0) 位置，預設是在視窗或所設定畫布 (繪圖範圍) 的左上角。由此原點的位置，向右延伸就是 x 軸 (正水平方向) 的寬度 (w)，向下延伸就是 y 軸 (正垂直方向) 的高度 (h)。這是尚未開始正式繪圖之前，必須建立起的座標概念。

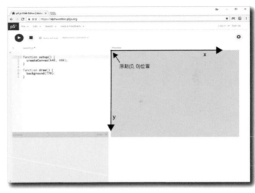

圖 2-1：在 Processing PDE 切換成使用 p5.js 模式的運行狀況　　圖 2-2：使用 p5.js 線上版的運行狀況

只是 p5.js 所繪製的圖形，最終均是以網頁的形式呈現，因此，前述的原點座標位置，並非一定就在整個網頁的最左上角，而是必須扣除掉網頁視窗本身左側的邊框，或網頁上方的標籤與網站資訊欄位的空間，才是真正的原點座標位置。除此，不同的編輯器例如 p5.js 線上版，因為左邊早已預留給程式編輯區，所以當預覽 (Preview) 圖形或動畫時的原點座標位置，就不是在整個視窗的左上角。並且由於能夠進行 p5.js 編程的文本編輯器相當多，即使繪製好圖形儲存成檔案格式後，以瀏覽器開啟 index.html 的情況，其原點座標也未必都是在網頁的最左上角位置，而是在整個頁面或多或少往右或向下稍微內縮的位置來顯示。

■ 畫布的創建

● **createCanvas(w, h)** → 決定畫布的大小。w 是寬；h 是高。單位是像素 (pixels)。

跟手繪圖形同樣的道理，首先要準備繪圖專用的紙張或畫布，創意編程也必須先決定螢幕上的「繪圖範圍」。這裡的「畫布」就是從實際的作畫狀況，借用過來的一個概念。用「繪圖範圍」來理解「畫布」，或許更貼切實際使用電腦螢幕來作畫的狀態吧！

範例 b-01：畫布大小的設定

範例是將畫布大小，設定以寬 640 個像素 × 高 480 個像素來顯示。由於畫布的背景預設成完全透明，為了讓各位看得更清楚，瞭解其真正的涵意，範例刻意將背景色設定為淺灰 (220)。

```
function setup() {
  createCanvas(640, 480);// 創建畫布的大小
  background(220);// 為了讓畫布看得更清楚，刻意設定背景色為淺灰
}

function draw() {
}
```

若無設定畫布的大小，p5.js 則是以預設的寬 100 × 高 100 像素來顯示，亦即我們所繪製的圖形，僅能顯示在寬 100 × 高 100 像素的範圍內，圖形若有超出的部份就無法看見。

■ 編程中必要的提示 (Tips)

要進行編程之前，提醒初學者兩件必要注意的事項，一來可以省去重複輸入代碼的麻煩；二來也能夠降低錯誤發生的頻率。

● // →雙斜線具有註釋 (Comment) 之意。更重要的在 // 後該行的代碼或文字，均有不被執行的作用。
● /* 與 */ 分行並用 →意義同上。凡是在 /* 與 */ 之間，多行或整段代碼與文字，均有不被執行的作用。

特別是需要測試兩種或多種代碼的效果時，或偵查某些函式是否有錯誤時，非常好用，務必好好牢記。

● ; →分號 (Semicolon)，通常使用於各函式 () 之後，作為必要的區隔功能。請留意有時不可省略。

雖然 p5.js 不像 Processing 那麼嚴格規定使用分號作為各函式間的區隔，亦即 p5.js 有時無分號也能夠執行，而且不會顯示出錯誤訊息。不過對於初學者還是養成良好的使用習慣會比較好。

2-2 基本圖形的畫法

下面開始介紹 p5.js 的基本圖形繪製。

- point(x, y) →在 (x, y) 座標的位置畫點。
- line(x1, y1, x2, y2) →由起點 (x1, y1) 座標，到終點 (x2, y2) 座標的位置繪製線條。
- ellipse(x, y, w, h) →由 (x, y) 圓心座標位置繪製寬 (w)、高 (h) 大小的圓形。
- rect(x, y, w, h) →由 (x, y) 座標位置繪製寬 (w)、高 (h) 大小的矩形。
- triangle(x1, y1, x2, y2, x3, y3) →由 3 個頂點的座標來畫三角形。
- quad(x1, y1, x2, y2, x3, y3, x4, y4) →由 4 個頂點的座標來畫四邊形。

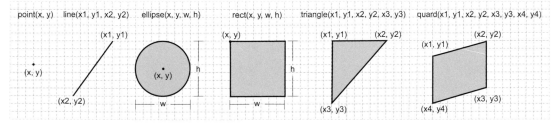

圖 2-3：六種基本圖形其預設畫法的示意

範例 b-02：繪製 6 個基本圖形

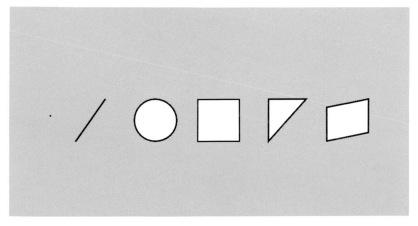

```
function setup() {
  createCanvas(960, 500);// 設定畫布的大小
  background(220);// 設定背景色
}

function draw() {
  strokeWeight(3);// 線寬
  point(100, 260);// 畫點
  line(230, 220, 160, 320);// 畫線
  ellipse(350, 270, 100, 100);// 畫圓
  rect(450, 220, 100, 100);// 畫矩形
  triangle(620, 220, 710, 220, 620, 320);// 畫三角形
  quad(760, 240, 860, 220, 860, 300, 760, 320);// 畫四邊形
}
```

25

■ 圖形的繪製順序

整個程式編碼運作的情況，基本上都是由上往下逐行執行的，也就是說圖形均是先畫的在下、後畫的在上的概念來顯示於畫布上。因此，多個圖形若有重疊的部份，就必須先考慮哪個圖形需要先畫，哪個圖形應當後畫的問題。至於多個圖形若重疊的部份，想要有透明度的感覺效果，容後再詳加解說。

範例 b-03：圖形繪製的上下關係

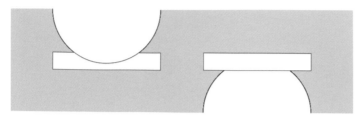

```
function setup() {
  createCanvas(800, 240); // 畫布的大小
  background(220); // 背景色
}

function draw() {
  rect(100, 100, 250, 40); // 先畫左邊的矩形（在下）
  ellipse(225, 0, 250, 250); // 後畫左邊的圓形（在上）

  ellipse(575, 240, 250, 250); // 先畫右邊的圓形（在下）
  rect(450, 100, 250, 40); // 後畫右邊的矩形（在上）
}
```

■ 圖形的各種外觀屬性

● strokeWeight(n)　→設定線條的粗細（即線寬）。預設為 1 個像素的寬度。

由範例 b-03 得知，無設定線寬的情況，就以預設值的 1 個像素來顯示。而範例 b-02 是為了讓點及線條顯得清楚些，刻意設定為 3 個像素。由此可以瞭解：所設定的數值越大，圓點與線條的寬度也就越大。而且前面已經設定的線寬，也會對後面所畫圖形的線寬產生作用。

● smooth()　→設定平滑圖形的邊緣；noSmooth()　→不平滑圖形的邊緣（有鋸齒狀）。
※p5.js 已預設為平滑圖形的邊緣。除非刻意想要表現不平滑邊緣的圖形效果，才需要編寫 noSmooth() 函式，而且小括號之內也無須輸入任何的參數 (Parameter)。

● strokeCap()　→設定線端的樣式。在小括號內可選擇輸入：
ROUND ... 圓端點　※ 此為**預設**的樣式。
PROJECT ... 突端點。
SQUARE ... 平端點。

● strokeJoin() →設定線條接點（轉角）的樣式。在小括號內可選擇輸入：

MITER... 尖角。　※ 此為**預設**的樣式。

BEVEL ... 斜角。

ROUND ... 圓角。

無論線條的端點或接點，均有以上所列的三種外觀屬性樣式。

範例 b-04：設定線條的端點與接點的樣式

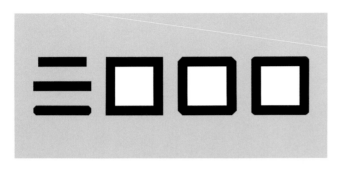

```
function setup() {
  createCanvas(650, 300); // 設定畫布的大小
  background(220); // 設定背景色
}

function draw() {
  strokeWeight(20); // 設定線寬

  strokeCap(SQUARE); // 線端設定成平端點
  line(50, 100, 150, 100); // 左上的水平線
  strokeCap(PROJECT); // 線端設定成突端點（將線寬增為長度）
  line(50, 150, 150, 150); // 左中的水平線
  strokeCap(ROUND); // 線端設定成圓端點（此為預設）
  line(50, 200, 150, 200); // 左下的水平線

  strokeJoin(MITER); // 線條轉角設定成尖角（此為預設）
  rect(200, 100, 100, 100); // 右 3 的正方形
  strokeJoin(BEVEL); // 線條轉角設定成斜角
  rect(350, 100, 100, 100); // 右 2 的正方形
  strokeJoin(ROUND); // 線條轉角設定成圓角
  rect(500, 100, 100, 100); // 右 1 的正方形
}
```

繪製矩形的 rect() 函式，除了既定的四個參數之外，其實還可增加更多的參數來繪製圓角矩形。而所要增加的參數，是依規定給予圓角的半徑數值。若僅設定第五個參數，則矩形的四個圓角均是相同大小的半徑；若同時設定有第五、第六、第七、第八個參數時，則是由矩形的左上角算起，依順時針方向來指定圓角的半徑大小。

範例 b-05：繪製圓角矩形

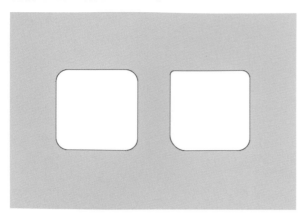

```
function setup() {
  createCanvas(720, 500); // 設定畫布的大小
  background(220); // 設定背景色
}

function draw() {
  // 矩形的所有四個角，均設定成半徑 30px 的圓角矩形
  rect(120, 150, 200, 200, 30);
  // 起點在矩形的左上角依順時計方向，將半徑設定成 10px、20px、30px、40px 的圓角矩形
  rect(400, 150, 200, 200, 10, 20, 30, 40);
}
```

■ 矩形與圓形的繪製模式

● **rectMode()** →指定矩形的繪製模式，小括號 () 內可輸入：
CENTER ... rect(中心的 x 座標, 中心的 y 座標, 寬, 高)。
RADIUS ... rect(中心的 x 座標, 中心的 y 座標, 寬的一半, 高的一半)。
CORNER ... rect(左上角的 x 座標, 左上角的 y 座標, 寬, 高) ※ 此為**預設**。
CORNERS ... rect(左上角的 x 座標, 左上角的 y 座標, 右下角的 x 座標, 右下角的 y 座標)。

※ **預設**是指程式本身預先所設定的數值或狀態之意，不設定繪製樣式時就會以預設來顯示。

● **ellipseMode()** →指定圓形的繪製模式，小括號 () 內可輸入：
CENTER ... ellipse(中心的 x 座標, 中心的 y 座標, 寬, 高) ※ 此為**預設**。
RADIUS ... ellipse(中心的 x 座標, 中心的 y 座標, 寬的一半, 高的一半)。
CORNER ... ellipse(邊框左上角的 x 座標, 邊框左上角的 y 座標, 寬, 高)。
CORNERS ... ellipse(邊框左上角的 x 座標, 邊框左上角的 y 座標, 邊框右下角的 x 座標, 邊框右下角的 y 座標)。

※ 這裡所謂的**邊框**，是指圍繞圓形最小的矩形之意。

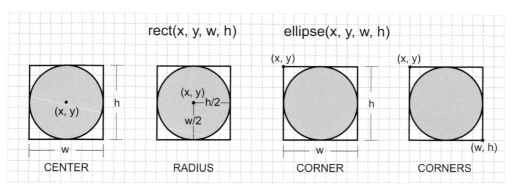

圖 2-4：矩形與圓形的繪製模式示意

■ 圓弧形的畫法

● arc(x, y, w, h, start, stop) →預設 () 內的 x, y 是繪製圓弧形的中心座標；w, h 是圓弧的寬、高；start, stop 則是分別代表繪製圓弧的起始與終點。而圓弧的起點 0 度是在三點鐘的位置，依順時針方向旋轉。

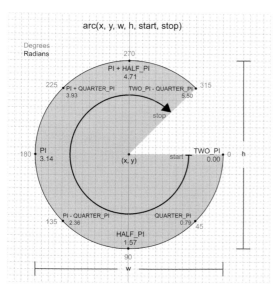

圖 2-5：圓弧形的畫法示意

底下的範例，就是利用指定角度來繪製圓弧形的四種方法。第一種的 arc() 是照著原本弧形的數值直接使用的方法；第二種的 arc() 是依據所謂的「常數」英文的使用方法；第三種的 arc() 則是將度數變換成弧度，亦即使用 radians() 函式的變換方法。第四種是先指定 angleMode(DEGREES) 繪製模式，亦即以角度法來繪製的模式，再以 arc() 函式直接將角度的數值輸入在小括號 () 之中。其中第一種的 0.79 與第二種的 QUARTER_PI 在意義上是相同的。例如 HALF_PI 表示 90 度；PI 表示 180 度；TWO_PI 則表示 360 度。第二種方法中的第六個參數則使用 TWO_PI - QUARTER_PI，這是透過減算後即可得 315 度的結果。

範例 b-06：圓弧形的畫法
四種編寫程式的內容儘管不同（當然座標位置也不同），但所繪製的圓弧形其實都是一樣。

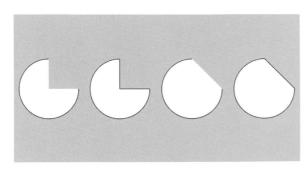

```
function setup() {
  createCanvas(990, 500); // 設定畫布的大小
  background(220); // 設定背景色
}

function draw() {
  // 直接使用弧度值來設定（左1）
  arc(150, 250, 200, 200, 0, 5.50);
  // 利用弧度的常數值來設定（左2）
  arc(380, 250, 200, 200, 0, TWO_PI - QUARTER_PI);
  // 利用弧度函式將角度變換成弧度（右2）
  arc(610, 250, 200, 200, radians(0), radians(315));

  angleMode(DEGREES); // 先設定以角度法來繪製的模式（右1）
  arc(840, 250, 200, 200, 0, 315); // 直接使用角度的數值
}
```

● angleMode(DEGREES)　→以角度法來設定繪製的模式。
● angleMode(RADIANS)　→以弧度法來設定繪製的模式。此為**預設**。

其實繪製圓弧形還能設定第七個參數。此第七個參數則有 PIE、OPEN、CHORD 等三種模式可供選擇。下面的範例是無指定第七個參數及指定三種第七個參數的差別。程式中同時提供角度法與弧度法兩種繪製模式，只是弧度法事先已註釋掉的狀態。其實這兩種模式的圓弧形顯示效果，則是完全相同的。

範例 b-07：度數法與弧度法的繪製模式

```
function setup() {
  createCanvas(960, 500); // 設定畫布的大小
  background(220); // 設定背景色
}

function draw() {

  angleMode(DEGREES); // 設定以角度法來繪製的模式
  arc(120, 250, 200, 200, 0, 270); // 無指定的狀況 ( 左 1)
  arc(360, 250, 200, 200, 0, 270, PIE); // 設定 PIE 的狀況 ( 左 2)
  arc(600, 250, 200, 200, 0, 270, OPEN); // 設定 OPEN 的狀況 ( 右 2)
  arc(840, 250, 200, 200, 0, 270, CHORD); // 設定 CHORD 的狀況 ( 右 1)

  /*
  angleMode(RADIANS); // 設定以弧度法來繪製的模式
  arc(120, 250, 200, 200, 0, 4.71); // 無指定的狀況 ( 左 1)
  arc(360, 250, 200, 200, 0, 4.71, PIE); // 設定 PIE 的狀況 ( 左 2)
  arc(600, 250, 200, 200, 0, 4.71, OPEN); // 設定 OPEN 的狀況 ( 右 2)
  arc(840, 250, 200, 200, 0, 4.71, CHORD); // 設定 CHORD 的狀況 ( 右 1)
  */
}
```

31

2-3 顏色的設定方法

p5.js 提供相當多種顏色的設定方法，以及填塗顏色與線條著色的函式。我們就從基本的填塗顏色的函式，配合預設的灰階 (Gray) 與 RGB 色彩模式開始談起。

0 ──────────────────────────────▶ 255

圖 2-6：灰階 (Gray) 模式的示意

● fill() →填塗顏色。預設為白色。
○小括號內僅用一個參數時，預設的色彩模式為灰階。可設定的數值是 0(黑) ~ 255(白)。
○小括號內若用兩個參數時，預設的色彩模式為灰階。第二個數值為透明度 (Alpha)。數值是 0 ~ 255。
○小括號內若使用三個參數時，預設的色彩模式為 R、G、B。三個數值同樣是 0 ~ 255。
○小括號內若使用四個參數時，預設的色彩模式為 R、G、B。第四個數值為透明度，同樣是 0 ~ 255。

※ 注意：fill() 函式對 point()、line() 函式無法產生作用。點或線條若要設定著色，則需使用 stroke() 函式。

● **noFill()** →無填塗顏色。

○小括號內無須設定任何數值。

● **stroke()** →線條著色。預設為黑色。

○同前面 fill() 函式的說明。

● **noStroke()** →無邊線。

○小括號內無須設定任何數值。

● **background()** →設定背景色（畫布的底色）。預設為完全透明色。

○同前面 fill() 函式的說明。

● **clear ()** →將畫布上所有像素的顏色（包含背景色），清除成百分百的透明。

範例 b-08：顏色的設定方法

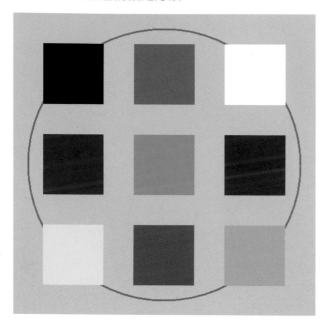

```
function setup() {
  createCanvas(500, 500);// 畫布的大小
  background(210);// 背景色為淺灰
}

function draw() {
  noFill();// 無填塗顏色
  stroke(128, 128, 128);// 線條著色中灰
  strokeWeight(2);// 線寬 2 個像素
  ellipse(250, 250, 450, 450);// 畫圓

  noStroke();// 無邊線（適用以下的所有圖形）
  fill(0);// 填塗黑色
  rect(50, 50, 100, 100);// 左上的正方形
  fill(128);// 填塗中灰色
```

```
rect(200, 50, 100, 100);// 中上的正方形
fill(255);// 填塗白色
rect(350, 50, 100, 100);// 右上的正方形

fill(255, 0, 0);// 填塗紅色
rect(50, 200, 100, 100);// 第二排左邊的正方形
fill(0, 255, 0);// 填塗綠色
rect(200, 200, 100, 100);// 第二排中間的正方形
fill(0, 0, 255);// 填塗藍色 (Blue)
rect(350, 200, 100, 100);// 第二排右邊的正方形

fill(255, 255, 0);// 填塗黃色 (Y)
rect(50, 350, 100, 100);// 左下的正方形
fill(255, 0, 255);// 填塗洋紅色 (M)
rect(200, 350, 100, 100);// 下邊中間的正方形
fill(0, 255, 255);// 填塗天藍色 (C)
rect(350, 350, 100, 100);// 右下的正方形
}
```

■ 設定透明度（Alpha）

一如前述 fill()、stroke() 或 background() 的小括號內，若使用第二個或第四個參數時，p5.js 預設即為透明度 (Alpha)，可設定 0 ~ 255 數值範圍。當透明度的數值設定為 0 時，該圖形顏色則完全透明 (亦即不顯示)；若數值設定為 255 時，則表示完全不透明 (即遮住底下的圖形)。除此之外其間的數值，上圖形與下圖形其重疊的部份，就會顯現出不同比例的混色效果。

範例 b-09：透明度的設定方式

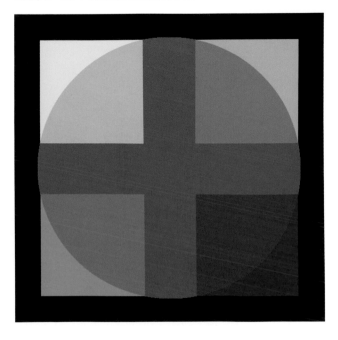

```
function setup() {
  createCanvas(600, 600); // 畫布的大小
  background(0); // 背景色為黑
}

function draw() {
  noStroke(); // 無邊線 ( 對以下的圖形均產生作用 )
  fill(255, 0, 255); // 洋紅色
  ellipse(300, 300, 510, 510); // 畫圓

  rectMode(CENTER); // 矩形的繪製模式 ( 中心 )
  fill(255, 255, 0, 200); // 黃色及透明度 200
  rect(150, 150, 200, 200); // 畫左上的矩形

  fill(0, 255, 255, 150); // 天藍色及透明度 150
  rect(450, 150, 200, 200); // 畫右上的矩形

  fill(0, 0, 255, 100); // 深藍色及透明度 100
  rect(450, 450, 200, 200); // 畫右下的矩形

  fill(0, 255, 0, 150); // 綠色及透明度 150
  rect(150, 450, 200, 200); // 畫左下的矩形
}
```

34

■ 使用 color() 函式或利用陣列的方法

● color() →這是用來設定顏色的函式。可當成 fill()、stroke() 或 background() 小括號內的引數 (Argument) 來使用。或是先將 color() 函式宣告成變數 (下章會說明)，再當成 fill()、stroke() 或 background() 小括號內的參數來使用。附帶一提的是，p5.js 也能夠利用陣列 [ ] 來替代 color() 函式。

範例 b-10：使用 color() 函式或利用陣列來設定顏色的方法
這兩種設定顏色的方法，均是使用 RGB 色彩模式。而且這兩種方法均可再設定透明度。

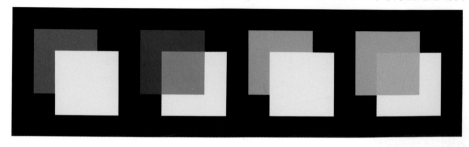

```
function setup() {
  createCanvas(840, 240);// 畫布的大小
```

```
  background(0); // 黑色背景
  noStroke(); // 無邊線
}

function draw() {
  fill(color(255, 0, 255)); // 設定洋紅色
  rect(40, 40, 120, 120); // 左 1 上正方形
  fill(255, 255, 0); // 設定黃色
  rect(80, 80, 120, 120); // 左 1 下正方形

  var c1 = color(255, 0, 0); // 宣告變數 c1 代入紅色
  var c2 = color(255, 255, 0, 140); // 宣告變數 c2 代入黃色及透明度
  fill(c1); // 填塗代入 c1 是紅色
  rect(240, 40, 120, 120); // 左 2 上正方形
  fill(c2); // 填塗代入 c2 是黃色及透明度 140
  rect(280, 80, 120, 120); // 左 2 下正方形

  fill([0, 255, 0]);// 利用陣列的方法。填塗綠色
  rect(440, 40, 120, 120); // 右 2 上正方形
  fill([255, 255, 0]); // 利用陣列的方法。填塗黃色
  rect(480, 80, 120, 120); // 右 2 下正方形

  fill([0, 200, 255]);// 利用陣列的方法。填塗天藍色
  rect(640, 40, 120, 120); // 右 1 上正方形
  fill([255, 255, 0, 120]); // 利用陣列的方法。填塗黃色及透明度 120
  rect(680, 80, 120, 120); // 右 1 下正方形
}
```

35

■ 設定色彩模式

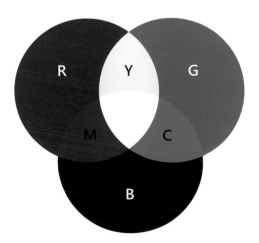

圖 2-7：RGB 色彩模式

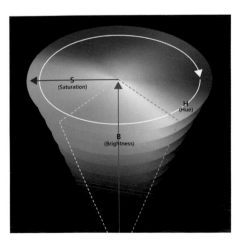

圖 2-8：HSB 色彩模式

● colorMode() →可指定色彩模式 (預設是 RGB，若要使用 HSB 色彩模式時，就必須先設定)。
如欲對背景或圖形設定填塗某些顏色之前，其實是可以事先指定色彩模式 (例如：HSB 或 RGB 模式)。

```
colorMode(HSB);
```

這個 colorMode() 函式，小括號 () 內若僅指定 HSB 名稱時，其預設值色相是 360、彩度與明度是各
100，但透明度則是 1.0。等同於如下的設定。

```
colorMode(HSB,360,100,100,1); //HSB 色彩模式的預設值。透明度的數值，可設定在 1.0~0.0 之間
```

這個 colorMode() 函式，小括號 () 內若指定 RGB 名稱時，其預設值 (含透明度) 最大均是 255。等同於：

```
colorMode(RGB,255,255,255,255); // 設定 RGB 色彩模式，RGBA 各 255 個階段數
```

以上僅設定 RGB 名稱時，就代表上列所有的參數值各 255 個階段數之意。

若小括號 () 內指定 HSB 或 RGB 名稱，之後有指定第 2 個參數的數值時，其數值就成為 HSB 或 RGB
的最大值 (但注意 HSB 不含透明度)。例如：

```
colorMode(HSB, 100);// 設定 HSB 色彩模式，色相、彩度、明度各 100 個階段數，但不含透明度
fill(100, 100, 100);// 所填塗的顏色是紅色 ( 相當於是預設值的 360)
```
或是
```
colorMode(RGB, 100);// 設定 RGB 色彩模式，RGBA 各 100 個階段數
fill(100, 100, 100);// 所填塗的顏色是白色 ( 相當於是預設值的 255)
```

一般最常見設定 HSB 色彩模式，則是採用如下的方法：

```
colorMode(HSB,360,100,100);// 設定 HSB 色彩模式，色相 360、彩度 100、明度 100 個階段數 ( 不含透明度 )
```
或是
```
colorMode(HSB,360,100,100,100);  // 設定 HSB 色彩模式，色相 360、彩度、明度及透明度各 100 個階段數
```

雖然 p5.js 所預設 HSB 模式的透明度為 1，但上面的例子，若透明度被設定成 100，則 p5.js 就會依照
已設定的階段數，來改變其透明度。

範例 b-11：利用 HSB 色彩模式繪製色相環的方法

```
  createCanvas(720, 720);// 畫布的大小
  colorMode(HSB, 360, 100, 100);// 指定 HSB 色彩模式，色相 360，彩度、明度各 100
  background(0, 0, 100);// 設定背景為白色 ( 雖然色相是紅色，但彩度為 0，明度是 100)
}


function draw() {
  noStroke();// 無邊線
  translate(360, 360);// 原點座標位移至畫布的中央。請參考第 7 章。
  for (var a = 0; a <= 360; a++) {// 利用 for 迴圈。請參考第 3 章。
    fill(a, 100, 100);// 色相設定 a 變數、彩度及明度均是 100。變數請參考第 3 章。
    rotate(radians(1.0));// 旋轉 1.0 度。角度已透過 radians(1.0) 函式轉換成弧度。請參考第 7 章。
    triangle(0, 0, 340, -3.5, 340, 3.5);// 繪製三角形
  }
  fill(0, 0, 100);// 在上面的白色內圓。同前面的背景色設定
  ellipse(0, 0, 450, 450);// 畫圓
}
```

上列範例的編程裡，已經使用了超出本章所學的內容，目前看不懂全部也沒關係，請暫時擱置一下，等學習到後面的章節時，再回過來看即可明白。

■ 利用顏色選擇器或其它的色碼來設定顏色

前面已提到 p5.js 設定顏色的方式有很多種。類似 Adobe Illustrator 或 Processing 那樣的顏色選擇器，在 Processing PDE 就有。如果你正使用 Processing PDE 切換成 p5.js 模式，即可由《工具》清單選擇《顏色選擇器 ...》。若你利用的是 p5.js 線上版，也不用氣餒。我們還是可以透過這些不同管道來利用它。只要查詢到 RGB 或 HSB 色彩模式的各種數值，或是 16 進位六個的色碼、三個編號的色碼，甚至連 CSS 或 HTML 經常會使用代表顏色的英文字串，例如 red、green 等名稱均能夠直接使用。只要注意這些色碼必須利用雙引號，例如 "#FF0000" 或 "red" 像這樣圍起來就可以了。

圖 2-9：Processing PDE 的顏色選擇器

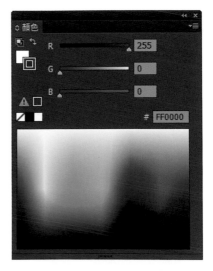

圖 2-10：Adobe Illustrator CS6 的顏色選擇器

範例 b-12：利用顏色選擇器或其它的色碼來設定顏色

```
function setup() {
  createCanvas(600, 600);// 畫布的大小
  background(220);// 設定背景色為淺灰 ( 全被上面的圖形遮住，其實無設定亦可 )
}

function draw() {
  noStroke();// 無邊線
  fill("white");// 白色 ( 右下方絡黃色矩形的上方，是由此設定的 )
  rect(0, 0, 600, 600);// 繪製跟畫布同大小的矩形

  stroke(0);// 線條著黑色
  strokeWeight(20);// 線寬

  fill("white");// 白色。等同於 fill(255, 255, 255) 或是 fill(255)
  rect(-20, -20, 140, 200);// 左上角的矩形
  rect(-20, 195, 140, 240);// 左邊中間的矩形
  rect(120, 435, 430, 180);// 下方中間的矩形

  fill("#3264FF");// 左下角的藍色。等同於 fill(50, 100, 255)
  rect(-20, 435, 140, 180);// 藍色的矩形

  fill("#C80000");// 右上方的紅色。等同於 fill(200, 0, 0)
  rect(120, -25, 490, 460);// 紅色矩形

  fill("#FFC800");// 右下角的絡黃色。等同於 fill(255, 200, 0)
  rect(550, 520, 80, 90);// 絡黃色矩形
}
```

這個範例裡主要使用了兩種不同方法，其一是代表顏色的英文單字的字串；另一種是 16 進位六個的色碼。第一種方法可由網路以 HTML Color Names 關鍵詞來搜尋。下列的這個網址就是：
https://www.w3schools.com/colors/colors_names.asp
而 16 進位六個的色碼，則可由 Processing 或 Illustrator 查到。隨個人喜好選擇使用這類設定顏色的方法。最後，利用表格整理一下使用 RGB 整數或以百分比表示，來設定顏色的另外兩種方法。這裡就不再以範例來表示。

設定方法	舉例
利用RGB整數的表示法	fill("rgb(255, 0, 0)");
利用RGBA整數的表示法	fill("rgba(255, 0, 0, 1.0)"); ※註
利用RGB百分比的表示法	fill("rgb(100%, 0%, 0%)");
利用RGBA百分比的表示法	fill("rgba(100%, 0%, 0%, 1.0)"); ※註

※ 註：這兩種方法其透明度均是以 0.0 ~ 1.0 來表示

表 2-1：以 RGB 整數及以百分比來表示顏色的方法

2- 4 多邊形的畫法

由前面的三角形、四邊形的繪製若加以延伸，即可聯想到應有畫五邊形或更多邊形的方法。

● beginShape(), vertex(), endShape() → 配合多個vertex()，可畫出多邊的線段圖形（繪製多邊形）。

範例 b-13：繪製五角星形

```
function setup() {
  createCanvas(200, 200);// 畫布的大小
  background(100);// 背景色為暗灰
}

function draw() {
  // 五個頂點的畫法（此方法跟十個頂點是不同的。若註釋掉 noStroke() 的作用即可瞭解）
  noStroke();// 無邊線
  fill(250, 220, 0);// 填塗絡黃色
  beginShape();// 開始畫多邊形
  vertex(23, 83);// 第 1 個頂點（最左邊）
  vertex(149, 174);// 第 2 個頂點（右下邊）
  vertex(101, 27);// 第 3 個頂點（最上端）
```

39

```
  vertex(53, 174);// 第 4 個頂點 ( 左下邊 )
  vertex(179, 83);// 第 5 個頂點 ( 最右邊 )
 endShape(CLOSE);// 結束畫多邊形 ( 閉合 )


 // 十個頂點的畫法
 /*
 noStroke();// 無邊線
 fill(0, 250, 220);// 填塗藍綠色
 beginShape();// 開始畫多邊形
  vertex(23, 83);// 第 1 個頂點 ( 最左邊 )
  vertex(83, 83);// 第 2 個頂點 ( 往右移 )
  vertex(101, 27);// 第 3 個頂點 ( 往上移即星形最頂端 )
  vertex(119, 83);// 第 4 個頂點 ( 往下移 )
  vertex(179, 83);// 第 5 個頂點 ( 往右移即星形最右端 )
  vertex(131, 118);// 第 6 個頂點 ( 往左下移 )
  vertex(149, 174);// 第 7 個頂點 ( 往下移 )
  vertex(101, 140);// 第 8 個頂點 ( 往左上移 )
  vertex(53, 174);// 第 9 個頂點 ( 往左下移 )
  vertex(71, 118);// 第 10 個頂點 ( 往右上移 )
 endShape(CLOSE);// 結束畫多邊形 ( 閉合 )
 */
}
```

這個範例的編程當中，包含有五個頂點與十個頂點的畫法。而十個頂點的畫法暫時是以 /* 及 */ 註釋掉。必要時可換成註釋掉五個頂點的那組，以互調註釋的方式來顯示十個頂點畫法。

學習設置各個頂點座標來繪製多邊形 (或自由圖形) 時，若感覺座標的思索是件很傷腦筋的事情，強烈建議你：借用一下 Adobe Illustrator(AI)，就會變得非常輕鬆愉快。只是必須注意，當利用 AI 時需將畫面大小設定成跟 p5.js 畫布大小完全相同。先在 AI 畫好任何自由圖形，借用滑鼠指標移到任一節點上，就能顯示出每一個節點所在位置的座標數值，此時可在文本編輯器鍵入適當的數值 (採四捨五入取整數的方式)。這裡是先解決以直線連接成多邊形等圖形為考量。當繪製任何曲線時，還會有左右把手 (左右控制點) 的問題，容後在繪製曲線時再繼續詳加解說。現在回到原本所探討的主題。

其實在 beginShape(), endShape() 的小括號內，能夠設定的參數有：

● **beginShape** ... POINTS, LINES, TRIANGLES, TRIANGLE_FAN, TRIANGLE_STRIP, QUADS, QUAD_
              STRIP
● **endShape** ... CLOSE

以上若詳加思考一下，應有下列這幾種情況：

● **beginShape**(POINTS)、**endShape**() →只要一組頂點座標，等同於用 point() 函式繪製點狀圖形。
● **beginShape**(LINES)、**endShape**() →只要兩組頂點座標，等同於用 line() 函式繪製線條圖形。
● **beginShape**(TRIANGLES)、**endShape**() →只要三組頂點座標，等於用 triangle() 函式繪製三角形。

- **beginShape**(TRIANGLES_FAN)、**endShape**() →可以使用三組以上的頂點座標。這等於使用三個 triangle() 函式來繪製三個三角形，而三組三角形的第一個頂點座標均是在相同的位置。
- **beginShape**(TRIANGLE_STRIP)、**endShape**() →可以使用三組以上的頂點座標。等同於使用四個 triangle () 函式繪製四個三角形，但四組的第一個頂點座標則是依順序調整改變位置。
- **beginShape**(QUADS)、**endShape**() →只要四組頂點座標，等同於用 quad() 函式繪製四邊形。
- **beginShape**(QUAD_STRIP)、**endShape**() →等同於利用 quad() 函式繪製四邊形。但第三組及第四組的點座標必須互換，亦即第三組變成第四組，而第四組則變成第三組。

接下來就以上面所列出的第五個情況，當成範例來進行說明。

範例 b-14：繪製四個三角形的組合圖形

```
function setup() {
  createCanvas(200, 200);// 畫布的大小
  background(120);// 設定背景色為暗灰
}
```

```
function draw() {
  // 可使用三組以上的頂點座標（這裡是使用五個頂點）
  beginShape(TRIANGLE_STRIP);
  fill(255, 200, 200);// 最左邊的膚色
  vertex(100, 0);// 最上方的頂點
  //fill(50, 200, 200);// 青藍色。設定於此的顏色無作用
  vertex(200, 80);// 最右邊的頂點
  fill(250, 220, 50);// 絡黃色
  vertex(120, 200);// 最下方的頂點
  fill(250, 150, 250);// 淺洋紅色
  vertex(40, 180);// 左邊下方的頂點
  fill(150, 250, 150);// 淡綠色
  vertex(0, 60);// 最左邊的頂點
  //endShape();// 小括號 () 內若無 CLOSE 時，僅畫出三個三角形
  endShape(CLOSE);

  // 等同於使用四組 triangle() 函式來繪製
  /* fill(250, 220, 50);// 絡黃色
  triangle(100, 0, 200, 80, 120, 200);// 絡黃色三角形
```

```
    fill(250, 150, 250);// 淺洋紅色
    triangle(200, 80, 120, 200, 40, 180);// 淺洋紅色三角形
    fill(150, 250, 150);// 淡綠色
    triangle(120, 200, 0, 60, 40, 180);// 淡綠色三角形
    fill(255, 200, 200);// 最左邊的膚色 // 若上面 endShape() 內無 CLOSE 時，最後一個三角形則免畫
    triangle(40, 180, 0, 60, 100, 0);// 膚色三角形  */
}
```

本範例的編程當中，包含有四個 triangle() 函式的畫法。只是已經先註釋掉。若有興趣理解其中的原理，可以改換成解除下方畫法的註釋，再將上面的畫法註釋掉。重新執行看看效果。其結果應該是完全相同的。

2-5 曲線的畫法

■ 貝茲曲線

● bezier(x1, y1, cx1, cy1, cx2, cy2, x2, y2)　→繪製貝茲曲線。在小括號 () 內可輸入八個參數。

x1, y1 和 x2, y2 →分別代表貝茲曲線的起點和終點；cx1, cy1 和 cx2, cy2 →則分別代表兩個控制點的座標位置。

範例 b-15：繪製一條貝茲曲線

底下的範例是繪製一條黑色的貝茲曲線，右邊圖示中曲線的兩端各有一個節點（起點與終點），白色的兩條直線則是把手（參考線），而直線的另一端已用黑點標示，這就是所謂的控制點。

 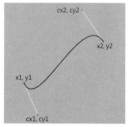

圖 2-11：貝茲曲線的圖示

```
function setup() {
  createCanvas(200, 200); // 畫布的大小
  background(171); // 背景色
}

function draw() {
  noFill(); // 無填塗
  bezier(32, 133, 56, 186, 127, 12, 163, 64); // 繪製貝茲曲線
}
```

延續前面繪製五角星形時，若借用 AI 偵測各座標（含控制點）數值的手法，來繪製任何的貝茲曲線，也是件非常方便與輕鬆的事。只可惜以下將介紹的一般曲線，繪製時卻不怎麼管用。

■ 一般曲線

● curve (cx1, cy1, x1, y1, x2, y2, cx2, cy2) →繪製一般曲線。在小括號 () 內可輸入八個參數。
x1, y1 和 x2, y2 →分別代表設置一般曲線的起點和終點；而 cx1, cy1 和 cx2, cy2 →則分別代表兩個控制點的座標。跟繪製貝茲曲線的 bezier (x1, y1, cx1, cy1, cx2, cy2, x2, y2) 雷同，但其參數的位置剛好相反。

範例 b-16：繪製一般曲線與貝茲曲線

接下來的範例則是繪製一條紅色的一般曲線及一條黑色的貝茲曲線。兩條曲線所使用參數數值的排序完全相同，但圖形效果卻有顯著的差別。主要是這兩種曲線，其兩個控制點與兩個節點的排序完全相反的緣故。但若將一般曲線小括號 () 內的參數，按照預設的順序重新排列，其結果也非等同於貝茲曲線所繪製的曲線。反倒是補足了貝茲曲線所留下來的缺口部份。這對初學者而言，繪製一般曲線確實是相當難以理解與掌控的一件事情。在此就存而不談了。

```
function setup() {
  createCanvas(500, 500); // 畫布的大小
  background(220); // 背景色
}


function draw() {
  noFill(); // 無填塗
  stroke(255, 0, 0); // 紅色線條
  curve(329, 300, 113, 359, 218, 164, 375, 298); // 繪製一般曲線

  stroke(0, 0, 0); // 黑色線條
  bezier(329, 300, 113, 359, 218, 164, 375, 298); // 繪製貝茲曲線

/*  stroke(255, 0, 0); // 紅色線條
  curve(113, 359, 329, 300, 375, 298, 218, 164); // 繪製一般曲線

  stroke(0, 0, 0); // 黑色線條
  bezier(329, 300, 113, 359, 218, 164, 375, 298); // 繪製貝茲曲線  */
}
```

有興趣進一步研究的讀者，可參考下列網址：
http://basicwerk.com/blog/archives/214。

■ 在 beginShape() 與 endShape() 之間，混搭曲線的繪製方式

除前面已說明過的 ● beginShape(), vertex(), endShape() 之外，這裡再介紹一種較常被使用的方式。

● beginShape()、vertex()、bezierVertex()、endShape() →並用此四個函式，可繪製曲線邊框的自由圖形。

vertex(x, y) 是代表繪製自由圖形的起點座標；bezierVertex(cx1, cy1, cx2, cy2, x, y) 有六個參數。cx1, cy1 是畫曲線的第一個控制點座標；cx2, cy2 是畫曲線的第二個控制點座標；x, y 則是指繪製曲線的起點座標。其它的函式則同前面已說明過的。

範例 b-17：繪製水滴圖形

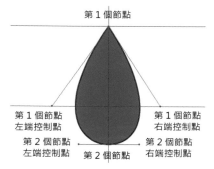

圖 2-12：借用 AI 繪製水滴的圖示

```
// 繪製水滴圖形。由 AI 測出各頂點再輸入其座標值。
function setup() {
  createCanvas(300, 300);// 畫布的大小
  background(220);// 設定背景色為淺灰
}

function draw() {
  noStroke();// 無邊線
  fill(10, 150, 255);// 填塗水藍色
  beginShape(); // 開始繪製圖形
  vertex(150, 43);// 第 1 個節點的座標位置
  // 第一組控制點是第 1 個節點右端把手的座標
  // 中間一組是第 2 個節點右端把手的座標
  // 第三組是第 2 個節點的座標位置
  bezierVertex(196, 114, 173, 150, 150, 150);
  // 第一組控制點是第 2 個節點左端把手的座標
  // 中間一組是第 1 個節點左端把手的座標
  // 第三組是第 1 個節點的座標位置
  bezierVertex(126, 150, 105, 114, 150, 43);
  endShape(); // 結束繪製圖形
}
```

範例 b-18：繪製月亮圖形

接下來的範例，則是繪製月亮圖形。這個範例主要是利用 PS 的路徑，由此偵測出各節點與控制點的座標位置。基本上操作時，都跟上面利用 AI 的範例是相同。只是必須留意節點左右兩端的控制點。

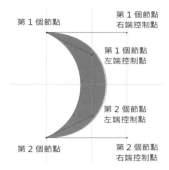

圖 2-13：借用 Photoshop 繪製月亮的圖示

```
// 繪製月亮圖形。這個範例是由 PS 測出各頂點再輸入其座標值。
function setup() {
  createCanvas(500, 500);// 畫布的大小
  background(230);// 設定背景色為淺灰
}

function draw() {
  noStroke();// 無邊線
  fill(250, 190, 0);// 黃色
  beginShape();// 開始繪製圖形
  vertex(250, 150);// 第 1 個節點的座標位置
  // 第一組控制點是第 1 個節點右端把手的座標
  // 中間一組是第 2 個節點右端把手的座標
  // 第三組是第 2 個節點的座標位置
  bezierVertex(400, 150, 400, 350, 250, 350);
  // 第一組控制點是第 2 個節點左端把手的座標
  // 中間一組是第 1 個節點左端把手的座標
  // 第三組是第 1 個節點的座標位置
  bezierVertex(335, 310, 335, 190, 250, 150);
  endShape(); // 結束繪製圖形
}
```

當然還有諸如設置多條連續一般曲線頂點的繪製方法。譬如：並用一個 beginShape() 與多個 curveVertex(x, y) 曲線頂點，以及一個 endShape() 的方式。

● beginShape()、多個 (至少要四個)curveVertex()、endShape() →並用這三個函式，可繪製一般曲線邊線的自由圖形。
每個 curveVertex(x, y) 函式均有兩個參數，亦即 x, y 座標。但 beginShape() 與 endShape() 函式之間，必須各多增加一組相同的 curveVertex(x, y)，以便作為一般曲線圖形的控制點之用。

45

範例 b-19：繪製類似山谷與山峰的曲線圖形

本範例所繪製的曲線，有點類似山谷與山峰的圖形。一般曲線所設置的各頂點座標，都是被所繪製的曲線包含，而非獨立顯示著。為了便於理解，編程的最後刻意將這四個曲線頂點，利用紅色的小圓點標示出來。

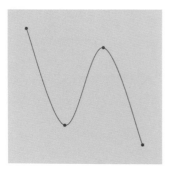

```
function setup() {
  createCanvas(400, 400); // 創建畫布的大小
  background(220);// 背景色為淺灰
  noFill();// 無填塗顏色
  stroke(0);// 黑色線條

  beginShape();// 開始畫圖
    curveVertex(50, 50);// 設置第 1 個控制點
    curveVertex(50, 50);// 設置圖形的第 1 個起點（跟第 1 個控制點相同）
    curveVertex(150, 300);// 設置圖形的第 2 個接點
    curveVertex(250, 100);// 設置圖形的第 3 個接點
    curveVertex(350, 350);// 設置圖形的終點（跟第 2 個控制點相同）
    curveVertex(350, 350);// 設置第 2 個控制點
  endShape();// 結束畫圖
  noStroke();// 無邊線
  fill(255, 0, 0);// 填塗紅色
  ellipse(50, 50, 8, 8);// 第 1 個小紅點
  ellipse(150, 300, 8, 8);// 第 2 個小紅點
  ellipse(250, 100, 8, 8);// 第 3 個小紅點
  ellipse(350, 350, 8, 8);// 第 4 個小紅點
}

function draw(){
  // 此處無須編寫任何代碼
}
```

顯然地，一般曲線就是在 beginShape() 與 endShape() 之間，透過設置多個 curveVertex(至少要有四個) 的各點座標，而整組函式則自動以曲線形式幫我們將這些點串連起來。最後，就以繪製「一隻猴字」來當成結尾，概括一下本章所學習過「圖形繪製與顏色設定」的功能吧！

範例 b-20：畫一隻猴子

```
function setup() {
 createCanvas(300, 300);
 background(255, 255, 0);
}

function draw() {
 // 繪製一隻 Monkey
 noStroke();// 耳朵下層
 fill(80);
 ellipse(40,130,50,120);
 ellipse(260,130,50,120);

 fill(120); // 耳朵上層
 ellipse(40,130,25,60);
 ellipse(260,130,25,60);

 fill(80); // 頭部及下巴下層
 ellipse(150,100,200,180);
 ellipse(150,200,240,180);

 fill(200); // 臉部及下巴上層
 ellipse(120,120,100,150);
 ellipse(180,120,100,150);
 ellipse(150,200,200,150);

 fill(255); // 眼睛下層
 ellipse(120,110,48,55);
 ellipse(180,110,48,55);

 fill(0); // 眼球
 ellipse(120,110,25,30);
 ellipse(180,110,25,30);
```

47

```
fill(255); // 眼球白點
ellipse(125,105,8,8);
ellipse(175,105,8,8);

noFill(); // 嘴巴
stroke(50);
strokeWeight(10);
bezier(80, 200, 80, 240, 220, 240, 220, 200); // 也可以用圓弧形來替代
//arc(150, 188, 150, 90, radians(15),radians(165));// 但效果有點不同
}
```

第 3 章 變數與迴圈

上一章「圖形與顏色」只是編程裡的「基本功」，算不上是武林中的「招式」。到此必然有人會對編程產生懷疑，認定這麼大費周章地畫圖方式所為何來呢？市售的套裝軟體，不是很容易搞定這樣的圖形與顏色嗎？如果只是想要繪製上一章所述及的圖形，確實大家所熟知的 AI，一定比編程方便許多，而且也不會讓那飄忽不定的座標觀念，搞得暈頭轉向。但編程的好處與威力，其實由此正要展開，請有耐心地看下去。

3-1 變數與常數

■ 變數 (variable)

編程裡所謂的變數，是指存放數據的箱子。各位就先這麼理解即可。若要使用變數，則需先「宣告」變數。

● var →變數的關鍵字。編程裡使用這個 var 關鍵字，僅代表宣告或定義「變數」之意。

p5.js 一律使用「var」這個關鍵字來表示變數。而變數也需要賦予數值 (即初始值)。一般最常見的寫法是：

```
var x; // 宣告 x 為變數 ( 宣告一個變數，名稱是 x)
x = 100; // 而 x 是代入 100
```

或將原本編寫兩行的，直接改寫成一行亦可。如：

```
var x = 100; // 宣告 x 為變數，而且代入 100 之意
```

如果需要宣告的變數較多，也可以一起宣告，再分別賦予數值 (簡稱賦值)。如：

```
var x, y, d; // 宣告 x, y, d 三個為變數
x = 100; //x 代入 100
y = 100; //y 代入 100
d = 200; //d 代入 200
```

或改寫成僅一行亦可。如：

```
var x = 100, y = 100, d = 200; // 宣告 x, y, d 三個為變數，並分別賦予數值 ( 簡稱賦值 )
```

所要宣告變數的名稱，在編程上有些規則必須遵守，否則就容易出錯。
○可以使用的文字，有半形英數字 (a~z、A~Z、0~9 等)、底線 (_)、$ 符號或全形文字 (中文亦可)。
○但名稱開頭不可先使用數字。例如：像 5pt, 3m 均不能用。但 p1, p2 則可。
○ p5.js 已經預設作為函式名稱者，則不能再使用。例如：for, if, else, while, var.... 等。

● = →是代入之意。= 左邊是變數名稱，右邊則是數據。這是將變數暫時給予某個數值 (即賦值) 之意。

```
x = 100; // 將 x 變數代入 100
x = 100 + 200; // 將 x 變數代入「100+200」，等同於 300
x = 300 - 150; // 將 x 變數代入「300-150」，等同於 150
x = 150 * 2; // 將 x 變數代入「150*2」，等同於 300
```

```
x = 300 / 3; // 將 x 變數代入「300/3」，等同於 100
x = 100 % 3; // 將 x 變數代入「100/3」取其餘數，等同於 0, 1, 2( 因 100 除以 3，取餘數是 0, 1, 2 )
```

而 p5.js 能夠處理的數據，並非只有數值，其實真偽值 (即布林值)、字串等都是。到後面的章節需要使用時，再進一步詳加解說。此時我們只要聚焦於數值即可。

範例 c-01：利用變數的編程

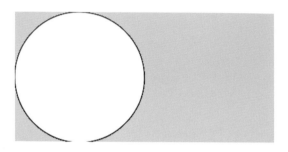

```
function setup() {
  createCanvas(400, 200);
  background(220);
}

function draw() {
  var x = 100; // 宣告變數 x，並代入 100。預備當作圓心的 x 座標
  var y = 100; // 宣告變數 y，並代入 100。預備當作圓心的 y 座標
  var d = 200; // 宣告變數 d，並代入 200。預備當作圓的直徑
  ellipse(x, y, d, d); // 在圓心 (x,y) 座標位置畫直徑 d 的圓
}
```

若想變更直徑的大小時，只要修改一個地方 (即 d = 200) 就能解決，這樣子編寫代碼，是比較有效率的。

範例 c-02：繪製 3 個並排的圓形

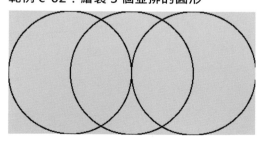

```
function setup() {
  createCanvas(400, 200);
  background(220);
}
```

```
function draw() {

  var x = 100; // 宣告變數 x，並代入 100。預備當作圓心的 x 座標

  var y = 100; // 宣告變數 y，並代入 100。預備當作圓心的 y 座標

  var d = 200; // 宣告變數 d，並代入 200。預備當作圓的直徑


  noFill(); // 無填塗顏色

  ellipse(x, y, d, d); // 在圓心 (x,y) 座標位置，畫直徑 d 的圓


  x += 100; // 因上面已 100 再加 100，所以變成 200

  ellipse(x, y, d, d); // 在圓心 (x,y) 座標位置，畫直徑 d 的圓


  x += 100; // 因上面已 200 再加 100，所以變成 300

  ellipse(x, y, d, d); // 在圓心 (x,y) 座標位置，畫直徑 d 的圓

}
```

● print() →將計算的結果印表於控制台，或是在編程時作為偵錯的方法。另可用 console.log() 函式。
在控制台（在代碼編輯區的下方）顯示數值。為了只要顯示一次數值，已將整個代碼移至上方執行。

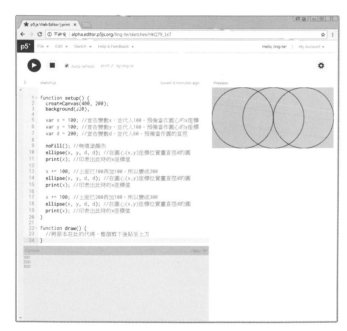

51

※這裡提到的print()函式，是聚焦在控制台印表出各種運算的結果。除此，print()其實還有一項非常重要的偵錯功能。特別是當我們正苦於找不到編程之中，究竟是哪裡出了問題時，若使用print()函式來偵錯，可以說是最簡單的一種方法。此項功能本書最後的附錄：撰碼技巧與偵錯，另有解說請參看。

圖 3-1：print() 的用法（三個 print() 函式均編排在 ellipse() 函式的下方，主要是用來顯示三個 x 座標值的差異）

● width, height →表示畫布的寬、高。屬於系統變數。
所謂系統變數，就是指 p5.js 程式本身所提供的變數名稱。

範例 c-03：利用系統變數來繪製圓形
系統變數可以直接使用，不用事先宣告或賦值。範例是繪製充滿整個畫布的一個圓形。

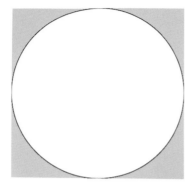

```
function setup() {
  createCanvas(200, 200);
  background(220);
}

function draw() {
  var d = width; // 宣告變數 d，並代入畫布的寬幅。預備當作圓的直徑。宣告在此的變數為區域變數
  ellipse(width/2, height/2, d, d); // 以畫布寬、高的一半當圓心 (x,y)，繪製直徑 d 的圓形
}
```

上列的編碼中，只要改變畫布的寬高。其它的代碼均不用去更動，還是能畫出不同大小的圓。

52

■ 常數 (constant)

既然編程有變數，那麼必然也會有常數 (constant)。常數又稱定數，意指固定不變的數值。在 p5.js 是專指 TWO_PI、PI、HALF_PI、QUARTER_PI 這四個。這部份已於上一章 2-2 基本圖形的畫法 ■ 圓弧形的畫法當中敘述過。只是當時並未使用常數或定數一詞而已。這裡就不必再說明了。

3-2 運算與亂數

■ 運算

前述的變數經常需要賦值，而賦值未必都要編寫明確的數值，其實也可以直接利用算數運算的方式來處理。除了上面已舉過簡單的四則 (加減乘除) 運算之外，比較特殊的用法，就是代入與運算並用的情況。例如：

```
x = x + 100; // 將變數 x 代入「x+100」( x 加上 100，此時 x 已是新的數值 )
x += 100; // 跟 x=x+100 相同
x -= 100; // 跟 x=x-100 相同
x *= 100; // 跟 x=x*100 相同
x /= 100; // 跟 x=x/100 相同
x %= 100; // 跟 x=x%100 相同 ( 注意：這是除後取其餘數，請勿跟上一個混淆 )
x++; // 跟 x+=1 或 (x=x+1) 相同
x--; // 跟 x-=1 或 (x=x-1) 相同
```

以上代入運算的編寫方式，還是經常會用到。所以應先釐清各種用法的真正涵意。而運算的原則，基本上先乘除後加減以及 ( ) 內優先處理，這跟一般算數相同。編程裡經常會用到的運算符號整理如下。

p5.js各種運算符號一覽表

類別	符號	說明	舉例
算術運算	+	加	a = b + c;
	-	減	a = b - c;
	*	乘	a = b * c;
	/	除	a = b / c;
	%	除後求取餘數	a = b % c;
單項運算	++	逐一遞增（各加1）	a++; ++a;
	--	逐一遞減（各減1）	a--; --a;
代入運算	=	代入運算	a = b;
算術代入運算	+=	加算代入	a += b 跟 a = a + b 相同
	-=	減算代入	a -= b 跟 a = a - b 相同
	*=	乘算代入	a *= b 跟 a = a * b 相同
	/=	除算代入	a /= b 跟 a = a / b 相同
	%=	餘數代入	a %= b 跟 a = a % b 相同
比較運算	==	等於	if (a == b)
	!=	不等於	if (a != b)
	===	嚴格等於	if (a === b)
	!==	嚴格不等於	if (a !==b)
	<	小於	if (a < b)
	>	大於	if (a > b)
	<=	小於等於	if (a <= b)
	>=	大於等於	if (a >= b)
邏輯運算	&&	而且	if((a == b)&&(c == d))
	||	或	if((a == b)||(c == d))
	!	非	if (!(a == b))

表 3-1：p5.js 各種運算符號一覽表

53

■ 亂數

● random() →亂數或隨機之意。( ) 內可輸入數值或變數名稱。( ) 內僅一個數值時，即最大值。若有兩個數值時，則表示亂數的 (最小值 , 最大值)。預設值為 1，即產生 0~1 有小數點的隨機值。

編程上亂數的利用，最核心的問題，在於我們將它安置於函式的哪些個參數中。例如：想要有隨機位置的顯現效果，就必須將亂數函式擺置在圖形座標的參數裡；若欲圖形有不同大小的隨機值，則需要把亂數函式安排於圖形寬高的參數內；如果期望圖形擁有各種顏色的表現效果，亂數函式則必須導入在 fill( ) 函式的參數中。或許過多的文字說明，也未必能完全體會，就以範例來瞧瞧實際的應用情況。

範例 c-04：使用亂數來繪製圖形

本範例是隨機繪製充滿整個畫布的許多彩色圓形。

```
var x, y, r; // 宣告 x, y, r 三個變數。在此宣告的變數，是全域變數

function setup() {
 createCanvas(500, 500);
 background(220);
 noStroke(); // 無邊線
}

function draw() {
 x = random(width); //x 代入亂數 ( 寬 )
 y = random(height); //y 代入亂數 ( 高 )
 r = random(20, 100); //r 代入亂數 ( 最小值 , 最大值 )
 // 顏色也以亂數值來設定 ( 內含透明度 )
 fill(random(255), random(255), random(255), random(255));
 ellipse(x, y, r, r); // 繪製圖形
}
```

再看看另外一個範例吧！如果搭配利用下一個單元 --- 迴圈功能，那麼圖形表現的威力更為驚人，由此逐漸可以肯定學習編程的好處了。

範例 c-05：使用亂數來繪製線條
本範例是隨機繪製充滿整個畫布的許多彩色垂直線。

```
function setup() {
  createCanvas(400, 400);
  background(255); // 設定背景為白色
  colorMode(HSB, 100); // 設定採用 HSB 色彩模式，各屬性均為 100 個階段

  for(var x = 0; x < width; x++) { // 這是下個單元要學習的重點 --for 迴圈
    stroke(random(100), 60, 100); // 線條的色相以亂數值來表現
    line(x, 0, x, height); // 線條的起點 y 座標固定為 0；終點 y 座標也固定為高
  }
}

function draw() {
  // 若想表現動態的圖形效果，上面 for( 含 ) 以下的代碼需移到此
}
```

3-3 迴圈 (loop)

本節將要學習 while 與 for 這兩種迴圈 (loop)。若能徹底理解，利用編程來繪圖就能夠表現得更加有威力。跟 for 來比較，while 相對來說還是比較單純些，那麼，我們就先從 while 開始談起。

● while →迴圈處理。語法：while(重覆範圍)。但 while 之上需有初始值；在 { } 之內的最後，還須設定重覆方式。若符合 while ( ) 條件的情況，則會重覆執行 { } 之內的函式。

範例 c-06：使用 while 迴圈來繪製重疊的圖形

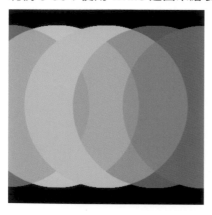

```
function setup() {
  createCanvas(360, 360);
  background(0); // 設定背景為黑色
  colorMode(HSB, 360, 100, 100); // 採用 HSB 色彩模式
  noStroke(); // 無邊線
}

function draw() {
  var i = 0; // 宣告變數 i，而且初始值設定為 0
  while(i <= 360) { // 若小於等於 360，就會不斷重覆執行
    fill(i, 60, 100, 0.2); // 色相利用變數，設有 0.2 的透明度
    ellipse(i, height/2, 300, 300); // 畫圓 (x 座標利用變數 )
    i = i + 90; // 逐次加 90 遞增 ( 共有五次 )
  }
}
```

● for →迴圈處理。語法：for(初始值；重覆範圍；重覆方式) { 編寫需重覆執行的函式 }
若符合 for ( ) 條件的情況，則會重覆執行 { } 之內的函式。

範例 c-07：使用 for 迴圈來繪製逐漸縮小的圖形

```
function setup() {
  createCanvas(640, 480);
  background(0, 32, 0);// 設定背景為近黑色
  noStroke(); // 無線條

  var x, y, w, h; // 宣告 x, y, w, h 四個變數。在此宣告的變數，是區域變數
  x = 0; // 變數 x 的初始值為 0
  y = 0; // 變數 y 的初始值為 0
  w = width; // 變數 w 的初始值為寬
  h = height; // 變數 h 的初始值為高

  for(var i = 0; i < 6; i++) { //for 迴圈。共執行六次
    w = w / 2; // 變數 w 逐次減半
    h = h / 2; // 變數 h 逐次減半

    fill(0, 255, 32, 64); // 填塗綠色（設有透明度）
    rect(x, y, w, h); // 繪製較小的矩形
    rect(x + w, y + h, w, h); // 繪製較大的矩形
  } // 這是搭配 for 迴圈的大括號
} // 這是搭配 setup 主函式的大括號

function draw() {
  // 此處不用輸入任何代碼
}
```

由上面的兩個範例得知：while 與 for 這兩種迴圈，其實沒有很大的差別，for 只是將 while 原本分開的初始值與重覆方式，集中編寫在 for 迴圈的 ( ) 之內而已。

○全域變數與區域變數

這裡順便附帶說明一下，全域 (Global) 變數與區域 (Local) 變數的差別。範例 c-04 的代碼中，變數是宣告在 setup() 主函式之上，這是屬於全域變數。範例 c-07 及範例 c-11，則是分別將變數宣告在 setup() 或 draw() 的主函式之中，此類的變數就屬於區域變數。其最大差別，簡單來說，全域變數均適用於所有的主函式區塊之內，而區域變數卻僅能適用於所宣告的主函式區塊之中。

當使用 while 或 for 迴圈在繪圖時，某些情況必須考慮「先畫的在下、後畫的在上」這種程式作畫的基本原則，一開始就得逆向思考迴圈其「初始值」與「重覆範圍」的安置問題，否則可能無法表現出預期的效果。以下的範例是非常典型的代表，請仔細研究一下 for 迴圈裡，其「初始值」、「重覆範圍」與「重覆方式」的不同寫法。當然編程中所給與的運算方式，也不限使用整數，包含小數點的數值也可以。

範例 c-08：使用 for 迴圈的逆向思考作畫方式

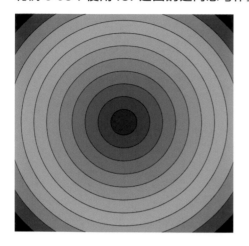

```
function setup() {
  createCanvas(510, 510);
  background(0); // 背景設定為黑色
  stroke(0); // 線條著黑

  var x, y, i; // 宣告 x, y, i 三個變數。在此宣告的，就是區域變數
  x = width/2; //x 代入寬的一半
  y = height/2; //y 代入高的一半

  //for 迴圈逆向思考的編寫方式。由最大的開始；到最小的；再逐次遞減
  for(i = 660; 0 < i; i -= 60) { // 因宣告變數 i 已編寫在上，此處可省略
    fill(i/2.3, i/2.3, 120, 100); // 填塗顏色（設有透明度），運算能有小數點
    ellipse(x, y, i, i); // 畫同心圓
  }
}

function draw() {
  // 此處可以留空白，不用編寫任何代碼
}
```

■ **雙重迴圈（嵌套迴圈）**

迴圈除了可表現在左右（水平）或是上下（垂直）方向並置圖形之外，其實我們也能夠在編程中，同時使用兩個迴圈，讓圖形產生上下與左右同時並列的重覆效果。只是重覆性過高的圖形，有時會顯得有點單調。如何在重覆性較高的圖形裡，增加些許的變化元素，讓圖形多少具有活潑感，也正考驗著我們的美感能力。

範例 c-09：使用雙重 for 迴圈來繪製上下漸層的圖形

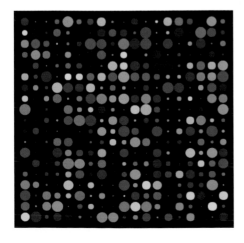

```
function setup() {
  createCanvas(400, 400);
  background(0); // 設定背景為黑色
  colorMode(HSB, 100); // 採用 HSB 色彩模式，各屬性為 100 個階段
  noStroke(); // 無邊線
}

function draw() {
  // 雙重 for 迴圈，變數 y 控制上下方向的座標；變數 x 控制水平方向的座標
  for(var y = 0; y < 100; y += 10) { // 初始值為 0；重覆範圍是 100 以內；逐次加 10
    for(var x = 0; x < 100; x += 10) { // 設定同上
      fill(x, y+10, 100); // 色相用變數 x，彩度用變數 y 並加 10，明度則固定 100
      rect(x*4, y*4, 40, 40); //x 與 y 座標各乘以 4，以符合畫布的大小（寬高同為 40 的矩形）
    }
  }
}
```

範例 c-10：使用雙重 for 迴圈並用亂數來繪製圖形

本範例除了使用雙重 for 迴圈外，同時也採用亂數來繪製點狀圖形，所以每次執行均有不同的效果。

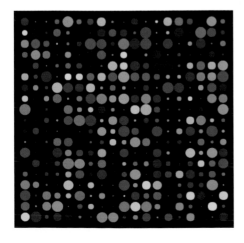

```
function setup() {
  createCanvas(400, 400);
  background(0);// 設定背景為黑色


  // 雙重 for 迴圈 ( 變數 j 及 i 分別控制上下及左右的圖形 )
  for(var j = 0; j < 19; j++) {
   for(var i = 0; i < 19; i++) {
     strokeWeight(random(21));// 邊線粗細為 0~21 ( 但不含 21 ) 之間隨意的亂數值
     stroke(random(255), random(255), random(255));// 顏色是以亂數來決定
     point(20+i*20, 20+j*20); // 畫點 (x 座標與 y 座標，均分別使用 i 及 j 變數 )
    }
  }
}

function draw() {
  // 若想讓圖形有閃爍的跳動效果，可將上面 for 以下的代碼全移到此
}
```

■ 三重迴圈

當然迴圈還能夠繼續發展下去，例如：使用三重 for 迴圈，而第三重的 for 迴圈，就讓類似的 (或大小不同的) 圖形在每個座標位置附近 (或相同位置亦可) 隨機擺置。這類圖形的表現效果，可能造成更加豐富或充滿趣味性。

範例 c-11：使用三重 for 迴圈並用亂數來繪製圖形

本範例是利用三重 for 迴圈來繪製多個三角形的效果。其中使用了至今尚未學習過的 --- noLoop() 與 translate() 這兩個函式。有興趣瞭解者可先翻到後面的章節瞧瞧。這裡就先擱置這兩個函式的解說。

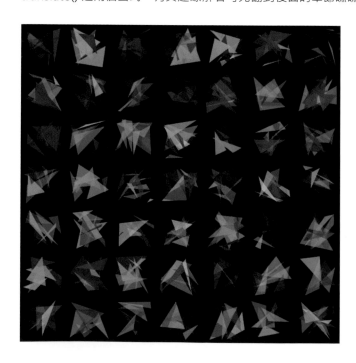

```
// 利用三重 for 迴圈來繪製多個三角形
function setup() {
  createCanvas(700, 700);
  background(0, 0, 0); // 設定黑色背景（RGB）
  colorMode(HSB, 100, 100, 100); // 設定 HSB 色彩模式
  noStroke(); // 無邊線
  noLoop(); // 不重複執行 draw() 內的函式，亦即 draw() 主程式僅執行一次
}

function draw() {
  var x, y, i; // 宣告三個變數 x, y, i。在此宣告的變數，也是區域變數
  translate(5, 5); // 在 x、y 方向各位移 5 個像素

  for (y = 0; y < height; y = y + 100){ // 決定上下的關係
    for (x = 0; x < width; x = x + 100){ // 決定左右的關係
      for (i = 0; i < 15; i++){ // 在原點附近繪製 15 次
        // 色相與透明度分別以亂數來決定
        fill(random(0, 100), 100, 100, random(0.8));
        // 將繪製三角形的 3 個頂點（x, y）設定成亂數
        triangle(x + random(90), y + random(90),
             x + random(90), y + random(90),
             x + random(90), y + random(90));
      }
    }
  }
}
```

■ 脫離 (break) 與繼續 (continue)

使用 while 與 for 這兩種迴圈處理，中途有時可能需要中斷、脫離或是想略去某一個或某幾個的情況。惟這種情況，通常都是跟陣列 (array) 搭配一起使用時，發生的機會比較常見，因此，後面的利用陣列章節裡，還會再進一步解說。這裡僅以簡單的測試方式來敘明即可。

○ 脫離 (break)

迴圈處理的途中，若想要打斷或停止處理的情況，則需使用 break 這個語句。雖然這個測試用的編程，看來是有點奇怪就是。只要滿足第 3 行的條件，則會執行 break，亦即 5 之後就全部脫離迴圈處理了。按照代碼逐行輸入，測試一下就能夠理解。

```
function setup() {
  for (var n = 0; n < 10; n++) {
    if (n == 6) break; // 脫離迴圈處理
    print(n); // 印表出變數 n( 控制台僅印表 012345)
  }
}
```

61

○繼續 (continue)

迴圈處理的途中，若想要略去某一個或某幾個的情況，則是使用 continue 這個語句。當執行到第 3 行時，就僅略去 6，其它的則是繼續執行。

```
function setup() {
  for (var n = 0; n < 10; n++) {
    if (n == 6) continue; // 除了 6 之外，繼續迴圈處理
    print(n); // 印表出變數 n ( 控制台略去 6，其它都印出 )
  }
}
```

本章就到此打住了。下一章將繼續探討編程中所謂的「條件判斷」。

第 4 章　條件判斷

上一章所繪製的圖形，基本上都是重覆性比較高的表現效果，而本章就是為了打破這項規則，使圖形能夠產生某些變化的法寶 ---- 即所謂的「條件判斷」的表達語句。在編程中，若想要讓程式按照我們所設定的條件來分別執行處理時，則必須使用各種條件判斷的函式。特別是若 a、則 A；若 b，則 B、否則都是 C 諸如此類的表達方式。條件判斷的函式在編程之中屢見不鮮，就讓我們一起來看看它的廬山真面目吧！

4-1 比較運算與邏輯運算

這是第 3 章「變數與迴圈」裡就已經出現過的運算符號，請參閱 p.53 的「p5.js 各種運算符號一覽表」的下方。雖然「比較運算與邏輯運算」同屬於運算符號，但由於它們跟本章「條件判斷」這個主題，較具密切關連性，因此，才留待本節進一步詳加解說。

■ 比較運算

比較運算總共有八種。其中的「===」與「!==」這兩種運算符號，屬於 JavaScript 程式語言特有的。因為 p5.js 已無整數、浮點、布林值或字串等資料類型的區別，所以才特別增加這兩種特殊運算符號，作為字串等嚴格區分的方式。

== 左邊等於右邊

i == 5 // 這是變數 i 等於 5 之意

※「i = 5」是「i 代入 5」之意。這兩種很容易混淆，請注意。

!= 左邊不等於右邊

i != 5 // 這是變數 i 不等於 5 之意

=== 左邊嚴格等於右邊 (JavaScript 特有)

i === 5 // 這是變數 i 嚴格等於 5 之意。例如：if('2018' === '2018') 或 if(2018 === 2018)

!== 左邊嚴格不等於右邊 (JavaScript 特有)

i !== 5 // 這是變數 i 嚴格不等於 5 之意。例如：if('2018' !== 2018) 或 if(2018 !== '2018')

< 左邊小於右邊

i < 5 // 這是變數 i 小於 5 之意

> 左邊大於右邊

i > 5 // 這是變數 i 大於 5 之意

<= 左邊小於等於右邊

i <= 5 // 這是變數 i 小於等於 5 之意

>= 左邊大於等於右邊

i >= 5 // 這是變數 i 大於等於 5 之意

※ 一般初學者常將（ <=, >= ）寫成相反的（ =<, => ），請特別留意。

■ 邏輯運算

邏輯運算總共有三種。前兩個運算容易理解，第三個只要冷靜思考，其實也不算難。

&& 而且 (兩者均要滿足條件才可，即邏輯的 AND)

i > 0 && i < 10 // 這是變數 i 大於 0，而且小於 10 之意

|| 或是 (兩者只要滿足其中一個的條件即可，即邏輯的 OR)

i < 0 || i > 10 // 這是變數 i 小於 0，或是大於 10 之意

! 否定 (非此即彼或非彼即此的表達方式，即邏輯的 NOT)

!(i == 10) // 這是 (變數 i 等於 10) 的否定之意，即 i 非 10

4-2 if 條件判斷

if 條件判斷可說是最常見的表達方式。其中又有多種的表達方法，從最單純使用一個 if，到相當複雜多重的 if 均有人使用，初學者屢屢搞得暈頭轉向。這裡就區分成四種類型來加以說明。

■ 單純一個 if 的表達形式

這裡雖然單純只使用一個 if，但又可分成有、無 else 的差別。若無使用 else，則僅有一種情況，符合條件即執行，不符合就不執行；但若加 else 的情況，則必須再考慮第二種所要執行函式內容的問題。這是這兩種情況的主要差別所在。

● **if (條件) { 函式 }** →若符合條件，就執行 {} 之內的函式；不符合時，則不執行。當條件單純只有一個，其實大括號 {} 是可以省略的。

● **if (條件 1) { 函式 1} else { 函式 2}** →若符合條件 1，就執行前一個 {} 內的函式 1；不符合時，則執行下一個 {} 內的函式 2。同樣大括號 {} 本身，也是可以省略的。

範例 d-01：利用亂數產生兩種不同的背景色

這個範例就像是「機會」或「命運」兩種狀況，讓我們來選擇其一的感覺。若將臨界值設定在正中間，兩者出現的概率就會均等，如果偏向某一邊，則出現的概率就會不對等。

 或

```
function setup() {
  createCanvas(200, 200);
```

```
var ramdomNum = random(1); // 由 0 到 1 之間來產生亂數值
  print(ramdomNum); // 在控制台顯示亂數值


  if (ramdomNum < 0.5) background(0, 0, 255); // 若小於 0.5，背景色塗藍
  else background(255, 0, 255); // 否則，背景色塗洋紅
}


function draw() {
// 此處不用輸入任何代碼
}
```

※ 這個範例一次僅能看到一種結果，必須重新再執行，才有可能看到另一種結果。

■ if ～ else if ～ else 的表達形式
這是單純僅在 if ～ else 之間，多加一個 else if ～而已，這似乎對理解上還不至於造成困難。

● if（條件 1）{ 函式 1} else if（條件 2){ 函式 2} else { 函式 3} →若符合條件 1，則執行前一個 { } 內的函式 1；若符合條件 2 時，則執行下一個 { } 內的函式 2。否則，就執行最後一個 { } 內的函式 3。

範例 d-02：利用求取餘數來繪製三種不同顏色的水平線

```
function setup() {
 createCanvas(400, 400);
 background(0); // 設定背景為黑色
}


function draw() {
 for (var i = 0; i < width; i+=8) { //for 迴圈
 // 依條件來決定顏色
 if (i%3 == 0) stroke(255, 0, 255); // 當 i 除以 3，其餘數為 0 時，線條為洋紅色
 else if (i%3 == 1) stroke(255, 255, 0); // 當 i 除以 3，其餘數為 1 時，線條為黃色
 else stroke(0, 255, 255); // 否則（即餘數為 2 時），線條為天藍色
```

```
    line(0, i, height, i);
  }
}
```

※ 變數 i％3，就是 i 除以 3，取其餘數之意。變數無論是多少，其餘數必然只有 0、1、2 等三種情況。

■ if ~ else if ~ else if ~ else 的表達形式

這是單純僅在 if ~ else 之間，多加兩個 (或兩個以上) 的 else if ~，理解困難度逐漸增加中。但這裡僅列出兩個 else if ~ 的範例。當然理論上要增加多少個 else if ~ 都不是問題，但越多個 else if ~ 的歸類方式，只會徒增理解上的困擾而已。

● if (條件 1) { 函式 1} else if (條件 2) { 函式 2} else if (條件 3) { 函式 3} else { 函式 4} → 當符合條件 1，就執行前一個 { } 內的函式 1；若符合條件 2 時，則執行下一個 { } 內的函式 2；若符合條件 3 時，則執行下下一個 { } 內的函式 3。否則就執行最後一個 { } 內的函式 4。

範例 d-03：利用滑鼠左右移動來顯示四種圖形

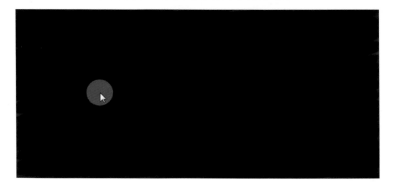

```
function setup() {
  createCanvas(750, 350);
  rectMode(CENTER); // 繪製矩形的模式 ( 中心 )
}

function draw() {
  background(0); // 背景為黑色

  // 分割成 4 等份的最左邊
  if (mouseX >= 0 && mouseX < width/4) { //mouseX 是滑鼠的 X 座標
    noStroke(); // 無邊線
    fill(255, 80, 10); // 橘紅色
    ellipse(mouseX, mouseY, 55, 55); // 圓形  //mouseY 是滑鼠的 Y 座標
  }
  // 分割成 4 等份由左邊算起的第 2 個
  else if (mouseX >= width/4 && mouseX < 2*width/4) {
    stroke(250, 255, 50); // 線條黃色
```

```
    strokeWeight(6); // 線寬
    line(mouseX-25, mouseY-25, mouseX+25, mouseY+25); // 打 X
    line(mouseX+25, mouseY-25, mouseX-25, mouseY+25);
}
// 分割成 4 等份由右邊算起的第 2 個
else if (mouseX >= 2*width/4 && mouseX < 3*width/4) {
    noStroke(); // 無邊線
    fill(65, 180, 110); // 綠色
    rect(mouseX, mouseY, 50, 50);  // 矩形
}
// 分割成 4 等份的最右邊
else {
    stroke(50, 200, 255); // 線條藍色
    strokeWeight(6); // 線寬
    noFill(); // 無填色
    triangle(mouseX-28, mouseY+28, mouseX, mouseY-28, mouseX+28, mouseY+28);// 三角形
}
}
```

■ 在 if 之中的 if (即 if ~ if else ~ else ~ if else ~)

這是最讓人感到頭疼的表達方式。其實冷靜思考一下，還是能夠釐清它的表達脈絡。意義上就是在原本的 if ~ else 當中，分別再各加一組 if else ~ 罷了。這相當於一分為二，再次一分為二，總共會有四種情況。

● if (條件 A) { if (條件 1) { 函式 1} else { 函式 2} } else { if (條件 3) { 函式 3} else { 函式 4} } →若符合 (條件 A)，又符合 (條件 1)，則執行函式 1，否則就執行函式 2；非前列狀況，若符合 (條件 3)，則執行函式 3。否則就執行函式 4。

範例 d-04：利用滑鼠上下左右移動來顯示四種圖形

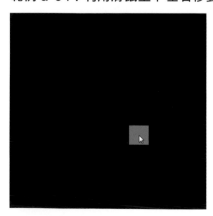

```
function setup() {
    createCanvas(500, 500);
    rectMode(CENTER); // 繪製矩形的模式 ( 中心 )
```

```
}

function draw() {
 background(0); // 背景為黑色

 // 左半邊
 if (mouseX <= width/2) {
  // 上半部
  if (mouseY <= height/2) {
   noStroke(); // 無邊線
   fill(255, 80, 10); // 橘紅色
   ellipse(mouseX, mouseY, 50, 50);// 圓圈
  }
  // 下半部
  else {
   stroke(250, 255, 50); // 線條黃色
   strokeWeight(6); // 線寬
   line(mouseX-25, mouseY-25, mouseX+25, mouseY+25);// 打 ×
   line(mouseX+25, mouseY-25, mouseX-25, mouseY+25);
  }
 }
 // 右半邊
 else {
  // 上半部
  if (mouseY <= height/2) {
   stroke(50, 200, 255); // 線條藍色
   strokeWeight(6); // 線寬
   noFill(); // 無填色
   triangle(mouseX-25, mouseY+25, mouseX, mouseY-25, mouseX+25, mouseY+25);// 三角形
  }
  // 下半部
  else {
   noStroke(); // 無邊線
   fill(65, 180, 110); // 綠色
   rect(mouseX, mouseY, 50, 50);// 方形
  }
 }
}
```

68

以上兩個範例，差別在將整個畫布以水平方向劃分成四個等分，以及垂直與水平方向各劃分成各兩個等分 (共四個等分) 的區別。當然條件判斷的代碼編寫方式，就會有所不同。因為 if ( ) { } else { } 的表達方式就存有上面所列的多種，讀者應根據實際的條件狀況，來妥善規劃選用其中的一種，或改採下一頁即將學習的 switch 條件判斷方式，以能夠達到想要表現效果，這才是學習條件判斷的主要目的。

4-3 switch 條件判斷

相較於 if 的表達方式，使用 switch 條件判斷的人，相對也比較少，但偶爾還是可以看得到它的踪影。本書既不可也不能忽視，總得在此借用一些篇幅，來做點比較詳盡的解說。

● switch ~ case ~ break(~ default) →屬於分岔型的條件判斷。須先區分成確定的幾種情況，再搭配幾組 case ~ break。若符合某一種情況，則執行該情況下的函式。若有難以分類的情況，則最後可設 default，統一歸成此類。

範例 d-05：利用隨機的方式來顯示六種不同的圖形
這個範例就恰似擲一顆骰子般，1~6 的數值總是保有六分之一出現的機率。

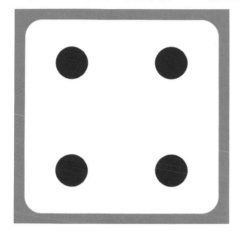

```
function setup() {
  createCanvas(500, 500);
  background(160); // 設定背景為中灰色
  rectMode(CENTER); // 繪製矩形的模式 ( 中心 )
  noStroke(); // 無邊線

  fill(255); // 填塗白色
  rect(width/2, height/2, 450, 450, 40); // 繪製圓角矩形

  var fn = random(); // 取得亂數值。這是 0 至 1 之間，有小數點的亂數值
  var n = floor(fn * 6 + 1); // 將有小數點的亂數值化為整數。這是關鍵

  print(n); // 將整數印表於控制台

  switch(n) { // 利用亂數 n 的數值來判斷分岔

  case 1: // 若 1 的情況
    fill(255, 0, 0); // 填塗紅色
    ellipse(width/2, height/2, 85, 85);// 圓形
    break; // 脫離 switch 的區塊
```

```
    case 2: // 若 2 的情況
    fill(0); // 黑色
    ellipse(width/4+10, 3*height/4, 75, 75);// 圓形
    ellipse(3*width/4-10, height/4, 75, 75);// 圓形
    break; // 脫離 switch 的區塊

    case 3: // 若 3 的情況
    fill(0); // 黑色
    ellipse(width/4, 3*height/4, 75, 75);// 圓形
    ellipse(width/2, height/2, 75, 75);// 圓形
    ellipse(3*width/4, height/4, 75, 75);// 圓形
    break; // 脫離 switch 的區塊

    case 4: // 若 4 的情況
    fill(255, 0, 0); // 填塗紅色
    ellipse(width/4+10, 3*height/4, 75, 75);// 圓形
    ellipse(width/4+10, height/4, 75, 75);// 圓形
    ellipse(3*width/4-10, height/4, 75, 75);// 圓形
    ellipse(3*width/4-10, 3*height/4, 75, 75);// 圓形
    break; // 脫離 switch 的區塊
```

```
    case 5: // 若 5 的情況
    fill(0); // 黑色
    ellipse(width/2, height/2, 75, 75);// 圓形
    ellipse(width/4, 3*height/4, 75, 75);// 圓形
    ellipse(width/4, height/4, 75, 75);// 圓形
    ellipse(3*width/4, height/4, 75, 75);// 圓形
    ellipse(3*width/4, 3*height/4, 75, 75);// 圓形
    break; // 脫離 switch 的區塊

    case 6: // 若 6 的情況
    fill(0); // 黑色
    ellipse(width/4+10, height/2, 75, 75);// 圓形
    ellipse(3*width/4-10, height/2, 75, 75);// 圓形
    ellipse(width/4+10, 3*height/4, 75, 75);// 圓形
    ellipse(width/4+10, height/4, 75, 75);// 圓形
    ellipse(3*width/4-10, height/4, 75, 75);// 圓形
    ellipse(3*width/4-10, 3*height/4, 75, 75);// 圓形
    break; // 脫離 switch 的區塊
    }
}

function draw() {
```

```
   // 此處無需編寫任何代碼
 }
```

這個範例的編程中，利用到 floor() 這個新函式，目的是要將原本有小數點的亂數值，化為整數之用（即小數點以下均捨去）。而小括號內的 (fn * 6 + 1)，為何要乘以 6 呢？這是為了將原本介於 0.0 至 1.0 之間的亂數值，倍增成在 0~6 之間的整數（但嚴格來說應該沒有 6，頂多是 5.9999999...），由於小數點以下均被捨棄了，所以理應已沒有 6，而且骰子也沒有 0，所以必須再加 1，才完全符合我們對骰子的實際要求。

範例 d-06：利用隨機的方式來顯示三種不同的圖形

這個範例則是將亂數值所產生的背景色，統一歸納成 default 類，就概率而言，雖僅三分之一，但每次只要有出現背景色的機會，所出現的背景色，也並非是完全相同的。多執行幾次本範例的編程，就能夠理解其中的意涵。

```
function setup() {
  createCanvas(400, 400);
  background(220); // 設定背景為淺灰色
  rectMode(CENTER); // 繪製矩形的模式（中心）
  noStroke(); // 無邊線

  var fn = random(); // 取得亂數值。這是 0 至 1 之間，有小數點的亂數值
  var n = floor(fn * 3); // 將有小數點的亂數值化為整數。這是關鍵

  switch(n) { // 利用亂數 n 的整數來判斷分岔

  case 0: // 若 0 的情況
    fill(255, 0, 255); // 填塗洋紅色
    ellipse(width/2, height/2, 200, 200);// 圓形
    break; // 脫離 switch 的區塊

  case 1: // 若 1 的情況
    fill(0, 0, 255); // 填塗藍色
```

```
    rect(width/2, height/2, 200, 200);// 矩形
    break; // 脫離 switch 的區塊

  default: // 除上列之外的情況
    background(random(255), random(255), random(255));
    break; // 脫離 switch 的區塊
  }
}

function draw() {
  // 此處無須輸入任何的代碼
}
```

第 5 章　文字與圖片

在網頁設計上，文字與圖片的利用頻率相當的高，不過絕大部份的情況，都是以 HTML 方式來處理較多。本章則聚焦在 JavaScript 所屬 sketch.js 的畫布內，當需要使用文字或圖片的檔案時，如何自行輸入或預先載入的準備工作。有了這些基本媒材的操作概念，對後面所要表現的「動畫製作」、「影像處理」等項目內容，奠下紮實必要的基礎。首先，就讓我們從文字開始談起。

5-1 利用文字

■ 文字的顯示與大小

● text(str, x, y)　→文字函式。str 表示要顯示的字串，需用 "" 圍住；x, y 是座標位置。座標後面其實尚可再增加 w, h 兩個參數，這表示文字是要以設定的寬、高來顯示。

● textSize(n)　→文字的大小。n 代表文字的大小。單位是像素。

範例 e-01：文字的顯示與大小

```
function setup() {
  createCanvas(400, 200);
  background(220);
}

function draw() {
  stroke(255, 255, 0); // 線條為黃色
  fill(255, 0, 0); // 填塗紅色
  textSize(64); // 文字的大小
  text(" 中文的顯示 ", 40, 100); //" 直接輸入要顯示的文字 ", x 座標，y 座標
}
```

範例 e-01 是以上述的兩個函式表現為主，僅增加 stroke()、fill() 那兩個函式，這意味著用來設定圖形的顏色函式，也都適用於文字。原本文字的預設顏色為黑，而且字體預設是電腦系統所使用的字型。另外值得注意的是，所設定的 x, y 座標，是以文字的基線為準，所以整個文字的顯示會偏上方，而非正中間。

■ 文字的編排與行距

● textAlign()　→文字的編排。有 RIGHT(右)、CENTER(中)、LEFT(左) 可選用。

● textLeading()　→文字的行距。可使用「\n」來換行，行距預設為文字的大小。此函式可用來設定行距大小，若參數設定比文字的大小還少，上下文字就會靠近甚至重疊，請留意。

73

範例 e-02：文字的編排與行距的設定

```
function setup() {
  createCanvas(400, 200);
  background(220);
}

function draw() {
  var str = " 文字的編排與行距的設定 \ntextAlign & textLeading..."; // 文字用變數來代入
  fill(128, 0, 255); // 填塗紫色
  textSize(32); // 文字的大小
  textAlign(CENTER, CENTER); // 預設為 (LEFT, LEFT)。若改成其它兩項，可藉文字的座標來調整
  textLeading(28); // 設定行距，因 28 比 32 少，所以上下文字會靠近甚至重疊。
  text(str, width/2, height/2); // 要顯示的文字，x 座標，y 座標
}
```

範例 e-02 已經導入利用變數來處理字串的方法。但到此為止，文字還是以系統預設的字型為主。接下來，讓我們來看看如何指定使用其它的字型。

■ 指定其它不同的字型
基本上，若想要指定使用其它的字型，則有兩種方法。
(1) 利用瀏覽器所提供字型的方法。
(2) 利用 OpenType 字型或 TrueType 字型的方法。
OpenType 是微軟公司所提供；TrueType 則是 Adobe 公司所研發的字型。首先就從 (1) 開始談起。這種方法可以說是最容易上手。

● textFont() →指定字型。參數是直接使用字體的名稱即可，但需使用雙逗號 " " 圍住。

範例 e-03：指定字型來顯示文字

```
function setup() {
  createCanvas(400, 200);
  background(100);
}


function draw() {
  var str = " 文字的編排與行距的設定 \ntextAlign & textLeading"; // 文字用變數來代入
  fill(150, 255, 0); // 填塗黃綠色
  textSize(32); // 文字的大小
  textFont(" 微軟正黑體 "); // 直接使用該字型的名稱
  textAlign(CENTER, CENTER); // 預設為 (LEFT, LEFT)。若改成其它兩項，可藉文字的座標來調整
  textLeading(28); // 設定行距。因 28 比 32 少，所以上下文字會靠近甚至重疊。
  text(str, width/2, height/2); // 要顯示的文字 , x 座標 , y 座標
}
```

這種方法，只要安裝在瀏覽器的字型均可使用。接下來，再來看看另一種方法。

● loadFont() → 載入字型。可將字型檔名或 URL 當成參數，載入字型來使用，同樣是利用雙逗號" "圍住。此函式一般都是編寫在 preload() 函式的區塊之內。

範例 e-04：載入字型來指定顯示文字

```
var f; // 宣告變數 f


function preload() { // 預先載入函式的區塊
  f = loadFont("LucidaSansRegular.ttf"); // 載入字型檔案
}


function setup() {
  createCanvas(400, 200);
  background(100);
}


function draw() {
  fill(255, 200, 0); // 填塗橘黃色
  textSize(40); // 文字的大小
```

```
    textFont("f"); // 指定使用變數 f 已載入的字型
    text("Go Your Own Way", 48, height/2+10); // 要顯示的文字 , x 座標 , y 座標
}
```

本範例需預先載入該字型後才能指定使用。否則就會顯示錯誤。預先載入字型的方法，要先備有欲使用字型的檔案，然後點選 sketch.js 左邊的「>」符號，就可開啟專案檔案夾 (project-folder) 欄位，接著再單擊 project-folder 右邊的「∨」符號，就會顯示出「Add folder」及「Add file」兩個選項的小方框。此時選擇「Add file」。當顯現出「Add file」大對話框後，只要將預先準備好的字型檔案，拖拉至下方的方格內即可。

圖 5-1：開啟專案檔案夾，再選擇 Add file 項目

圖 5-2：將字型檔案，拖拉放至下方的方格內即可

範例 e-05：以亂數方式來顯示文字

本範例是在亂數的位置上，以亂數的方式來顯示數字。

```
function setup() {
  createCanvas(400, 400);
  background(220);
}

function draw() {
  fill(random(256)); // 希望有純白的數字，所以刻意設定成 256
  textSize(random(12, 40)); // 亂數的大小 ( 最小值 , 最大值 )
```

```
  textAlign(CENTER); // 文字的編排（居中）
  text(floor(random(10)), random(width), random(height)); // 整數型的亂數、寬、高均亂數
 }
```

範例 e-06：以按鍵方式來顯示文字

本範例是每當按下各種字母鍵時，該字母的文字就會顯示在亂數的位置上。

77

```
function setup() {
  createCanvas(400, 400);
  background(50); // 背景色為暗灰
  colorMode(HSB, 360, 100, 100, 100); // 設定 HSB 色彩模式
}

function draw() {
}

function keyPressed() { // 鍵盤事件（按下鍵盤時所要處理的程式區塊）
  fill(random(360), 80, 100, 80); // 色相 360 亂數、彩度稍降低、有點透明度
  textSize(random(36, 64)); // 文字大小是亂數（最小值 , 最大值）
  textAlign(CENTER); // 文字編排（居中）
  text(key, random(width), random(height)); // 按鍵 , 亂數（寬）, 亂數（高）
}
```

本範例的編程中，已使用到至今尚未學習過 ----「鍵盤事件」的代碼，容後在「互動作用」章節裡，再進一步詳加解說。

5-2 利用圖片

P5.js 提供兩種方法，可以讓圖片顯示在網頁上。一種是利用 createImg() 函式的方法；另外一種則是使用 loadImage() 函式的方法。

■ 利用 createImg 函式的方法
● createImg() →僅輸入圖片的檔名 (含副檔名) 即可，但必須以雙逗號 " " 圍住。

範例 e-07：以 createImg 函式來顯示圖片

> Tips
> 在sketch.js的編程裡，利用createImg函式來顯示圖片的方法，其實是跟在index.html編程內，直接編寫 `<img src="artwork.png">` 這行標籤，其作用意義上可以說是完全相同。但這兩種編寫在不同檔案的方法，圖片若要正確顯示，其前提條件，同樣是事先必須將圖片檔案，上傳至跟sketch.js同一個檔案夾之內。此類相關的功能，後面的章節另有詳細的解說。

```
// 利用 createImg() 函式的方法
function setup() {
  noCanvas(); // 無畫布的設定
  createImg("artwork.png"); // 小括號內僅輸入檔名即可
}

function draw() {
}
```

這個範例的操作前提條件，必須先準備好圖片檔。然後按照前面已在 p.76 載入字型時說明過的方式，將圖片檔上傳到專案檔案夾之內。而代碼中出現 noCanvas() 這個新面孔，其意涵僅是不需要畫布。如果沒有設定這個函式，圖片還是會顯示，只是圖片左上方多了一個 100 X 100 像素預設的空白或含有背景色的區域。

■ 使用 loadImage() 函式的方法
● preload () →用來預先載入檔案。通常編寫在 setup() 函式前面，而且還加上 function 這個關鍵字。
● loadImage() →同樣是僅輸入圖片的檔名 (含副檔名) 即可，但必須以雙逗號 " " 圍住。
● image(img, x, y) →這是專為顯示圖片的函式。( ) 內至少要有變數名稱及 x, y 座標，但座標是以圖片的左上角為基準。若再設定第 4、5 個參數，則表示是圖片顯示的寬、高。

利用這種方法來顯示圖片，一般都將 loadImage() 函式編寫在 preload() 函式區塊之內。這跟使用 loadFont() 函式，在概念意義上是完全一致的。以下的範例所顯示的圖片，跟上個範例完全相同，故省略。

範例 e-08：用 loadImage 函式來顯示圖片

```
// 利用 loadImage() 函式的方法
var img; // 宣告變數 img

function preload() { // 預先載入資料檔案的函式區塊。至於圖片上傳的操作方式同前
  img = loadImage("artwork.png"); // 預先載入照片的檔案
}

function setup() {
  createCanvas(img.width, img.height); // 設定畫布為圖片的寬與高
  image(img, 0, 0); // 前一個為變數名，後兩個是 x,y 的座標
}

function draw() {
}
```

順便在此解說一下，什麼格式的圖片檔案是 p5.js 可以接受的。基本上大家已經耳熟能詳的 JPEG(.jpg)、PNG(.png) 這兩種格式，無論是使用哪種編輯器 ----p5.js 線上版、或由 Processing PDE 切換使用 p5.js 模式、或經 OpenProcessing 網站上傳方式，或者是利用 p5.js 完整版、搭配任何一種編輯器，均能順利上傳使用。至於 GIF(.gif)、SVG(.svg) 這兩種格式，就不是每種編輯器都能接受。其中僅 JPEG 格式的圖片是沒有透明效果。而 SVG 格式則是前述四種檔案中，唯一屬於向量式圖形；其它三種則是點陣式圖形。以下的範例均是以載入圖片的方法作為製作前提。

■ 圖片的顯示位置與大小
範例 e-09：調整圖片的顯示位置與大小

```
// 利用 loadImage() 函式的方法
var img; // 宣告變數 img

function preload() { // 預先載入資料檔案的函式區塊
```

```
    img = loadImage("artwork.jpg"); // 預先載入照片的檔案
}

function setup() {
    createCanvas(640, 480); // 設定畫布為照片的寬與高
    background(220); // 設定背景為淺灰色
    image(img, 50, 50); // 前一個為變數名，後兩個是 x,y 的座標
    image(img, 50, 50, 320, 240); // 後兩個參數是圖片顯示的寬高
}

function draw() {

}
```

● tint() →用來改變圖片的色調。參數設定跟 fill() 函式一樣。
● noTint() →用來恢復圖片原本的色調。

■ 將圖片設定為畫布的背景與改變圖片的色調
範例 e-10：以圖片當背景與調整圖片的色調

```
// 利用 loadImage() 函式的方法
var img; // 宣告變數 img

function preload() { // 預先載入資料檔案的函式區塊
    img = loadImage("artwork.jpg"); // 預先載入照片的檔案
}

function setup() {
    createCanvas(640, 480); // 設定畫布的大小 ( 同圖片的大小 )
    background(img); // 背景設定為圖片
    tint(50, 255, 255); // 改變成天藍色調
    image(img, 0, 0, 320, 240); // 後兩個參數是圖片顯示的寬、高
```

```
  tint(200, 250, 50); // 改變成黃綠色調
  image(img, 320, 240, 320, 240); // 後兩個參數是圖片顯示的寬、高
}

function draw() {

}
```

● **imageMode()** →用來設定影像模式。小括號 () 內可輸入：
CORNER ... image (左上角的 x 座標 , 左上角的 y 座標 , 寬 , 高) ※ 此為預設。
CORNERS ... image (左上角的 x 座標 , 左上角的 y 座標 , 右下角的 x 座標 , 右下角的 y 座標)。
CENTER ... image (中心的 x 座標 , 中心的 y 座標 , 寬 , 高)。

■ 將圖片編排在畫布的中央
範例 e-11：編排圖片在畫布的中央

```
// 利用 loadImage() 函式的方法
var img; // 宣告變數 img

function preload() { // 預先載入資料檔案的函式區塊
  img = loadImage("Escher.png"); // 預先載入照片的檔案
}

function setup() {
  createCanvas(640, 480); // 設定畫布的大小 ( 同圖片的大小 )
  background(220); // 設定背景為淺灰色

  imageMode(CENTER); // 影像模式 ( 中央 )
  tint(255, 255, 0); // 改變成黃色調
  image(img, width/2, height/2); // 將圖片設定在畫布的中央
}

function draw() {

}
```

■ 多張圖片的編排
範例 e-12：編排多張圖片

```
// 利用 loadImage() 函式的方法
var img1; // 宣告變數 img1
var img2; // 宣告變數 img2

function preload() { // 預先載入資料檔案的函式區塊
  img1 = loadImage("artwork.jpg"); // 預先載入照片的檔案 1
  img2 = loadImage("Escher.png"); // 預先載入照片的檔案 2
}

function setup() {
  createCanvas(640, 550); // 設定畫布的大小 ( 同圖片的大小 )
  background(200); // 設定背景為淺灰色
  tint(0, 250, 255); // 改變成天藍色調
  image(img1, 0, 0); // 兩個參數是圖片左上角的座標
  imageMode(CENTER); // 影像模式 ( 中央 )
  tint(255, 255, 0); // 改變成黃色調
  image(img2, 530, 395); // 兩個參數是座標 ( 即圖片 2 的中心位置 )
}

function draw() {
}
```

■ 使用圖片來畫圖
範例 e-13：利用圖片來塗鴉
本範例是執行後，可利用滑鼠在畫布上移動看看效果。

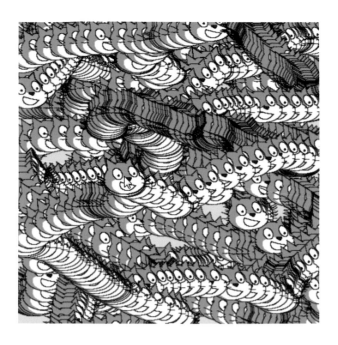

```
// 利用 loadImage() 函式的方法
var img; // 宣告變數 img

function preload() { // 預先載入資料檔案的函式區塊
  img = loadImage("Cat.png"); // 預先載入圖片的檔案
}

function setup() {
  createCanvas(500, 500);
  background(230);
  imageMode(CENTER); // 影像模式 ( 中央 )
}

function draw() {
  image(img, mouseX, mouseY); // 將圖片設定成滑鼠的座標
}
```

本範例最後出現了 mouseX, mouseY 這對滑鼠座標的系統變數，請參閱第 8 章 p.118 有關的說明。

以上就 p5.js 線上版的執行結果來說，在編輯器上預覽時應當不會有任何問題。但本章這個單元除了第 1 個「e-07：以 createImg 函式來顯示圖片」的範例之外，其餘的範例圖片，若是在 p5.js 線上版採用下載 (Download) 檔案方式，然後解壓縮再將其中的 index.html 檔案，拖拉至 Google 網頁上，可能無法正常顯示該網頁的預覽效果。當然，這裡還包含前一個單元「字型」的部份 --- 亦即「e-04：載入字型來指定顯示文字」那個範例，也有同樣的情形。甚至連本書其它後續的章節裡，凡是利用到增加檔案 (Add file) 方式，包含圖片、字型、聲音、影片或 JSON 檔案，也都會有類似的情形。為了解決這個問題，請參閱下一頁「Tips」的解說。

Tips

本書所有的範例，均可在 p5.js 線上版，搭配使用 Google 瀏覽器的狀態下正常運行顯示，除了「q-09：將 JSON 檔案的資料視覺化」、「s-17：在 3D 空間中翻轉的五個平面形」是利用 p5.js 線下版、以及「n-14：視頻像素」是直接開啟原官方的檔案來執行之外。但如果你是利用下載 (Download) 檔案方式，誠如上頁所言：凡是利用到增加檔案 (Add file) 方式，包含圖片、字型、聲音、影片或 JSON 檔案，經解壓縮後，再將其中的 index.html 檔案，拖拉放至 Google 網頁上，可能有時就無法正常預覽顯示。因此，讀者應極力避免使用這種操作方式。

若要測試自己所製作的檔案，建議採用本書「第 18 章 利用手機」開頭所介紹的簡易的 Web 伺服器架設方式。特別是使用「XAMPP」的「Apache」。雖然該章主要是介紹手機測試 p5.js 專屬的應用程式，但也能拿來測試 p5.js 的一般程式。操作方法跟手機專屬的應用程式，沒有什麼差別。同樣是將下載經解壓縮的所有檔案拷貝至「C:/xampp/htdocs 檔案夾」之內。打開「XAMPP Control Panel」啟動「Apache」的狀態下，在 Google 新增分頁上輸入例如「192.168.1.102/ 檔案夾名稱 /」(這是舉例，需輸入你自己的 IP 位址喔)，按《Enter》鍵即可。利用這種方法，而且是設定 Google Chrome 為瀏覽器的情況，一般檔案均能正常預覽顯示才對。唯獨帶有影片的檔案，可能會有停留在第 1 個影格的問題。為了解決這個停格的問題，就必須至 chrome://flags/#autoplay-policy 網址，選擇「User gesture is requied for cross-origin iframes.」項目。而這項變更需在下次重新啟動 Google Chrome 時才會生效。

● **Autoplay policy**
Policy used when deciding if audio or video is allowed to autoplay. – Mac, Windows, Linux, Chrome OS, Android
#autoplay-policy

User gesture is requir ▼
Default
No user gesture is required.
User gesture is required for cross-origin iframes.
Document user activation is required.

Override software rendering list
Overrides the built-in software rendering list and enables GPU-acceleration on unsupported system configurations. – Mac, Windows, Linux, Chrome OS, Android
#ignore-gpu-blacklist

Disabled ▼

圖 5-3：在 Autoplay policy 欄位，選擇「User gesture is requied for cross-origin iframes.」的情況

當然讀者也可以改用「Firefox」作為預設的瀏覽器。而本書的所有範例，則採用直接連結 p5.js 的線上版 --- 即官網所謂的編輯 (Edit) 方式。為了能正常無誤地看得見，建議讀者採用「Google Chrome」或「Firefox」等瀏覽器。這是較無問題而且最簡便的預覽顯示方法。你若使用其它的瀏覽器，可能或多或少會有些無法正常顯示的狀況發生。尤其是利用到增加檔案 (Add file) 方式，包含圖片、字型、聲音、影片或 JSON 檔案的情況，請讀者務必事先理解與留意。但是「第 18 章 利用手機」的所有範例，則必須配合使用上述「XAMPP」的「Apache」方式，並且利用手機或平板電腦來操作，方能顯示完整該有的效果。

第 6 章 動畫製作

一般純手工製作動畫的概念，其實都可以適用於套裝應用軟體的電腦動畫流程。而利用編程來進行動畫製作，也是完全基於相同的原理。動畫製作不外乎利用形態、質感或色彩等，在位置、大小或方向上做出某種程度的差別，然後再將此類擁有兩張以上不同的畫面影格，依照時間先後顯示，藉著人們的視覺殘像作用，才造成物件移動或有所變化的動畫感覺。像這類利用時間差所形成的動畫效果，在邁入數位的年代裡，其表現的威力更能充份發揮得淋漓盡致。

6-1 物件移動位置所產生的動畫效果

此類型的表現方式，可以說是動畫製作的最大宗。廣義的解釋，連「6-2 改變物件圖形的色彩或大小所形成的動畫效果」，都可以歸類到此項。本章只不過是為了彰顯其位置不變，僅物件的色彩或大小的改變，而勉強地做出一點區別。但無論怎麼分類都不要緊，重點是該如何去編寫代碼。

■ 水平運動或垂直運動
範例 f-01：小圓球在水平方向移動

```
var x; // 宣告變數 x

function setup() {
  createCanvas(400, 400);
  x = 0; // 賦予變數 x 的初始值
}

function draw() {
  background(220); // 背景設定為淺灰色

  x = x + 1; // 變數 x 逐次加 1 ( 即向右移動 )

  fill(255, 0, 0); // 填塗紅色
  ellipse(x, height/2, 20, 20); // 畫圓 ( 變數 x、高的一半、寬高各 20)
}
```

第 1 個動畫範例，雖然有點無聊，但對理解編程的動畫製作原理至關重要，還是不得不列舉出來。這個編程中有兩個重點，請務必徹底瞭解。(1) background() 函式設定在 draw() 的主函式之內，主要目的就是期望每次執行 draw() 函式時，都能夠重新填塗過 (即刷新) 背景色，小紅球就會以全新的樣貌，顯示在每一個影格畫面上，這樣子的連續動作，看起來才像是一顆小紅球移動的動畫。如果 background() 函式設定在 setup() 的主函式裡，小紅球移動就會帶有殘留下來的軌跡。(2) x = x + 1 這一行更重要，若沒有這一行的代碼，就不會產生動畫效果。至於這一行如果改成 x = x + 2 或 x = x + 3，只是小紅球移動速度的快慢而已。當小紅球移動到畫布的最右邊後，畫布就僅維持在背景色的狀態，當然會顯得很無趣。

■ 水平循環運動
範例 f-02：小圓球在水平方向循環移動

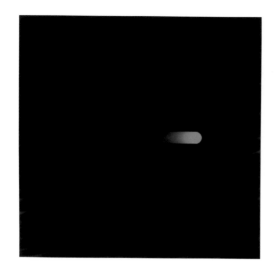

```
function setup() {
  createCanvas(400, 400);
  background(0); // 背景設定為黑色
  frameRate(100); // 播放速率 ( 每秒播放的影格數，預設為 60)
  noStroke(); // 無邊線
}

function draw() {
  fill(0, 8); // 填塗黑色，設有透明度 8。這兩行是軌跡殘留效果
  rect(0, 0, width, height); // 繪製矩形 ( 跟畫布同大小 )

  x += 1; // 變數 x 逐次加 1( 向右移動 )。同 x = x + 1

  if(x >= width) x = 0; // 前一個 () 內是條件判斷，後一個則是從 0 開始

  fill(0, 255, 0); // 填塗綠色
  ellipse(x, height/2, 20, 20); // 畫圓 ( 變數 x、高的一半、寬高各 20)
}
```

這個範例裡出現了物件移動軌跡殘留效果，draw() 主函式內前兩行代碼，就是重覆繪製跟畫布同大小、也跟背景一樣的顏色，僅差在設有透明度 8，因此，物件移動時就會有這樣拖著尾巴的效果。另外每當滿足條件時，物件均會從頭開始 (x = 0)，如此，才造成不斷循環的運動效果。當然 setup() 主函式內也有一個新面孔，那就是 frameRate() 函式。

● frameRate() →用來設定動畫的播放速率。預設每秒 60 個影格，要加快可增加；欲減慢則降低數值。

■ 水平來回運動
範例 f-03：小圓球在水平方向來回移動

```
var x = 0, // 宣告變數 x 並賦值為 0
var speed = 1; // 宣告變數 speed 並賦值為 1

function setup() {
  createCanvas(400, 400);
}

function draw() {
  background(220); // 背景設定為淺灰色

  x = x + speed; // 變數 x 逐次加 speed( 即加 1，還是向右移動 )
  if(x >= width || x <= 0) speed = -speed; // 前一個 () 內是條件判斷，後一個則是逆轉方向

  fill(255, 0, 0); // 填塗紅色
  ellipse(x, height/2, 20, 20); // 畫圓 ( 變數 x、高的一半、寬高各 20)
}
```

本範例的編程中，多增加一個變數 speed，更重要的設定關鍵是在 speed = -speed 這個語句。雖然前面的 speed = 1，而且後面的 x = x + speed，又跟前一個範例中的 x = x + 1 很像，初學者經常會誤認為只要編寫成 x = -x，就能讓小圓球來回移動。這裡顯然誤將 x = -x 等同於 x = x – 1，表面上若 x 為 width(400) 之時，x = x – 1 看似很合理，但其實 400 – 1 = 399 之後，小紅球就卡住不會再移動了。

更何況當 x 為 0 之時，x = x – 1 邏輯上應當是更往左邊移動才對。因此，這樣的思考邏輯是有問題的。為何需增加一個變數 speed，又當滿足條件時，何以要編寫 speed = -speed 這樣的代碼呢？請冷靜仔細思考一下吧！

■ 斜方向運動
範例 f-04：圓球在斜方向的來回移動

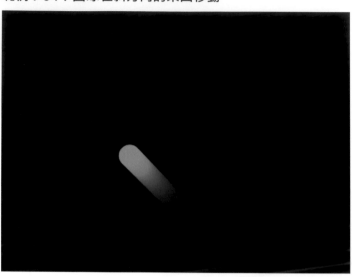

```
var x = 20; // 宣告變數 x 並賦與初始值 20
var y = 20; // 宣告變數 y 並賦與初始值 20
var xSpeed = 2; // 宣告變數 xSpeed 並賦值 2
var ySpeed = 2; // 宣告變數 ySpeed 並賦值 2

function setup() {
  createCanvas(640, 480);
  background(0); // 背景色設定為黑
  noStroke(); // 無邊線
}

function draw() {
  fill(0, 10); // 填塗黑色，設有透明度 10。軌跡殘留效果
  rect(0, 0, width, height);// 繪製跟畫布同大小的矩形

  fill(0, 255, 0); // 填塗綠色
  ellipse(x, y, 40, 40); // 畫圓

  x += xSpeed; // 變數 x 逐次加 xSpeed( 即 2)
  y += ySpeed; // 變數 y 逐次加 ySpeed( 即 2)

  if (x > width-20 || x < 20) { // 條件判斷
```

```
    xSpeed *= -1; // 逆轉方向。與 xSpeed = -xSpeed 相同
  }

  if (y > height-20 || y < 20) { // 條件判斷
    ySpeed *= -1; // 逆轉方向。與 ySpeed = -ySpeed 相同
  }
}
```

這個範例的編程中，最核心的意義是在，讓物件在 x、y 座標同時移動，才能造成斜方向運動。儘管 x、y 的初始值與速度設定均相同，但由於畫布的寬高已改成不一樣，所以物件的移動，就不會產生僅來回的單調運動。此外要讓物件逆轉方向，也有跟前面不同的寫法，但意涵是完全一樣的。當然本範例刻意將圓球加大，是為了凸顯圓球當碰觸到邊緣（上下左右）時，應有立即反應，所以編程中多個地方，是經計算過圓球的半徑才設定的。這樣的視覺效果跟實際的狀況也比較吻合。

範例 f-05：多個圓球在斜方向的來回移動

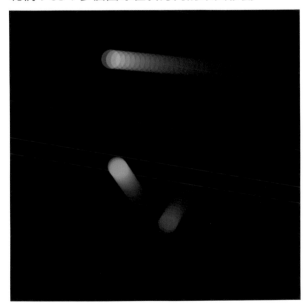

```
var x0 = 20, y0 = 20, dx0 = 2, dy0 = 3; // 宣告四個變數並賦值
var x1 = 120, y1 = 20, dx1 = 10, dy1 = 1; // 宣告四個變數並賦值
var x2 = 20, y2 = 120, dx2 = 3, dy2 = 5; // 宣告四個變數並賦值

function setup() {
  createCanvas(600, 600);
  ellipseMode(RADIUS); // 繪製圖形模式（半徑）
  background(0); // 背景為黑色
  frameRate(50); // 播放速率 50
  noStroke(); // 無邊線
}
```

```
function draw() {
  fill(0, 0, 0, 20); // 填塗顏色含透明度
  rect(0, 0, width, height); // 繪製同畫布大小的矩形

  fill(0, 255, 255, 100); // 填塗天藍色含透明度
  ellipse(x0, y0, 20, 20); // 畫圓
  x0 = x0 + dx0; // 第 1 個圓球的 x 方向移動速度
  y0 = y0 + dy0; // 第 1 個圓球的 y 方向移動速度
  if(y0 > height-20 || y0 < 20) dy0 = -dy0; // 條件判斷與逆轉方向
  if(x0 > width-20 || x0 < 20) dx0 = -dx0; // 條件判斷與逆轉方向

  fill(255, 255, 0, 100); // 填塗黃色含透明度
  ellipse(x1, y1, 20, 20); // 畫圓
  x1 = x1 + dx1; // 第 2 個圓球的 x 方向移動速度
  y1 = y1 + dy1; // 第 2 個圓球的 y 方向移動速度
  if(y1 > height-20 || y1 < 20) dy1 = -dy1; // 條件判斷與逆轉方向
  if(x1 > width-20 || x1 < 20) dx1 = -dx1; // 條件判斷與逆轉方向

  fill(255, 0, 255, 100); // 填塗洋紅色含透明度
  ellipse(x2, y2, 20, 20); // 畫圓
  x2 = x2 + dx2; // 第 3 個圓球的 x 方向移動速度
  y2 = y2 + dy2; // 第 3 個圓球的 y 方向移動速度
  if(y2 > height-20 || y2 < 20) dy2 = -dy2; // 條件判斷與逆轉方向
  if(x2 > width-20 || x2 < 20) dx2 = -dx2; // 條件判斷與逆轉方向
}
```

本範例是將上個範例 1 個圓球增加成 3 個圓球的動畫效果。顯然這 3 個圓球的移動速度是有所不同，由此可以瞭解凡是每增加一種效果，基本上都必須以變數來處理。在編程處理上或許 3 個圓球以不同速度的移動，還不至於造成太大的麻煩，但圓球數量一增多、或是所要求的效果變多，這樣編寫代碼的方式，可能逐漸產生繁重的負擔，甚至到達毫無效率可言，因此，建議改採後面會再解說的「陣列 (array)」的方法。

6-2 改變物件圖形的色彩或大小所形成的動畫效果

物件圖形除了改變位置可以形成動畫之外，在位置不變的狀態下，僅單純改變顏色或大小，也能夠造成動畫的感覺。以下就概略區分成色彩動畫、變形動畫及隨機動畫等項目來說明。

■ 色彩動畫
範例 f-06：改變背景色的色彩動畫

var r, g, b; // 宣告 r, g, b 三個變數
var rSpeed, gSpeed; // 宣告 rSpeed, gSpeed 兩個變數

function setup() {
 createCanvas(400, 400);
 frameRate(30); // 播放速率 30
 r = 0.0; // 設定變數 r 的初始值為 0.0
 g = 255.0; // 設定變數 g 的初始值為 255.0
 rSpeed = 1.0; // 設定變數 rSpeed 的初始值為 1.0
 gSpeed = 1.0; // 設定變數 gSpeed 的初始值為 1.0
}

function draw() {
 r += rSpeed; // 變數 r 每次執行的方式 (即 +rSpeed)
 g += gSpeed; // 變數 g 每次執行的方式 (即 +gSpeed)

 if(r > 255) { // 條件判斷
  rSpeed = -rSpeed; // 滿足條件即逆轉
  r = 255; //r 的最高值
 } else if(r < 0) { // 條件判斷
  r = 0; //r 的最低值
  rSpeed = -rSpeed; // 滿足條件即逆轉
 }

 if(g > 255){ // 條件判斷
  gSpeed = -gSpeed; // 滿足條件即逆轉
  g = 255; //g 的最高值
 } else if(g < 0) { // 條件判斷

```
    gSpeed = -gSpeed; // 滿足條件即逆轉
    g = 0; //g 的最低值
  }

  background(r, g, 0); // 填塗背景色
}
```

■ 變形動畫
範例 f-07：改變形狀大小的動畫

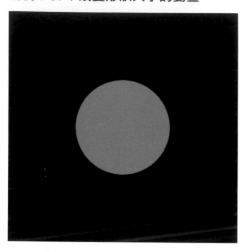

```
function setup() {
  createCanvas(400, 400);
  noStroke(); // 無邊線
}

function draw() {
  background(0, 0, frameCount%400); //RG 固定 0、但 B 採計數的方式
  fill(frameCount%400, frameCount%400, 0); //RG 採計數的方式、但 B 固定 0
  ellipse(width/2, height/2, frameCount%400, frameCount%400); // 寬高採計數的方式
}
```

這個範例的編程裡，出現了一個新面孔 frameCount，它歸屬於系統變數的一員。主要是用來計數，類似日常生活中所使用的碼表。而 frameCount%400，就是當計數到 399 又會重新從 0 開始計數之意。

● frameCount →單純僅用來計數 (即俗稱的計數器)。至於計數的快慢，是由 frameRate() 函式決定。

範例 f-08：利用讀秒所產生的漸變動畫

```
var sec, lastSec, bright; // 宣告三個變數

function setup() {
  createCanvas(600, 600);
  noStroke(); // 無邊線
}

function draw() {
  fill(30, 30, 255); // 填塗藍色
  rect(0, 0, 600, 600); // 繪製同畫布大小的矩形

  sec = second(); //sec 代入系統函式的秒數 second()

  if(lastSec != sec){ // 條件判斷。若 lastSec 非 sec
    bright = 1.0; // 則 bright 代入 1.0
  }
  lastSec = sec; // 否則 lastSec 代入 sec

  // 顏色閃爍或逐漸消失的關鍵
  bright *= 0.95; //bright 逐次乘以 0.95
  fill(255, 255*bright); // 填塗白色但設有透明度
  rect(60*(sec%10), 0, 60, 600); // 畫跳動閃爍逐漸消失的長條矩形

  fill(255); // 填塗白色
  textSize(100); // 文字的大小
  textAlign(CENTER, CENTER); // 文字居中編排
  text(sec, 300, 280); // 在 (300, 280) 座標位置顯示文字
}
```

這個範例的編程裡，也出現了一個新面孔 second()，同樣歸屬於系統變數的一員。通常是使用在製作時間的可視化，它是一個讀秒專用的函式。跟 frameCount 最大的不同，second() 是以實際的秒數來計數；而 frameCount 則是單純的計數器。當然編程裡也包含了一個非常重要的製作技術 --- 如何讓物件逐漸消失的方法。這種方法第 8 章的後面將會有詳細的說明。

利用這裡的篇幅，順便簡要列舉出所有跟時間有關的系統函式。也許後面的章節將會用得到。
- **year()** →表示年份的函式。如 2018、2019 等。
- **month()** →表示月份的函式。如 1 ~ 12 等。
- **day()** →表示日期的函式。如 1 ~ 31 等。
- **hour()** →表示時點的函式。如 1 ~ 23 等。
- **minute()** →表示分鐘的函式。如 1 ~ 59 等。
- **second()** →表示秒數的函式。如 1 ~ 59 等。
- **millis()** →表示毫秒的函式。即千分之一秒。

■ 隨機動畫

以上所敘述的動畫製作方法，均是以一種規則性方式來表現。接下來，我們要來探討的是，另外一種比較不規則性讓物件圖形呈現的方式。在編程的領域，一般都將這類產生方式稱之為隨機運動。而隨機運動又區分成兩種方法 --- 即 (1) random() 及 (2)noise()。random() 函式我們已於「第 3 章 變數與迴圈」中 p.54 說明過，只是當時的重點聚焦在靜態圖形的表現。在此，若使用 random() 函式來製作動畫時，將會產生何種不一樣的表現效果呢？

範例 f-09：利用亂數 (random) 的隨機動畫

```
var x, y; // 宣告兩個變數 x, y

function setup() {
  createCanvas(600, 600);
  background(255, 255, 0);
```

```
 x = width/3; // 變數 x 的初始值
 y = height/3; // 變數 y 的初始值
}

function draw() {
 noStroke(); // 無邊線
 fill(255, 255, 0, 10); // 填塗黃色。跟下一行是軌跡殘留專用
 rect(0, 0, width, height); // 繪製同畫布大小的矩形

 x += random(-4, 4); //x 座標逐次重覆方式是利用亂數來移動
 y += random(-4, 4); //y 座標逐次重覆方式是利用亂數來移動

 push(); // 暫存座標
 translate(x, y); // 變數 x, y 是 monkey 的座標
 scale(0.5); // 縮小 50%

 // 繪製一隻 Monkey。以下省略 ( 同 p.47~48)
 ............................................................................

 pop(); // 恢復座標
}
```

95

正如之前解說過的，random() 內若有兩個參數時，前一個是最小值；後一個為最大值 (但不含)。因此，本範例每次當 x, y 座標移動時均在 -4 ~ 4 之間，前後差距最大高達有 8 個像素之多。所以猴子看起來更有晃動的感覺，有如發癲似的。接下來讓我們來看看另一種雜訊 (noise) 的隨機運動，所產生比較平滑的移動效果。

範例 f-10：利用雜訊 (noise) 的隨機動畫

```
var x, y; // 宣告兩個變數 x, y

function setup() {
 createCanvas(600, 600);
 background(255, 255, 0);

 x = width/3; // 變數 x 的初始值
 y = height/3; // 變數 y 的初始值
}
function draw() {
 noStroke(); // 無邊線
 fill(255, 255, 0, 10); // 填塗黃色。跟下一行是軌跡殘留專用
 rect(0, 0, width, height); // 繪製同畫布大小的矩形

 x = noise(frameCount/100.0 + 100)*600; //x 座標逐次是以 noise 處理
 y = noise(frameCount/100.0)*600; //y 座標逐次是以 noise 處理

 push(); // 暫存座標
 translate(x, y); // 變數 x, y 是 monkey 的座標
 scale(0.5); // 縮小 50%

 // 繪製一隻 Monkey。以下省略 ( 同 p.47~48)
 ..........................................................................

 pop(); // 恢復座標
}
```

● **noise()** →隨機產生數值的函式。其所產生的數值均介於 0.0 ~ 1.0 之間。通常需乘以應有的倍數，方能在畫布上顯示出該有的效果。或利用 map() 函式將原本的數值，映射對應到某數值之間。

● **noiseSeed()** →設定隨機產生雜訊種子的函式。小括號內可設定各種不同的數值，但一旦設定了數值，其每次執行的結果均會相同。

最後這兩個範例，除了 random() 與 noise() 之外，其它諸如 translate、scale、push 與 pop 函式等用法，請參閱下一章的解說。

第 7 章　座標變換

本章的學習重點，主要集中在座標的位移、旋轉、縮放與傾斜等四種個別的函式，除此，尚有一組需要成雙配對使用，專為提供暫存與恢復既有繪圖屬性或座標的功能，也是值得我們關注而且必要探討的內容。

7-1 座標的位移、旋轉、縮放與傾斜

■ 座標的位移

● translate(x, y)　→將原點座標 (0, 0) 位移至所設定的 (x, y) 座標的位置。

範例 g-01：座標的位移示意

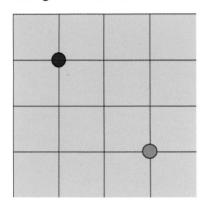 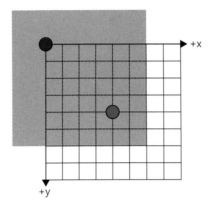

座標的位移示意

```
function setup() {
 createCanvas(400, 400);
 background(220);

 for(var j = 0; j < width; j += width/4) { //for 迴圈處理
  line(j, 0, j, height); // 繪製垂直補助線
 }
 for (var i = 0; i < height; i += height/4) { //for 迴圈處理
  line(0, i, width, i); // 繪製水平補助線
 }
}

function draw() {
 fill(255, 0, 0); // 紅色
 ellipse(100, 100, 30, 30); // 在畫布的 (100, 100) 座標位置畫圓
 //ellipse(width/4, height/4, 30, 30); // 在畫布寬高各 1/4 的位置畫圓

 translate(100, 100); // 將原點位移至 (100, 100) 的座標位置
 //translate(width/4, height/4); // 原點位移至寬高各 1/4 的座標位置
```

```
fill(0, 255, 0); // 綠色
ellipse(200, 200, 30, 30); // 在畫布的 (200, 200) 座標位置畫圓
//ellipse(width/2, height/2, 30, 30); // 在畫布的 1/2 位置畫圓
}
```

範例的編程中,用雙斜線註釋掉的是,另外一種以系統變數來編寫的方式。執行的結果都完全相同。

範例 g-02:多次座標的位移

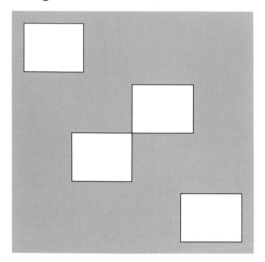

98

```
function setup() {
  createCanvas(400, 400);
  background(200); // 設定背景為淺灰色
}

function draw() {
  rect(20, 20, 100, 80); // 在 (20, 20) 座標位置繪製矩形

  translate(200, 120); // 將座標軸向右移動 200px, 向下移動 120px
  rect(0, 0, 100, 80); // 在 (0, 0) 座標位置繪製矩形

  translate(-100, 80); // 將座標軸向左移動 -100px, 向下移動 80px
  rect(0, 0, 100, 80); // 在 (0, 0) 座標位置繪製矩形

  translate(180, 100); // 將座標軸向右移動 180px, 向下移動 100px
  rect(0, 0, 100, 80); // 在 (0, 0) 座標位置繪製矩形
}
```

由編程中可以瞭解:無論編寫了多少次的座標位移,其每一次位移的座標,都已成為原點座標的位置。由此可知,若採取逆向思考,亦可將較複雜圖形的繪製,考慮以原點座標為基準,重新編寫代碼(請參閱 p.47~48)。當畫布修改或想要改變猴子的編排位置時,均可設定 translate() 函式獲得解決。

範例 g-03：利用 translate() 函式來重新繪圖

```
function setup() {
 createCanvas(500, 500);
 background(255, 255, 0);
}

function draw() {
 translate(width/2, height/2); // 只要更改這裡，即可改變繪製猴子的位置

 /* 以下是為了妥善利用 translate() 函式，
 特意以原點座標為基準，重新改寫繪製猴子的 x,y 座標 */
 noStroke(); // 耳朵下層
 fill(80);
 ellipse(-110, -20, 50, 120);
 ellipse(110, -20, 50, 120);

 fill(200); // 耳朵上層
 ellipse(-110, -20, 25, 60);
 ellipse(110, -20, 25, 60);

 fill(80); // 頭部及下巴下層
 ellipse(0, -50, 200, 180);
 ellipse(0, 50, 240, 180);

 fill(200); // 臉部及下巴上層
 ellipse(-30, -30, 100, 150);
 ellipse(30, -30, 100, 150);
 ellipse(0, 50, 200, 150);

 fill(255); // 眼睛下層
 ellipse(-30, -40, 48, 55);
 ellipse(30, -40, 48, 55);
```

```
  fill(0); // 眼球
  ellipse(-30, -40, 25, 30);
  ellipse(30, -40, 25, 30);

  fill(255); // 眼球白點
  ellipse(-25, -45, 8, 8);
  ellipse(25, -45, 8, 8);

  noFill(); // 嘴巴
  stroke(50);
  strokeWeight(10);
  bezier(-70, 50, -70, 90, 70, 90, 70, 50);
}
```

範例 g-04：兩個並行移動的小方格

```
var x = 0, y = 0, w = 40; // 宣告 3 個變數並賦值

function setup() {
  createCanvas(400, 400);
  noStroke(); // 無邊線
}

function draw() {
  background(128); // 設定背景為中灰色

  x = x + 0.5; // 變數 x 逐次增加 0.5

  if (x > width + w) { // 條件判斷
    x = -w; // 變數 x 代入 -w
  }
```

```
  translate(x, height/2-w/2); // 位移原點座標
  fill(255, 255, 0); // 黃色
  rect(-w/2, -w/2, w, w); // 繪製正方形

  translate(x, w); // 位移原點座標
  fill(0, 0, 255); // 藍色
  rect(-w/2, -w/2, w, w); // 繪製正方形
}
```

■ 座標的旋轉

● rotate() →小括號內通常是以弧度法（π = 180°）來表示，而 π 的代碼是 PI。這跟畫圓弧形一樣。

範例 g-05：座標的旋轉示意

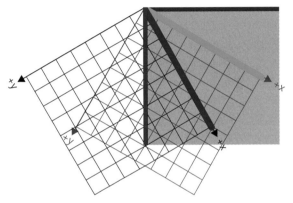

連續旋轉示意

101

```
function setup() {
  createCanvas(400, 400);
  background(220);
  strokeWeight(24); // 線寬
}

function draw() {
  stroke(255, 0, 0); // 紅色
  line(0, 0, width, 0); // 畫線

  rotate(radians(30)); // 同 PI/6
  stroke(0, 255, 0); // 綠色
  line(0, 0, width, 0); // 畫線

  rotate(radians(30)); // 同 PI/6
  stroke(0, 0, 255); // 藍色
  line(0, 0, width, 0); // 畫線
```

```
    rotate(radians(30)); // 同 PI/6
    stroke(255, 0, 255); // 洋紅
    line(0, 0, width, 0); // 畫線
  }
```

由本範例可以瞭解，座標的旋轉是逐次累增的。後一個旋轉是以上一個旋轉後的座標為基準遞增，概念上跟 translate() 函式的作用有點類似。

範例 g-06：一個持續旋轉的矩形

要讓物件圖形持續旋轉或移動，並非只有仰賴變數逐次遞增的方法，以下的編程是非常特殊的範例。

```
function setup() {
  createCanvas(400, 400);
}

function draw() {
  background(220); // 設定背景為淺灰色

  translate(width/2, height/2);// 位移至畫布的中心
  rotate(radians(frameCount)); // 這一行是關鍵。弧度（計數器）是依預設的速率來旋轉
  fill(0, 150, 255);// 藍色
  rect(0, 0, 100, 100);// 以左上角為基準畫正方形
}
```

範例 g-07：旋轉並排的 12 個色相

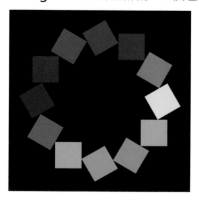

```
function setup() {
  createCanvas(600, 600);
  colorMode(HSB, 120); // 設定 HSB 色彩模式，各 120 個階調
  noStroke(); // 無邊線
}

function draw() {
  background(10); // 將背景設定為暗黑

  translate(360, 75); // 原點座標位移至 (360, 75)
  for(var i = 0; i < 12; i++) { //for 迴圈處理
    fill(i*10, 100, 120); // 色相以變數處理
    rect(0, 0, 88, 88); // 繪製正方形
  rotate(radians(30)); // 旋轉 30 度
  translate(120, 0); // 原點座標位移至 (120, 0)
  }
}
```

■ 座標的縮放

● scale() →小括號內通常是以倍率來表示。可以針對寬、高設定不同的縮放倍率。例如：2.0 是放大兩倍；0.5 是縮小 50% 之意。

範例 g-08：連續縮放的圓圈

103

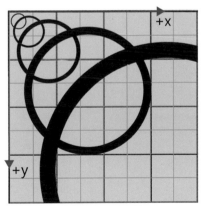

連續縮放示意

```
function setup() {
  createCanvas(400, 400);
  background(220); // 設定背景為淺灰
}

function draw() {
  noFill(); // 無填塗顏色
  strokeWeight(2); // 線寬
```

```
    stroke(128, 0, 255); // 紫色
    ellipse(20, 20, 30, 30); // 畫圓
    scale(2); // 放大兩倍
    //strokeWeight(2/2); // 線寬
    ellipse(20, 20, 30, 30); // 畫圓
    scale(2); // 放大兩倍 (4 倍 )
    //strokeWeight(2/(2*2)); // 線寬
    ellipse(20, 20, 30, 30); // 畫圓
    scale(2); // 放大兩倍 (8 倍 )
    //strokeWeight(2/(2*2*2)); // 線寬
    ellipse(20, 20, 30, 30); // 畫圓
    scale(2); // 放大兩倍 (16 倍 )
    //strokeWeight(2/(2*2*2*2)); // 線寬
    ellipse(20, 20, 30, 30); // 畫圓
}
```

由範例可以理解，縮放也是逐次累計的。包含線寬同樣是逐次遞增的。為了消除這個現象，就必須在編程裡，將線寬換算成原有的倍率才行。目前以雙斜線註釋掉的，就是維持相同線寬而不一起縮放的代碼。讀者可自行測試一下。當然座標的縮放，也可以分別針對圖形的寬、高來設定不同的倍率。

範例 g-09：連續縮放的矩形

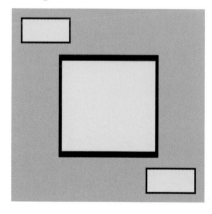

```
function setup() {
  createCanvas(400, 400);
  background(200);
}

function draw() {
  fill(255, 255, 0); // 填塗黃色
  strokeWeight(3); // 線寬 3 個像素
  rect(20, 20, 100, 50); // 畫左上方的矩形
  scale(2.0, 4.0); // 放大寬是 2 倍；高是 4 倍
  rect(50, 25, 100, 50); // 畫中間的大矩形
```

```
  scale(0.5, 0.25); // 縮小寬是 1/2；高是 1/4
  rect(280, 330, 100, 50); // 畫右下方的矩形
}
```

範例 g-10：一個連續縮放的橢圓形

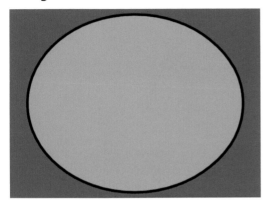

```
var s = 1.0, ds = 0.98;

function setup() {
  createCanvas(640, 480);
}

function draw() {
  background(128); // 設定背景為中灰色

  translate(width/2, height/2); // 位移至畫布的中央
  scale(s); // 縮放依變數 s

  fill(0, 255, 255); // 天藍色
  stroke(0); // 邊線黑色
  strokeWeight(10); // 線寬 10
  ellipse(0, 0, width+250, height+250); // 畫橢圓

  s = s * ds; // 變數 s 逐次乘以 ds

  if (s < 0.01) ds = 1.02; // 條件判斷，ds 代入 1.02
  if (s > 1.00) ds = 0.98; // 條件判斷，ds 代入 0.98
}
```

範例 g-11：兩個連續縮放的正方形

```
var a = 0.0, s = 0.0; // 宣告兩個變數並賦值

function setup() {
  createCanvas(500, 500);
  frameRate(30); // 播放速率設定成 30
  rectMode(CENTER); // 繪製矩形的模式 ( 中心 )
  noStroke(); // 無邊線
}

function draw() {
  background(128); // 設定背景為中灰色

  a = a + 0.03; // 逐次遞增 0.03
  s = cos(a)*2; // 使用三角函數 cos(a)，來控制正方形左右的移動

  translate(width/2, height/2); // 位移至畫布的中央
  scale(s); // 依變數 s 來縮放
  fill(0); // 黑色
  rect(0, 0, 50, 50); // 繪製正方形

  translate(75, 0); // 位移至 (75, 0) 的座標位置
  scale(s); // 依變數 s 來縮放
  fill(255); // 白色
  rect(0, 0, 50, 50); // 繪製正方形
}
```

這個範例的編程裡，使用了三角函數中的 cos(a)，請參閱「第 10 章 三角函數」的相關說明。

■ 座標的傾斜
● shearX()　→傾斜 X 座標之意，小括號內通常是以弧度法來表示。可跟 shearY() 搭配使用。
● shearY()　→傾斜 Y 座標之意，小括號內通常是以弧度法來表示。可跟 shearX() 搭配使用。

範例 g-12：傾斜的正方形

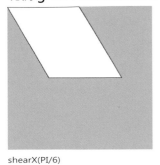

shearX(PI/6)

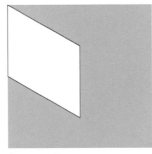

shearY(PI/6)

shearX(PI/6) 與 shearY(PI/6) 並用

```
function setup() {
  createCanvas(400, 400);
  background(200);
}

function draw() {
  shearX(PI/6); // 傾斜 X 座標 (30 度 )
  shearY(PI/6); // 傾斜 Y 座標 (30 度 )
  rect(0, 0, 200, 200); // 繪製矩形
}
```

■ 各種座標變換的組合

前述各種座標的變換，其實均可互相搭配一起使用，上面的幾個範例就出現過。不過要留意的是，座標變換的各函式，使用的先後其效果通常是不一樣。先旋轉、後縮放，跟先縮放、後旋轉，可能所產生的效果截然不同。最常見的範例，通常是先位移後再旋轉或是再縮放。先旋轉再位移的範例相對比較少見。

範例 g-13：環狀圖形

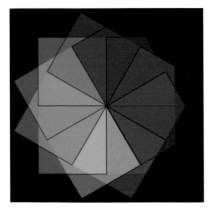

```
var angle = 30, deg = 0;

function setup() {
```

```
  createCanvas(400, 400);
  background(10); // 暗黑背景
  colorMode(HSB, 120); // 設定 HSB 色彩模式

  translate(width/2, height/2); // 座標位移至畫布的中心
  for(var i = 0; i < 12; i++) { //for 迴圈處理
    fill(i*10, 100, 120, 60); // 色相的變化（有設透明度）
    rect(0, 0, 140, 140); // 繪製寬高各 140 像素的正方形

    deg = radians(angle); // 將角度（deg）轉換成弧度
    rotate(deg); // 旋轉角度
  }
}

function draw() {
}
```

7-2 繪圖屬性或座標的暫存與恢復

從上節所有範例當中，我們已經非常清楚瞭解，凡是連續使用位移、旋轉、縮放或傾斜等函式，都是具有累增的作用。為了阻斷這種累增的影響，特別提供了 push () ~ pop () 這一組函式，讓我們適時暫存原有座標的位置或繪圖屬性，當執行位移或旋轉座標後，在恰當的時機再恢復成原本的座標或繪圖屬性。這對僅需針對某一圖形執行旋轉效果，卻不希望這個效果波及到另一個圖形時，是非常有幫助。

● push () ~ pop () →繪圖屬性或座標的暫存與恢復。這組函式需配對使用，而且能夠多重利用。

範例 g-14：旋轉的秒針

```
var deg = 0;

function setup() {
  createCanvas(400, 400);
```

```
  frameRate(6); // 影格的播放速率
}


function draw() {
  background(220); // 將背景設定為淺灰
  strokeWeight(2); // 線寬
  stroke(128); // 中灰色
  translate(width/2, height/2); // 位移至畫布的中心

  for(var i = 0; i < 12; i++) { //for 迴圈處理
  rotate(TWO_PI/12); // 依 360/12 = 30，每 30 度
  push(); // 暫存座標
  translate(160, 0); // 位移座標
  line(0, 0, 20, 0); // 畫線（刻度線）
  pop(); // 恢復座標
  }

  rotate((PI/180)*deg); // 同 radians(1)*deg
  strokeWeight(10); // 線寬
  stroke(255, 0, 255); // 洋紅色
  line(0, 0, width/4, height/4); // 畫線（秒針）

  deg++; // 逐次累增 (+1)
}
```

本範例為了避免時間刻度的圖形，受到秒針持續旋轉的作用，刻意編寫了一組 push ~ pop 函式。目的當然非常明顯，而且也確實發揮了不受旋轉函式波及的影響。

範例 g-15：同時旋轉的多個方形

```
var rSize = 50, r = 0; // 宣告兩個變數並賦值

function setup() {
  createCanvas(500, 500);
  rectMode(CENTER); // 設定繪製矩形模式為中心（為了旋轉之用）
  noStroke(); // 無邊線
}

function draw() {
  background(255, 255, 0); // 黃色背景
  fill(30, 0, 255); // 填塗藍色
  for (var j = 0; j <= height/rSize; j++) { //for 迴圈處理
    for (var i = 0; i <= width/rSize; i++) { //for 迴圈處理
      push(); // 暫存座標
      translate(i*rSize,j*rSize); // 位移座標至每個矩形的中心
      rotate(radians(r)); // 依設定的弧度旋轉
      rect(0, 0, rSize-5, rSize-5); // 繪製矩形
      pop(); // 恢復座標
    }
  }
  r++;
}
```

範例 g-16：使用多組座標的暫存與恢復功能

```
var deg1 = 0, deg2 = 0, deg3 = 0; // 宣告三個變數並賦值

function setup() {
  createCanvas(400, 400);
  frameRate(6); // 播放速率 6
  strokeWeight(10); // 線寬
}

function draw() {
```

```
background(230); // 背景設定為淺灰

push(); // 暫存座標
translate(width/2, height/2); // 位移至畫布的中心
rotate(PI/180*deg1); // 旋轉角度 1
stroke(255, 0, 0); // 紅色
line(0, 0, width/2-30, 0); // 畫線
pop(); // 恢復座標

push(); // 暫存座標
translate(width/2, height/2); // 位移至畫布的中心
rotate(PI/180*deg2); // 旋轉角度 2
stroke(0, 255, 0); // 綠色
line(0, 0, width/2-30, 0); // 畫線
pop(); // 恢復座標

push(); // 暫存座標
translate(width/2, height/2); // 位移至畫布的中心
rotate(PI/180*deg3); // 旋轉角度 3
stroke(0, 0, 255); // 藍色
line(0, 0, width/2-30, 0); // 畫線
pop(); // 恢復座標 */

deg1++; // 逐次加 1
deg2+=2; // 逐次加 2
deg3+=3; // 逐次加 3
}
```

111

這個範例使用三組 push ~ pop 函式，雖然未必稱得上是非常有效率的編程方式，但對理解使用多組 push ~ pop 函式的作用，還是很有幫助。當然多組 push ~ pop 函式，並非僅能像範例這樣單純各組分開的用法，其實多重交叉使用的範例也很常見。初學者請特別留意各次所恢復的屬性或座標，究竟是採用何種規則。

範例 g-17：使用多重的暫存與恢復功能

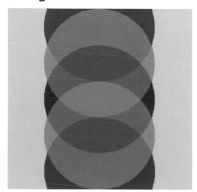

```
function setup() {
  createCanvas(400, 400);
  background(220); // 設定背景為暗灰色
  colorMode(HSB, 360, 100, 100); // 採用 HSB 色彩模式
  noStroke(); // 無邊線
}

function draw() {
  fill(0, 80, 100, 0.1); // 色相是紅色，設有 0.1 的透明度
  ellipse(width/2, 40, 240, 240); // 畫圓
  push(); // 暫存繪圖屬性（現時點是紅色）
    fill(120, 80, 100, 0.1); // 色相是綠色，設有 0.1 的透明度
    ellipse(width/2, 120, 240, 240); // 畫圓
    push(); // 暫存繪圖屬性（現時點是綠色）
      fill(240, 80, 100, 0.1); // 色相是藍色，設有 0.1 的透明度
      ellipse(width/2, 200, 240, 240); // 畫圓
    pop(); // 恢復繪圖屬性（因為採用逆向恢復，所以是綠色）
      ellipse(width/2, 280, 240, 240); // 畫圓
  pop(); // 恢復繪圖屬性（因為採用逆向恢復，所以此時是紅色）
  ellipse(width/2, 360, 240, 240); // 畫圓
}
```

本章就敘述到此。接下來，我們將要繼續探討「互動作用」。

第 8 章 互動作用（滑鼠或鍵盤的操作）

利用 p5.js 的編程，很容易就能感知滑鼠的操作或鍵盤被按下，可適時提供該有的反應或回饋作用，這是本章所要探討的主題。而本章完全聚焦在滑鼠或鍵盤這兩種操作的互動作用。首先就讓我們從滑鼠開始吧！

8-1 使用滑鼠的互動作用

p5.js 跟滑鼠操作有關的函式或變數，大致上區分成系統函式與系統變數這兩類。至於系統函式與系統變數的最大差別，外觀上系統函式通常包含一組小括號 ( )，甚至後面還緊跟著一組大括號 { }；而系統變數則單純僅有一個變數名稱，別無其它小括號或大括號。以下說明的是跟滑鼠操作有關的系統函式。

● mousePressed( ) {...} → 當按下滑鼠按鈕時，僅執行 1 次 {...} 當中的所有函式。

範例 h-01：利用 mousePressed( ) 函式
本範例是若按下滑鼠按鈕時，即可繪製圓形。這是比第 1 章 p.12 官網所提供範例更為簡單的示例。

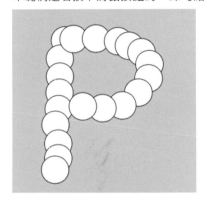

```
function setup() {
  createCanvas(400, 400);
  background(220); // 設定背景為淺灰色
}


function draw() {
}


function mousePressed() { // 當滑鼠被按下時
  ellipse(mouseX, mouseY, 60, 60); // 畫圓 ( 目前滑鼠指標所在 x,y 位置，寬高各 60 個像素 )
}
```

● mouseReleased( ) {...} → 放開滑鼠按鈕時，僅執行 1 次 {...} 當中的所有函式。

範例 h-02：利用 mouseReleased( ) 函式
本範例若按著滑鼠拖移操作，則可繪製線條。但一鬆開滑鼠按鈕，圖形就會消失。

113

```
function setup() {
  createCanvas(400, 400);
  background(220);
  strokeWeight(10); // 線寬
}

function draw() {
  if (mouseIsPressed == true){ // 若滑鼠按下為真時
    line(mouseX, mouseY, pmouseX, pmouseY); // 當前與前一個滑鼠指標間以線條連接
  }
}

function mouseReleased() { // 當一鬆開滑鼠按鈕
  background(220); // 畫布就會以背景色重新刷新
}
```

● **mouseMoved( ) {...}** →當滑鼠移動時，持續執行在 {...} 當中的所有函式。

範例 h-03：利用 mouseMoved( ) 函式

```
function setup() {
  createCanvas(400, 400);
  background(220); // 設定背景為淺灰色
}

function draw() {

}

function mouseMoved() { // 當滑鼠移動時
  ellipse(mouseX, mouseY, 60, 60); // 畫圓 ( 目前滑鼠指標所在的 x,y 位置，寬高各 60 個像素 )
}
```

本範例跟前面的 mousePressed 最大差別，是不用按下滑鼠。mouseMoved 只要移動滑鼠即可畫圖。若跟下一個即將介紹的 mouseDragged 比較，顯然差異更大。mouseDragged 是按著滑鼠拖移時才能畫圖；而 mousePressed 則是按下滑鼠的當下，就會畫出圖形。讀者可將 mouseMoved 替換成 mouseDragged，即可體驗一下差別。

● mouseDragged( ) {...} →按著滑鼠拖移時，持續執行在 {...} 當中的所有函式。

範例 h-04：體驗上述滑鼠事件的所有系統函式
本範例共列舉出以上四種系統函式，請耐心體驗一下彼此之間的差別。

```
var str = ""; // 宣告一個變數並賦值 ( 暫時是空的，無字串 )

function setup() {
  createCanvas(480, 320);
  background(255);
  colorMode(HSB, 360, 100, 100);
  textAlign(CENTER, CENTER); //x,y 均居中
  fill(255); // 白色
  textSize(48); // 文字大小是 48
}
```

```
function draw() {
  text(str, width/2, height/2); // 顯示變數字串 ( 中心 )
}

//mousePressed 函式 : 按著按鈕時
function mousePressed() {
  background(60, 100, 85); // 黃綠色
  print("mousePressed"); // 在控制台印表出
  str = "mousePressed!"; // 顯示該字串
}

//mouseReleased 函式 : 放開按鈕時
function mouseReleased() {
  background(150, 100, 85); // 綠色
  print("mouseReleased"); // 在控制台印表出
  str = "mouseReleased!"; // 顯示該字串
}

//mouseDragged 函式 : 拖拉移動時
function mouseDragged() {
  background(200, 100, 100); // 藍色
  print("mouseDragged"); // 在控制台印表出
  str = "mouseDragged!"; // 顯示該字串
}

//mouseMoved 函式 : 移動滑鼠時
function mouseMoved() {
  background(330, 100, 100); // 洋紅色
  print("mouseMoved"); // 在控制台印表出
  str = "mouseMoved!"; // 顯示該字串
}
```

範例之所以未納入 mouseClicked 函式，係因 mouseClicked 會搶得先機顯示，造成 mouseReleased 函式顯示狀況不佳，甚至測試良久也未曾出現過。雖然官網的參考文獻明載是按照 mousePressed、mouseReleased 及 mouseClicked 的順序來執行。但實際操作時，單擊滑鼠必然優先於放開滑鼠按鈕，所以 mouseClicked 函式早已搶得先機顯示出，不遑多讓給 mouseReleased 函式有展露頭角的機會。因此，只好讓我們在此單獨來看一看 mouseClicked 函式的面貌了。

● mouseClicked( ) {...}　→單擊滑鼠按鈕時，僅執行 1 次 {...} 當中的所有函式。

mousePressed、mouseReleased 與 mouseClicked 這三個函式，確實常讓初學者產生混淆。為了釐清這三個函式在滑鼠操作時的差別，請有耐心地從各種範例當中體會。還好的是，這三個函式同時會出現在同一個編程範例當中，可能性幾乎也是微乎其微。

範例 h-05：利用 mouseClicked( ) 函式

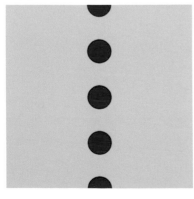

```
function setup() {
  createCanvas(400, 400);
  background(220); // 設定背景為淺灰色
}

function draw() {
}

function mouseClicked() { // 當單擊滑鼠按鈕時
  text("HELLO", mouseX, mouseY); // 顯示文字（目前滑鼠指標所在的 x,y 位置）
}
```

若是要嚴格區分 mouseClicked 與 mousePressed 的差別，確實還真的有點困難。不過當執行 mouseClicked 函式時，如單擊滑鼠的瞬間，移動了滑鼠的位置，是以移動後的位置來顯示文字或圖形；而 mousePressed 則是以按下之際，滑鼠指標所在的位置來顯示文字或圖形。即使按下滑鼠時移動了位置，仍然還是以當初按下滑鼠之時，指標所在的位置來顯示結果。接下來，讓我們來看滑鼠操作相關函式的最後一個。

● mouseWheel(event) {...}　→當撥動滑鼠的滾輪時，持續執行 {...} 當中的所有函式。

範例 h-06：利用 mouseWheel( ) 函式

117

```
var x = 200, y = 200; // 宣告兩個變數並賦值

function setup() {
  createCanvas(400, 400);
  background(220); // 將背景設定為淺灰色
  fill(255, 0, 0); // 填塗紅色
  ellipse(x, y, 50, 50); // 畫圓
}

function draw() {
}

function mouseWheel() { // 當移動滑鼠的滾輪時
  y += event.delta; //y 座標逐次以 event.delta 來變更位置
  ellipse(x, y, 50, 50); // 畫圓
}
```

本範例因為是以 Y 座標作為逐次遞增的變數，所以當移動滑鼠的滾輪時，向下滑動即紅球朝下；向上滑動即紅球朝上。如果將逐次遞增的變數改成 X 座標，則向下滑動滾輪即紅球朝右；向上滑動滾輪即紅球朝左。event.delta 這個屬性，是以 -1 或 1 來表示滾動的方向。至於紅球的間距，則是以系統本身滑鼠的滾輪其預設值為基準，特別是「選擇一次要捲動的行數」的選項設定。如果你是初學者，而且是使用「Windows 10」的情況，則可由電腦系統內，在選擇「裝置」→「滑鼠」項目的狀態下，即可查閱得到。若是使用「Windows 7」的情況，則是在「控制台」→「滑鼠」→「滾輪」的項目之下，同樣查閱得到。

以下所列舉的均是 p5.js 所謂的系統變數。由於上面系統函式所舉的範例中，均已出現過，這裡僅保留名稱及其相關的解說，就不再另外單獨舉例了。

● mouseX, mouseY　→滑鼠指標的座標位置（由畫布即繪圖範圍的原點計算）。
● pmouseX, pmouseY　→是指前一個滑鼠指標的座標位置。
● mouseIsPressed　→按下滑鼠按鈕（== true）、未按的話（== false）。

當然底下還有兩組及一個系統變數（即下頁的 mouseButton 變數），則是至今本書尚未出現過。必要在此加以解說一下。

● winMouseX, winMouseY　→滑鼠指標的座標位置（由視窗的原點來計算）。
● pwinMouseX, pwinMouseY　→是指前一個滑鼠指標的座標位置（由視窗的原點來計算）。

※ 測試 mouseX, mouseY 與 winMouseX, winMouseY 變數
底下所編寫的代碼，僅用來測試 mouseX, mouseY 與 winMouseX, winMouseY 這兩組系統變數的差異，毫無圖形或文字的表現效果可言。因此，並未列入本書的範例當中，讀者可自行依照以下所列的代碼，逐行鍵入後再執行，即可理解其意。

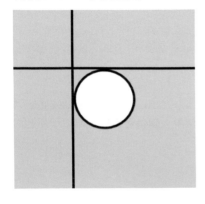

```
function setup() {
  createCanvas(400, 400);
  background(220);
}

function draw() {
}

function mouseClicked() { // 當單擊滑鼠按鈕時
  background(220);
  point(mouseX, mouseY); // 畫點在滑鼠指標的位置
  text(mouseX + "," + mouseY, 100, 100); // 顯示文字在指定位置
  text(winMouseX + "," + winMouseY, 100, 150); // 顯示文字在指定位置
}
```

由範例測試得知，p5.js 的線上版或 OpenProcessing 網站的編輯器，兩個數值均是完全一樣。亦即 mouseX, mouseY 與 pwinMouseX, pwinMouseY 所表示的位置根本沒差別。只是過去的 p5.js 線下版，兩者在 X 與 Y 座標卻各有 8 個像素的落差。若使用 p5.js 線下版的讀者，請留意一下即可。

● mouseButton →按下或鬆開滑鼠按鈕（ == true ）、未按按鈕（ == false ）。這裡又區分 LEFT(左鍵)、RIGHT (右鍵) 及 CENTER(中鍵) 可用。

範例 h-07：系統變數 mouseButton 的用法

```
var x = 0, y = 0; // 宣告兩個變數並賦值

function setup() {
  createCanvas(400, 400);
  strokeWeight(5); // 線寬 5
  stroke(0); // 黑線
}

function draw() {
  background(220); // 設定背景為淺灰色

  if (mouseIsPressed) { // 如果滑鼠被按下
    if (mouseButton == LEFT) { // 若按下左鍵時
      x += 2; // 變數 x 逐次加 2
    }
    else if (mouseButton == RIGHT) { // 若按下右鍵時
      y += 2; // 變數 y 逐次加 2
    }
    else if (mouseButton == CENTER) { // 若按下中鍵（即滾輪）時
      x += 2; // 變數 x 逐次加 2
      y += 2; // 變數 y 逐次加 2
    }
  }
  line(x, 0, x, height); // 畫垂直線（逐次往右移）
  line(0, y, width, y); // 畫水平線（逐次往下移）
  ellipse(width/2, height/2, x, y); // 畫圓（逐次加大）
}
```

這個範例當按下滑鼠中鍵 --- 即滾輪時，除了圓形逐漸增大之外，同時垂直線及水平線也會往右、朝下移動。這是由於 x, y 座標同步遞增的關係。當然若你所使用的滑鼠並無「中鍵」時，那就無法正常顯現該有的作用。

利用這裡的版面，順便在此交代一下：(1) 若 mousePressed( ) 函式未設定的情況，當按下滑鼠時是以 touchStarted 函式（見第 18 章）來執行。至於按了哪個按鍵，則是由系統變數 mouseButton 取得。(2) 若 mouseDragged( ) 函式未明確設定的情況，當按下滑鼠拖移之際，是以 touchMoved 函式（第 18 章）來執行。至於按了哪個按鍵，也是由系統變數 mouseButton 取得。(3) 若 mouseReleased( ) 函式未詳加設定的情況，當按下滑鼠再鬆開之時，則是以 touchEnded 函式（同樣是第 18 章）來執行。至於按了哪個按鍵，則是由系統變數 mouseButton 取得。

● **cursor(type)** →這是用來設定滑鼠指標的圖像。可設定的類型有 ARROW、CROSS、HAND、MOVE、TEXT 或 WAIT 等六種。
● **noCursor ()** →則是不顯示滑鼠指標的任何圖像。

■ 各種滑鼠指標的圖像
範例 h-08：顯示各種滑鼠指標的圖像

```
function setup() {
  createCanvas(400, 400);
}

function draw() {
  background(220); // 設定背景為淺灰色
}

function keyPressed() { // 鍵盤事件函式 ( 當按著鍵盤時 )
  switch(key) { // 由 key 變數來區分 ( 分支 )
    case '0': noCursor(); break;   // 按著 0 鍵時，是沒有任何圖像
    case '1': cursor(ARROW); break; // 按著 1 鍵時，是「箭頭」圖像
    case '2': cursor(CROSS); break; // 按著 2 鍵時，是「十字」圖像
    case '3': cursor(HAND); break;  // 按著 3 鍵時，是「手掌」圖像
    case '4': cursor(MOVE); break;  // 按著 4 鍵時，是「移動」圖像
    case '5': cursor(TEXT); break;  // 按著 5 鍵時，是「I 字型」圖像
    case '6': cursor(WAIT); break;  // 按著 6 鍵時，是「等待」圖像
  }
}
```

以上是跟滑鼠操作有關的所有系統函式與系統變數，以及最後一項是滑鼠指標圖像的切換變數。若想製作以滑鼠操作為工具，編寫具有互動作用的代碼時，請慎選其中的某函式或變數，只要符合需要或滿足需求即可。

8-2 使用鍵盤的互動作用

跟滑鼠一樣，p5.js 提供給鍵盤操作使用的，依然區分成系統函式與系統變數兩種類型。只是在處理鍵盤上的按鍵代碼時，必須先注意有兩種不同類型的按鍵。(1) 能顯示的按鍵 --- 即所謂的 a ~ z 等。(2) 不顯示的按鍵 --- 例如 Shift、Ctrl 或各方向鍵等。這兩種類型的處理方式顯然不同。唯以下的範例，執行時須先利用滑鼠在畫布上單擊一下，才會顯示出鍵盤按鍵所對應的作用與效果。

● keyPressed( ) {...} →當按下按鍵時，僅執行 1 次 {...} 當中的所有函式。無大小寫字母之分。

範例 h-09：利用 keyPressed( ) 函式
本範例是當按下某按鍵時，圓形僅以 2 個像素由左向右前進。(按鍵需連續重按，才會繼續前進。)

```
var x = 0.0, speed = 2.0; // 宣告兩個變數並賦值

function setup() {
  createCanvas(400, 400);
  background(220);
}

function draw() {
}

function keyPressed() { // 當按下某按鍵時
  background(220); // 將背景設定為淺灰色
  x += speed; // 變數 x 逐次遞增 2.0
  ellipse(x, height/2, 60, 60); // 畫圓
  print(key); // 在控制台印表出按鍵名稱
}
```

● keyReleased( ) {...} →當放開按鍵時，僅執行 1 次 {...} 當中的所有函式。無大小寫字母之分。

範例 h-10：利用 keyReleased( ) 函式
本範例是當放開按鍵時，圓形就停止不動了。

```
var x = 0.0, speed = 1.0; // 宣告兩個變數並賦值

function setup() {
  createCanvas(400, 400);
  background(220);
}

function draw() {
  background(220); // 將背景設定為淺灰色
  x += speed; // 變數 x 逐次遞增 2.0
  ellipse(x, height/2, 60, 60); // 畫圓
  if (x > width+30) x = -30; // 條件判斷
}

function keyReleased() { // 當放開某按鍵時
  speed = 0.0; // 速度歸零（即停止）
}
```

● **keyType( ) {...}** →當按下某按鍵時，僅執行 1 次 {...} 當中的所有函式。有大小寫字母之別，而且完全忽略 Shift、Ctrl 或 Alt 等特殊鍵的操作。

範例 h-11：利用 keyType( ) 函式

本範例是當按下某按鍵時，該文字就會顯示在畫布上。此函式的字母有大小寫之分。

```
var x = 0, y = 200; // 宣告兩個變數並賦值

function setup() {
  createCanvas(400, 400);
  background(220);
}

function draw() {
}
```

```
function keyTyped() { // 當按下某按鍵時
  textSize(24); // 文字的大小
  text(key, x, y); // 顯示文字（位置）
  x += textWidth(key); // 變數 x 逐次遞增字寬（所以字母會往右移）
}
```

以上就是 p5.js 所提供在鍵盤操作時，常會使用到的系統函式。以下則是鍵盤操作相關系統變數的說明。

● keyIsPressed　→按下鍵盤的某按鍵時（ == true ）、未按時（ == false ）。

範例 h-12：使用 keyIsPressed 系統變數

本範例是當持續按著鍵盤的按鍵時，圓形會持續由左朝右前進，到達最右邊時，圓形會再由最左邊出現。可是一旦放開按鍵，圓形就完全消失不見。

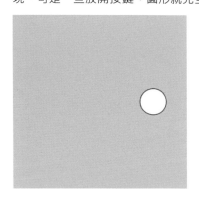

```
var x = 0.0, speed = 2.0; // 宣告兩個變數並賦值

function setup() {
  createCanvas(400, 400);
  background(220);
}

function draw() {
  background(220); // 將背景設定為淺灰色
  if (keyIsPressed == true) {
  x += speed; // 變數 x 逐次遞增 2.0
  ellipse(x, height/2, 60, 60); // 畫圓
  if (x > width+30) x = -30; // 條件判斷
  print(key); // 在控制台印表出按鍵名稱
  }
}
```

● key　→接收字母或數字、符號鍵時的變數。

範例 h-13：使用 key 系統變數

```
var x = 0.0, speed = 2.0; // 宣告兩個變數並賦值

function setup() {
 createCanvas(400, 400);
 background(220);
}

function draw() {
 background(220); // 將背景設定為淺灰色

 if ((keyIsPressed == true) && (key == 'a')) {
 //if ((keyIsPressed == true) && ((key == 'a') || (key == 'A'))) {
  x += speed; // 變數 x 逐次遞增 2.0
 }
 ellipse(x, height/2, 60, 60); // 畫圓
 if (x > width+30) x = -30; // 條件判斷
}
```

本範例是當按著小寫字母的 a 鍵（但已用 // 註釋掉的那行，則不限小寫的 a）時，圓形由左朝右前進。若到達最右邊時，圓形還會再由最左邊出現。如果放開 a 鍵時，圓形就完全靜止不動。

● keyCode →接收某些特殊按鍵的變數。特殊鍵有方向鍵、Shift、Ctrl、Alt(Option) 或 Caps Lock 等。

範例 h-14：使用 keyCode 系統變數

本範例是當按著上下左右等方向鍵時，原位在中央的紅色圓圈，會依照所按方向鍵而上下左右移動。

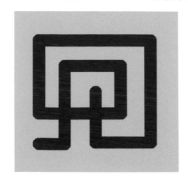

```
var x = 200, y = 200; // 宣告兩個變數並賦值

function setup() {
 createCanvas(400, 400);
 background(220);
 noStroke(); // 無邊線
 fill(255, 0, 0); // 紅色
 ellipse(x, y, 30, 30); // 畫圓
}

function draw() {
 if(keyIsPressed == true) {
  if(keyCode == UP_ARROW) { // ↑鍵
   y -= 1; // 逐次減 1
  } else if (keyCode == DOWN_ARROW) { // ↓鍵
   y += 1; // 逐次加 1
  } else if (keyCode == LEFT_ARROW) { // ←鍵
   x -= 1; // 逐次減 1
  } else if (keyCode == RIGHT_ARROW) { // →鍵
   x += 1; // 逐次加 1
  }
 }
 ellipse(x, y, 30, 30); // 畫圓
}
```

鍵盤輸入解說的最後，就以英文字母的輸入當成一個應用範例，來看看這裡所介紹的功能吧！

範例 h-15：色彩、大小隨機的文字

```
var pressed = false; // 宣告一個變數並賦值為假
var frame; // 宣告一個變數
function setup() {
 createCanvas(400, 400);
```

```
  background(0);
  colorMode(HSB, 360, 100); // 設定 HSB 色彩模式
}

function draw() {
}

function keyPressed() { // 當按下鍵盤時
  if(!pressed) { // 若 ( 非 pressed)
    pressed = true; //pressed 為真
    frame = frameCount; //frame 代入計數器
  }
}

function keyReleased() { // 當放開按鍵時
  pressed = false; //pressed 為假
  fill(random(360), 80, 100); // 隨機填塗色相
  textSize(frameCount-frame); // 文字大小由 (frameCount-frame) 來決定
  var w = textWidth(key); // 字寬由文字本身決定
  var h = textAscent() * 0.75; // 字高由 textAscent( 文字上升 ) 乘以 0.75
  text(key, random(width-w), random(h, height)); // 顯示文字
}
```

127

請比較本範例與 e-06 範例，兩者在編程上的相同與差異之處。能否感覺到為了表現某種視覺效果，其實編程處理上，仍然存在著許多不同的編寫方式。問題解決的方法，永遠不會只有一種。

利用本章最後的篇幅，簡單介紹一下編程經常會使用到的製作功能 ---life。這是製作動畫或互動的作品時，能讓物件角色逐漸消失 (從有到無) 的一種表現技術。由於很多人喜歡使用 life 這個專有的變數名稱，而造成誤認是 p5.js 的預設函式，其實它只不過是自行宣告 (定義) 變數的一種表達方式罷了。

■ 物件角色的漸無功能
範例 h-16：圖形的色彩或大小逐漸消失

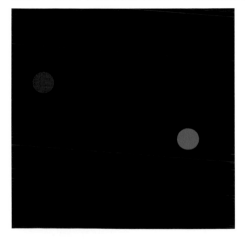

```
var life = 1.0; // 宣告變數 life 是為了讓圓圈具有生命（有無）之用
var x1 = 0, y1 = 0; // 宣告變數 x1, y1 並賦值為 0
var x2, y2; // 宣告變數 x2, y2
var rx1 = 5.0, rx2 = 3.0; // 宣告變數 rx1, rx2 並賦值為 5.0 及 3.0
var ry1 = 4.0, ry2 = 2.0; // 宣告變數 ry1, ry2 並賦值為 4.0 及 2.0

function setup () {
  createCanvas(600, 600); // 畫布的大小
  frameRate(25); // 影格的播放速率。是決定逐漸消失的快慢
  x2 = width/2; // 設定 x2 的初始值為寬的一半
  y2 = height/2; // 設定 y2 的初始值為高的一半
}

function draw() {
  background(0); // 黑色背景

  x1 = x1 + rx1; //x1 逐次遞增 rx1
  y1 = y1 + ry1; //y1 逐次遞增 ry1
  x2 = x2 + rx2; //x2 逐次遞增 rx2
  y2 = y2 + ry2; //y2 逐次遞增 ry2

  if(x1 < 0) { // 條件判斷。若 x1 小於 0
    x1 = 0; // 則 x1 代入 0
    rx1 = -rx1; //rx1 逆轉方向
  }
  if(x2 < 0) { // 條件判斷。若 x2 小於 0
    x2 = 0; // 則 x2 代入 0
    rx2 = -rx2; //rx1, rx2 逆轉方向
  }
  if(x1 > width) { // 條件判斷。若 x1 大於寬
    x1 = width; // 則 x1 代入寬
    rx1 = -rx1; //rx1 逆轉方向
  }
  if(x2 > width) { // 條件判斷。若 x2 大於寬
    x2 = width; // 則 x2 代入寬
    rx2 = -rx2; //rx2 逆轉方向
  }
  if(y1 < 0) { // 條件判斷。若 y1 小於 0
    y1 = 0; // 則 y1 代入 0
    ry1 = -ry1; //ry1 逆轉方向
  }
  if(y2 < 0) { // 條件判斷。若 y2 小於 0
    y2 = 0; // 則 y2 代入 0
    ry2 = -ry2; //ry2 逆轉方向
```

128

```
  }
  if(y1 > height) { // 條件判斷。若 y1 大於高
    y1 = height; // 則 y1 代入高
    ry1 = -ry1; //ry1 逆轉方向
  }
  if(y2 > height){ // 條件判斷。若 y2 大於高
    y2 = height; // 則 y2 代入高
    ry2 = -ry2; //ry2 逆轉方向
  }

  life *= 0.99; // 這行是關鍵。life 逐次乘以 0.99
  fill(0, 255, 255, 255*life); // 透明度乘以 life
  ellipse(x1, y1, 60, 60); // 固定大小的圓
  fill(255, 0, 255, 255*life); // 透明度乘以 life
  ellipse(x2, y2, 100*life, 100*life); // 大小乘以 life
}


function mousePressed () { // 當按下滑鼠按鈕的事件函式
  life = 1.0; //life 代入 1.0( 由 1.0 開始逐漸消失到 0.0)
  rx1 = random(-10, 10); //rx1 由亂數來決定
  ry1 = random(-10, 10); //ry1 由亂數來決定
  rx2 = random(-10, 10); //rx2 由亂數來決定
  ry2 = random(-10, 10); //ry2 由亂數來決定
}
```

編程中一開始所宣告的變數 life，就是這裡要探討的核心問題。life 賦值為 1.0，即代表是存在 (有)，由於第 55 行編寫了 life *= 0.99;，就意味著 life 是逐次遞減，因為當 1.0 每次乘以 0.99，勢必會逐漸減少。這個範例由於設置了兩個圓球，其中一個固定大小的天藍色圓球，是將變數 life 設定在透明度，因此，僅顏色逐漸消失到背景色 (黑色) 當中。另一個洋紅色圓球，則是把變數 life 設定在寬及高項目，因此，圓的大小就會逐漸遞減，最後則消失到背景色 (黑色) 之內。消失在背景色之後，其實兩個圓球還是持續再移動著，只是我們看不見而已。

此際如果利用滑鼠在畫布上單擊，由於整個編程的最後，按下滑鼠按鈕事件的函式裡，一開頭已經設定 life = 1.0;，所以兩個圓球均會恢復成 1.0 存在 (有) 的狀態，隨著影格的播放速率的進展，圓球的顏色或大小又逐漸遞減下去，最後再消失到背景色 (黑色) 之中。這就是本範例所探討物件角色之逐漸消失的設定技巧。當然不使用 life 這個變數名稱，改用任何一個變數名稱，其意義與作用均相同。

除了 life 之外，還有在編程當中，經常也會使用到另一個稱之為 easing 的表現技術，這也是非常值得在此介紹。easing 中文翻譯應當是有逐漸趨緩之意，其實它跟 life 有點類似，只不過所套用的對象不同罷了。從上面的範例得知，life 所套用的對象是物件圖形的顏色或大小；而 easing 則是針對動作 (或運動) 本身，當某個物件圖形本身越靠近目標 (例如滑鼠指標的位置)，則動作有越來越趨緩或減慢的現象時，一般編程都將此現象稱之為 easing。過多的文字解說，或許很難理解這種技術的精隨，還是讓我們從範例來實際體驗吧！

■ 物件角色的趨緩功能
範例 h-17：物件圖形的逐漸減慢現象

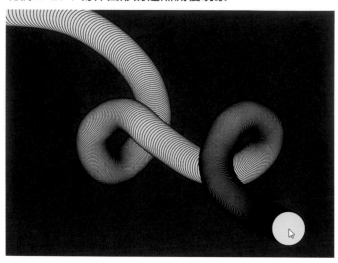

```
var x = 0, y = 0; // 宣告變數 x, y 並賦值為 0
//easing 可設定 0.0 ～ 1.0 之間的數值。1.0 則是完全不減緩
var easing = 0.02; //0.0 是完全不移動；0.02 減緩較多

function setup() {
  createCanvas(640, 480); // 畫布的大小
  //background(50); // 暗灰色背景
  noStroke(); // 無邊線
}

function draw() {
  background(50); // 暗灰色背景
  // 底下的兩組（各三行）是設定 easing( 減緩 ) 技術的關鍵
  var targetX = mouseX; //mouseX 座標代入目標 X
  var dx = targetX - x; //dx 為目標 X-x
  x += dx * easing; //x 逐次加上 dx * easing(0.02)

  var targetY = mouseY; // 同上。僅針對 y 座標的設定
  var dy = targetY - y;
  y += dy * easing;

  fill(255, 255, 0); // 填塗黃色
  ellipse(x, y, 66, 66); // 畫圓
}
```

本範例的截圖刻意保留圓圈移動的軌跡，亦即是 setup() 主函式內的 background(50); 是取消原本的雙斜線；而其下的 noStroke(); 及 draw() 主函式內的 background(50); 則是均以雙斜線註釋掉的情況。

動作 (或移動) 的趨緩作用，常被利用在動畫或互動的作品表現上，由於 easing 可設定介於 0.0 ~ 1.0 之間的數值。1.0 則是完全不減緩，亦即物件圖形等速直衝目標；而 0.0 則是完全靜止不移動。因此，若設定 0.1 顯然要比 0.9 來得更有趨緩的效果。此外，正因為 easing 是屬於動作的趨緩作用，所以設定上通常是要有個目標，本範例就是以滑鼠指標當作目標，而滑鼠指標必定有 mouseX 及 mouseY 兩個數值，因此，在編寫代碼時，就得同時考慮 x 與 y 軸方向的移動問題，一般均設定成相同的條件居多。

範例 h-18：請跟我來

```
var objX, objY; // 宣告兩個變數，作為物件的 x, y 座標
var disX, disY; // 宣告兩個變數，當成滑鼠座標與物件的距離
var delay = 40.0; // 隨著滑鼠延遲的情況 (因為 2.0 過快而看不見效果，所以設定 40.0)

function setup() {
  createCanvas(600, 600);
  background(255, 255, 0); // 背景為黃色
  objX = mouseX; // objX 代入滑鼠的 x 座標 (初始化)
  objY = mouseY; // objY 代入滑鼠的 y 座標 (初始化)
}

function draw() {
  //background(255,255,0); // 不殘留軌跡專用
  noStroke(); // 這三行是殘留軌跡專用
  fill(255, 255, 0, 15);
  rect(0, 0, width, height);

  disX = mouseX - objX; // 將 disX 代入滑鼠 X 座標減去物件 X 的距離
  disY = mouseY - objY; // 將 disY 代入滑鼠 Y 座標減去物件 Y 的距離
```

```
objX = objX + disX/delay; // 而物件 X 逐次遞增 delay 除以 disX 的數值（物件移動）
objY = objY + disY/delay; // 而物件 Y 逐次遞增 delay 除以 disY 的數值（物件移動）

push(); // 暫存座標
translate(objX-60, objY-60); // 位移座標。objX, objY 代表 monkey 的座標
scale(0.4); // 縮小 40%

// 繪製一隻 Monkey。以下省略（同 p.47 ~ 48）
-----------------------------------------------
pop(); // 恢復座標
}
```

雖然本範例的編程跟前個範例的寫法稍有不同，但是移動趨緩的作用還是一樣。請稍微冷靜思考一下本編程不同的編寫方式。

當然本範例所使用的變數名稱為延遲 (delay)，而上個範例則是採用 easing(趨緩)，其實使用任何的變數名稱均無所謂。重點是能否達到我們所期望的效果。而無論是 delay 或 easing，用靜態的圖示來表達，則如底下所顯示的樣子。

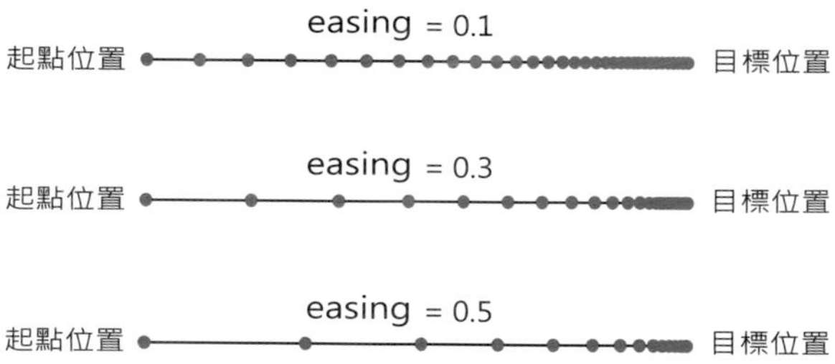

圖 8-01：趨緩 (easing) 的示意圖

如果將這種趨緩的 easing 技術，應用在自動繪製各種線條上，應當可以看出一定比沒有使用趨緩技術的圖例，來得更平滑、順暢些。因此，各位還是善加把握這項表現技術會比較好。

第 9 章 利用函式

行文至此是否一直都讓你感覺，本書誤將「函數」當成「函式」了呢？刻意堅持使用「函式」一詞，其實是有理由的。其一是擔心使用「函數」，會嚇跑一堆根深蒂固者，在尚未享受到編程的好處前，卻已經蒙受其害。其二是文字語言原本就是一種約定成俗的東西，英文的「function」未必僅有「函數」一種中文翻譯，若翻譯成「功能」或「作用」，或許還比較能夠讓人親近些。本書堅持使用「函式」一詞，期欲跟數學的「函數」做出某種區隔。其實「函式」並不像「函數」那麼可怕，它只是預定好的一種表達方式罷了。

9-1 利用預設函式

打從開始你就已經在使用函式了，譬如畫圓，你馬上就會利用 ellipse() 函式，按照規定小括號內前兩個參數是圓心座標，後兩個參數則是寬、高。函式的真正涵義就像這樣，確實並非你所感覺數學的函數那樣，有很多定理或公式要你去背或記。正如 ellipse()、fill() 等這類函式，這是 p5.js 本身早已幫我們準備好的，你只要瞭解它的使用規定，按照規定去做就不會出錯了。本節所要解說的重點，就是此類的預設函式。

p5.js 預設函式當中，最為重要的首推 setup() 與 draw() 這對孿生兄弟。這是本書第 1 章 p.14 早已說明過的。這裡就不必贅述。當時特別敘明這是一對主函式，意味著 p5.js 的編程，都是藉著這對主函式，才能撐起類似整棟樓房的建築。你想蓋怎樣的樓房都無所謂，但你卻不能沒有它。這對主函式，就像是整棟建築主要的架構一般，p5.js 的編程無論長短或規模，都必須仰賴它們。在此就從 noLoop 與 loop 函式開始談起。

● noLoop()　→不執行 draw 主函式的重覆處理（意即僅執行 1 次）。
● loop()　→重新啟動 draw 主函式的重覆處理功能。

範例 i-01：利用 noLoop 與 loop 函式
本範例是一個小圓逐漸擴大，由於已設定 noLoop() 函式的關係，draw() 主函式當完成條件後就自動停止，此時若按下滑鼠按鈕，才會重新啟動 draw 主函式的重覆執行功能。

```
var dia = 0; // 宣告一個變數並賦值為 0


function setup() {
```

```
  createCanvas(400, 400);
  noStroke(); // 無邊線
}

function draw() {
  background(180); // 設定背景為淡灰

  ellipse(width/2, height/2, dia, dia); // 畫圓
  dia += 2; // 逐次 +2 擴大

  if(dia >= width) noLoop(); // 條件判斷。大到寬度時，即不再重覆執行
}

function mousePressed(){ // 當按下滑鼠按鈕時
  dia = 0; // 直徑代入 0( 即由 0 開始 )
  loop(); // 重新啟動 draw() 主程式的重覆執行功能
}
```

● **redraw()** →僅執行一次 draw 主函式的處理功能。

範例 i-02：利用 redraw 函式
本範例是每次單擊滑鼠按鈕，小矩形僅遞增移動一次，需連續單擊滑鼠，小矩形才會有動畫效果。

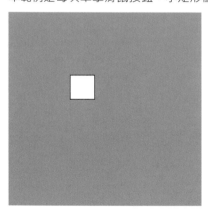

```
var y = 0; // 宣告一個變數並賦值

function setup() {
  createCanvas(400, 400);
  noLoop(); // 不重覆執行 draw() 主函式
}

function draw() {
  background(180);
  rect(y, y, 50, 50); // 繪製矩形
```

```
  y += 4; // 變數 y 逐次遞增 4
  if (y > height) y = -50; // 若大於高，則 y 代入 -50
}

function mouseClicked() { // 若單擊滑鼠時
  redraw(); // 僅執行 1 次 draw() 主函式的處理功能
}
```

以上說明的這三個，是跟 draw() 主函式相關的函式。其它還有許多的函式，有待我們一一去理解。不過本書既非完全使用手冊或權威指南之類的書籍，無法詳列並道盡所有的函式。作為 p5.js 基礎入門的一本工具書，只要列舉重要而且經常會使用到的函式，就算是功德圓滿了。當初取名「編程入門觀止」的本意，無非想「看到這裡就可以了」，絕不敢有掠美「嘆為觀止」的念頭。以下就針對編程上經常會使用到的、列舉出幾個重要的計算用預設函式來進行解說。

■ 各種重要的計算用函式

● map() →映射函式。這是表示針對某一個對象，將原本的數值映射對應到某個數值之意。小括號之內 () 通常有五個參數，例如 map(mouseX, 0, width, 100, 300)，第 1 個參數是需要映射的對象；第 2 及第 3 個參數是指對象原本的數值；而第 4 及第 5 個參數是希望映射對應的數值。

範例 i-03：利用 map 函式
本範例是表示當滑鼠在 0 至寬度之間左右移動時，小紅點僅限於水平線上移動。不過當滑鼠大過寬度時，可惜小紅點卻超出水平線之外了。如果想要解決這個美中不足的問題，請參閱範例 i-6 編程底下的解說。

135

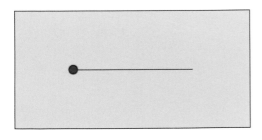

```
function setup() {
  createCanvas(400, 200);
}

function draw() {
  background(230);
  noFill();
  rect(0, 0, width-1, height-1); // 畫一個最外邊的矩形框

  // 這是為了當作基準線之用，表示映射對象被限定的範圍
  line(100, height/2, 300, height/2); // 水平線表示僅在 100 至 300 之間
```

```
// 當 mouseX 由 0 至寬之間移動時，max 僅對應到 100 至 300 的範圍之內
var max = map(mouseX, 0, width, 100, 300);
fill(255, 0, 0);// 紅色
ellipse(max, height/2, 15, 15); // 畫圓
}
```

範例 i-04：再利用 map 函式

本範例比上一個範例複雜些，因為同時要映射對應到 x, y 座標。上下座標是控制黑色垂直線的寬度；而左右座標則是控制黑色水平線的寬度。請務必冷靜思考。

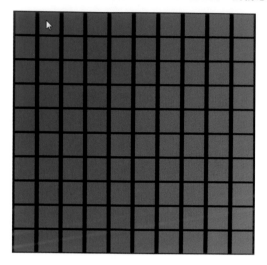

```
function setup() {
  createCanvas(500, 500);
}

function draw() {
  for (var x = 0; x <= width; x += 50) { //for 迴圈處理
    for (var y = 0; y <= height; y += 50) { //for 迴圈處理
      noStroke(); // 無邊線
      fill(x/2, 128, y/2); // 填塗顏色
      rect(x, y, 50, 50); // 繪製矩形
    }
    y = y+50; //y 座標逐次增加 50

    // 將滑鼠的 x 座標映射對應成垂直黑線的粗細 ( 映射目標的最大值為 50)
    var xWeight = map(mouseX, 0, width, 1, 50);
    strokeWeight(xWeight); // 將映射的結果 xWeight 當成是線寬
    stroke(0); // 線條是黑色
    line(x, 0, x, height); // 畫線

    // 將滑鼠的 y 座標映射變換成水平黑線的粗細 ( 映射目標的最大值為 50)
```

```
  var yWeight = map(mouseY, 0, height, 1, 50);
  strokeWeight(yWeight); // 將映射的結果 yWeight 當成是線寬
  stroke(0); // 線條黑色

  for (y = 0; y <= height; y += 50) { //for 迴圈處理
    line(0, y, width, y); // 畫線
    }
  }
}
```

● **dist()** →距離函式。用來計算兩點間的距離之意。通常小括號內有兩組點座標,例如 dist(x1, y1, x2, y2) 是表示 (x1, y1) 到 (x2, y2) 的距離。屬於 3d 空間上的兩點可寫成 dist(x1, y1, z1, y2, y2, z2)。

範例 i-05:當滑鼠指標移到圓圈之內時

本範例是當滑鼠指標移到圓形之內時,就會變成紅線並且閃爍著不同的黑灰白圓圈。否則就是顯示綠線與白色圓圈。

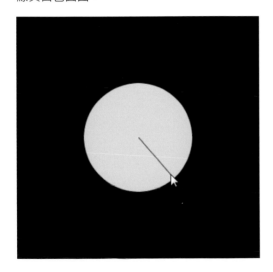

```
var x, y, dia; // 宣告三個變數

function setup() {
  createCanvas(400, 400);
  x = width/2;  // 賦予變數 x 的數值
  y = height/2; // 賦予變數 y 的數值
  dia = 180;  // 賦予變數 dia 的數值
}

function draw() {
  background(0);

  //dist 是由圓心到滑鼠指標的距離
```

```
var d = dist(x, y, mouseX, mouseY);

if (d < dia/2) { // 若距離小於半徑 (= 直徑 /2)
  c1 = color(random(255)); // 亂數閃爍（黑灰白）
  c2 = color(255, 0, 0); // 紅色
} else { // 否則
  c1 = color(255); // 白色
  c2 = color(0, 255, 0); // 綠色
}
noStroke(); // 無邊線
fill(c1); // 填塗 c1
ellipse(x, y, dia, dia); // 畫圓

stroke(c2); // 填塗 c2
line(x, y, mouseX, mouseY); // 畫線
}
```

這個距離函式倒是挺好用的。dist() 理應可以用來判斷動態的兩個圓圈，是否碰觸諸如此類的問題。從下面的示意圖就能看出，當兩圓的距離大於其半徑之和，兩圓必定尚未碰觸或者重疊；相反地，若兩圓的距離已小於其半徑之和，那兩圓必然是已經碰觸過或是重疊到。編程時若善加利用此類的判斷語句，就能夠把問題妥善地解決。

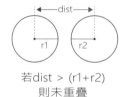

若dist > (r1+r2)
則未重疊

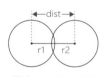

若dist < (r1+r2)
則已重疊

圖 9-1：判斷兩個圓圈是否碰觸或重疊的示意圖

● constrain() →限制函式。用來限定某對象的使用範圍之意。通常小括號內會有限制對象及最小範圍與最大範圍等三個參數，例如 constrain(mouseX, low, high) 即表示 mouseX 這個對象，將受限在最小值與最大值內。而限制對象若有低於最小值或高於最大值，均會以最小值或最大值來顯示。

範例 i-06：一個小方格被限定在一個大方框之內
本範例是一個綠色小方格被限制在一個大方框之中，移動滑鼠即移動小方格，都無法超出大方框之外。

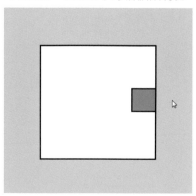

```
var x, y, rSize; // 宣告三個變數 ( 小方格的座標與大小 )
var boxSize; // 宣告大方框的變數

function setup() {
  createCanvas(500, 500);
  rectMode(CENTER); // 繪製矩形的模式 ( 中心 )
  x = width/2; // 寬的一半
  y = height/2; // 高的一半
  rSize = 60; // 綠色小方格的大小
  boxSize = 300; // 大方框的大小
}

function draw() {
  background(220); // 背景設定成淺灰色
  stroke(0); // 繪製黑線框
  strokeWeight(3); // 線寬
  fill(255); // 塗白色
  rect(width/2, height/2, boxSize, boxSize); // 繪製大方框

  // 將滑鼠的座標設定成綠色小方格，並限制在大方框中數值的範圍
  x = constrain(mouseX, width/2-boxSize/2+rSize/2, width/2+boxSize/2-rSize/2);
  y = constrain(mouseY, height/2-boxSize/2+rSize/2, height/2+boxSize/2-rSize/2);

  fill(0, 255, 0); // 綠色
  rect(x, y, rSize, rSize); // 繪製小方格
}
```

這個限制函式，經常被用來表現某個物件圖形，僅能在另一個更大框架範圍內移動的編程裡。前面範例 i-03 的編程中，我們可在 map(mouseX, 0, width, 100, 300); 之下增加一行 var m = constrain(max, 100, 300); ，這主要是將 max 限定在 100 至 300 之間。當然最後的 ellipse 函式，第一個參數也必須修改成 m，結果應當像 ellipse(m, height/2, 15, 15); 這樣的完整語句。如此才去執行的話，滑鼠指標無論怎麼移到右側的整個線框之外，小紅點也就永遠被限定在水平線之內了。

139

函式名	作用及功能
abs(a)	求 a 的絕對值
aqrt(a)	求 a 的平方根
sq(a)	求 a 的平方
pow(a, b)	求 a 的 b 次方
round(a)	a 的小數點以下四捨五入
floor(a)	a 的小數點以下均捨去
ceil(a)	a 的小數點以下均進位
min(a, b)	比較 a、b 兩值取其最小值
max(a, b)	比較 a、b 兩值取其最大值
mag(x, y)	計算原點到 (x, y) 座標的距離
lerp(a, b, c)	依 c 的比例，求取 a 的對應值
norm(a, b, c)	將原在 b, c 之間的 a 數值轉換成在0~1之間的數值

表 9-1：一般計算常用的預設函式

上面所列舉的是比較常用得到的一些預設函式。函式的作用與功能已簡略介紹在表格右邊。必要時可到官網查詢更詳細的使用說明。而這 12 個預設函式，底下有準備測試用的代碼，請自行斟酌參考。

※ 常用預設函式的測試

```
function setup() {
  print(abs(-5.2)); // 印表出 5.2
  print(sqrt(25)); // 印表出 5
  print(sq(4)); // 印表出 16
  print(pow(2, 3)); // 印表出 8
  print(round(2.53)); // 印表出 3
  print(floor(4.13)); // 印表出 4
  print(ceil(4.13)); // 印表出 5
  print(min(3, 9)); // 印表出 3
  print(max(3, 9)); // 印表出 9
  print(mag(30, 40)); // 印表出 50
  print(lerp(10, 20, 0.3)); // 印表出 13
  print(norm(2, 0, 10)); // 印表出 0.2
}
```

9-2 利用自定函式

任何一種程式語言，除了提供必要的函式 (即預設函式) 之外，相對地同時也會準備有讓使用者自行定義函式 (即自定函式) 的方法，如此，才能使該程式擁有更寬廣拓展的餘地。這個單元將要瞭解並嘗試 p5.js 在自定函式的功能。從另一個角度來看，在學習 p5.js 編程的路途上，各位終於邁入一道很重要的關卡了。

■ 最簡單自定函式的方法
自定函式最簡單的編寫方法如下：

```
function 函式名 () {
  所要執行處理的內容；
}
```

範例 i-07：自定函式 --- 畫眼睛

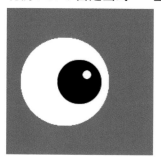

```
function setup() {
  createCanvas(200, 200);
  background(150); // 背景中灰色
  noStroke(); // 無邊線
}

function draw() {
  drawEye(); // 呼叫 ( 調用 ) 自定函式
}

function drawEye() { // 自定函式本身
  fill(255); // 白色
  ellipse(80, 100, 120, 120); // 畫圓
  fill(0) // 黑色
  ellipse(100, 100, 60, 60); // 畫圓
  fill(255); // 白色
  ellipse(110, 90, 12, 12); // 畫圓
}
```

上面所述的自定函式編寫方法，就是範例裡整個編程最下方的區塊。這區塊利用了多少行的預設函式都無所謂。但自定函式還有一項很重要的語句必須編寫，那就是範例中在 draw() 主函式區塊內的這一行 --- drawEye();。函式名必須跟下方的自定函式本身一致，不能有錯誤的寫法。在實際執行上，這裡的意涵是呼叫去執行底下的自定函式本身。因此，// 註釋才會特別標明是呼叫或調用自定函式。當然這一行若編寫在 setup() 主函式區塊內也可以。總之，這一行絕大部份的情況是不能省略的。

■ 有引數 (Argument) 自定函式的編寫方法
有引數 (Argument) 的自定函式，其編寫方式如下：

```
function 函式名 ( 參數 1,......, 參數 n) {
  所要執行處理的內容 ;
}
```

範例 i-08：有引數的自定函式 --- 畫兩顆眼睛

Tips
 參數(Parameter)與引數(Argument)的區別：
「參數」一般是指函式( )小括號之內的變數名稱，而「引數」則是表示對應參數的實際傳入值。大陸翻譯「Processing編程學習指南」一書，就以「形參」與「實參」分別指稱這裡所謂的「參數」與「引數」。區別方法雖然不難理解，但問題是實際的編程裡，非常明顯是引數的，但有時還是可以使用變數名稱來暫代。以下前兩個猴子的範例，就是很典型的例子。

```
function setup() {
  createCanvas(200, 200);
```

141

```
  background(150); // 背景中灰色
  noStroke(); // 無邊線
}

function draw() {
  drawEye(150, 80); // 在 (150, 80) 位置畫眼睛 ( 右上 )
  drawEye(50, 120); // 在 (50, 120) 位置畫眼睛 ( 左下 )
}

function drawEye(x, y) { // 自定函式 ( 有兩個參數 )
  fill(255); // 白色
  ellipse(x, y, 120, 120); // 畫圓
  fill(0); // 黑色
  ellipse(x+20, y, 60,60); // 畫圓
  fill(255); // 白色
  ellipse(x+30, y-10, 12, 12); // 畫圓
}
```

擁有參數其實就是在上一個沒有任何東西的小括號 ( ) 之內，增加變數名而已。本範例就是編寫了 (x, y) 這兩個參數。而參數究竟需要編寫幾個才行呢？這要看你想控制多少個變數來決定。沒有標準答案，理論上要多少就可以編寫多少個。這裡還是要提醒注意的是，原自定函式本身，已經改寫成擁有變數名的一種表達方式，原本 x 座標是 80、y 座標是 100，本範例的座標代碼，全部都以前述的座標為基準，改寫成 x+20(原本是 100)、x+30(原本是 110) 或 y-10(原本是 90) 了。這一點非常重要。至於在 draw() 主函式區塊內僅有自定函式名，其小括號 () 內均有兩個數值，究竟又是什麼意義呢？仔細比對就會明白，這裡是呼應自定函式本身小括號 () 內的 x, y，亦即前一個數值是代表 x，後一個數值就表示 y。這就是所謂的「引數」。又為何要同時編寫兩組呢？其實理由很簡單，因為就是要畫兩顆眼睛。由此可以推理：想要畫多少顆眼睛，勢必就要編寫多少個 drawEye(150, 80); 像這樣的代碼？其實也未必一定如此。需要少數幾顆還好處理，數量一多請回想起早已學過的 for 迴圈或亂數的編寫方式吧！

範例 i-09：有引數的自定函式 --- 畫多隻猴子

142

```
function setup() {
  createCanvas(1297, 669);
}

function draw() {
  background(0, 255, 255); // 背景設定成天藍色

  for(var x = -8; x < width; x += 162) { //for 迴圈處理
    for(var y = -6; y< height; y += 167) { //for 迴圈處理
      monkey(x, y); // 呼叫 ( 調用 ) 自定函式 ( 有兩個引數 )
    }
  }
}

function monkey(x, y) { // 自定函式本身 ( 有兩個參數 )
  push(); // 暫存座標 ( 含繪圖屬性 )
  translate(x, y); // 位移座標，(x, y) 是 monkey 的座標
  scale(0.6); // 縮小 60%

  // 繪製一隻 Monkey。以下省略 ( 同 p.47~48)
  ..............................................................
  pop(); // 恢復座標 ( 含繪圖屬性 )
}
```

143

這個範例也沒有什麼特別需要注意的地方。僅將先前已學習過的雙重迴圈函式套進來這裡使用而已，或是反過來說，這裡所學到的自定函式套進去雙重迴圈使用罷了。

範例 i-10：有引數的自定函式 --- 畫多隻隨機的猴子

本範例多了一個參數 s(或稱引數 s 亦可)，主要用來控制猴子的大小。當猴子的大小設定成亂數 (最小值與最大值)，而且作為縮放的參數 --- 即原猴子縮小 60% 再乘以引數 s，因此，猴子的大小就更加難以去估算了。本範例同時也出現了一個新面孔 ---randomSeed() 這個函式。只要小括號內設定了數值，每次執行的結果都會一樣。

● randomSeed()　→亂數種子的函式。小括號內可設定不同的數值，但一旦設定了數值，其執行的結果均相同。

```
function setup() {
  createCanvas(720, 720);
}

function draw() {
  background(255, 255, 0); // 背景設定為黃色
  randomSeed(16); // 若設定亂數種子的數值，每次執行的結果都會一樣

  for(var x = -8; x < width; x += 162) { //for 迴圈處理
   for(var y = -6; y < height; y += 167) { //for 迴圈處理
    var s = random(0.2, 1.6); // 宣告一個變數並代入亂數 ( 最小值與最大值 )
    monkey(x, y, s); // 呼叫 ( 調用 ) 自定函式 ( 有三個引數 )
   }
  }
}

function monkey(x, y, s) { // 自定函式本身 ( 有三個參數 )
  push(); // 暫存座標 ( 含繪圖屬性 )
  translate(x, y); // 位移座標 (x, y) 是 monkey 的座標
  scale(0.6*s); // 縮放 60% 再乘以變數 s

  // 繪製一隻 Monkey。以下省略 ( 同 p.47~48)
  ..............................................................
  pop(); // 恢復座標 ( 含繪圖屬性 )
}
```

範例 i-11：有引數的自定函式 --- 兩隻猴子的動畫

本範例再增加了參數 (或稱引數) 的數量，所增加的三個引數主要用來控制猴子的顏色。這裡持續以猴子當作範例，同時想要表示自定函式也能在動畫製作上應用的意思。

```
var x; // 宣告一個變數 x

function setup() {
  createCanvas(800, 600);
```

```
  frameRate(120); // 播放速率
  x = 0; // 變數 x 的初始值為 0
}


function draw() {
  background(200); // 淺灰色背景

  x+=2; // 逐次遞增 2

  monkey(x, height, 250, 200, 0);// 呼叫自定函式處理黃色猴子
  monkey(width, x, 0, 250, 150); // 呼叫自定函式處理綠色猴子

  if (x > width+940) { // 條件判斷。當變數 x 大於 (width+940)
    x = -130; // 則 x 代入 -130
  }
}


function monkey (x, y, red, green, blue) { // 自定函式本身 ( 有五個參數 )
  push(); // 暫存座標 ( 含繪圖屬性 )
  translate(x/2, y/2); // 位移至 (x/2, y/2) 的座標
  fill(red, green, blue); // 填色
  scale(0.5); // 縮小 50%

  // 繪製 Monkey。以下部份保留，部份省略 ( 請參閱對照 p.99-100)
  ......................................................
  fill(red, green, blue); // 耳朵上層
  ellipse(-110, -20, 25, 60);
  ellipse(110, -20, 25, 60);
  ......................................................
  fill(red, green, blue); // 臉部及下巴上層
  ellipse(-30, -30, 100, 150);
  ellipse(30, -30, 100, 150);
  ellipse(0, 50, 200, 150);
  ......................................................
  // 眼球
  red = floor(random(255));
  green = floor(random(255));
  blue = floor(random(255));
  fill(red, green, blue);
  ellipse(-30, -40, 25, 30);
  ellipse(30, -40, 25, 30);
  ......................................................
  pop(); // 恢復座標 ( 含繪圖屬性 )
}
```

145

本範例部份的代碼已省略，僅列出有所變更的部份。由於是製作動畫的關係，兩隻猴子的耳朵與臉部想要有不同顏色的效果，所以該部份的 fill 才會設定有引數。另外請注意猴子的眼球，之所以會有連續閃爍的效果，主要是因為在眼球部份的 RGB 三色都利用了亂數。

範例 i-12：有引數的自定函式 --- 四隻猴子的連動

本範例是為了彰顯自定函式也能應用在互動作用上造成連動的關係。

```
function setup() {
  createCanvas(600, 600);
}
```

```
function draw() {
  background(220); // 背景設定為淺灰色

  // 呼叫（調用）四次自定函式（各有四個引數）
  monkey(mouseX, mouseY, 160, 250);
  monkey(width-mouseX, height-mouseY, 250, 160);
  monkey(mouseX, height-mouseY, 160, 200);
  monkey(width-mouseX, mouseY, 200, 160);
}

function monkey(x, y, red, green) { // 自定函式本身（有四個參數）
  push(); // 暫存座標（含繪圖屬性）
  translate(x, y); // 位移座標
  scale(0.5); // 縮小 50%

  // 繪製 Monkey。以下部份保留，部份省略（請參閱對照 p.99-100）
  ..................................................................
  fill(red, green, 0); // 耳朵上層
  noStroke();
  ellipse(-110, -20, 25, 60);
  ellipse(110, -20, 25, 60);
```

```
.......................................................................
fill(red, green, 0); // 臉部及下巴上層
noStroke();
ellipse(-30, -30, 100, 150);
ellipse(30, -30, 100, 150);
ellipse(0, 50, 200, 150);
.......................................................................
pop(); // 恢復座標 ( 含繪圖屬性 )
}
```

■ 有傳回值自定函式的寫法

有傳回值的自定函式，其編寫方法如下：

```
function 函式名 ( 參數 1,......, 參數 n) {
 所要執行處理的內容 ;
 return 傳回值名稱 ;
}
```

※ 有傳回值的自定函式 --- 攝氏換算成華氏溫度的問題
為了本單元前後保有一致性的編寫方式，刻意留下 C(10); 這一行。其實此編程，這一行是可以省略的。

```
function setup() {
 C(10); // 呼叫 ( 調用 ) 自定函式。其實這一行是可以省略的，因為下一行就有
 var F = C(10); // 宣告變數 F，並代入 C(10) 即攝氏 10 度之意
 print(F); // 印表出變數 F。結果是 50
}

function C(c) {
 var f = c * 9/5 + 32; // 宣告變數 f，並代入溫度換算公式
 return f; // 傳回值 f
}
```

本單元一開始就說自定函式是一道很重要的關卡，期待大家都能夠順利通關、而不是卡關。

利用自定函式解說的最後，也來簡單介紹一下遞迴 (Recursion) 或遞歸函式。這應屬「自定函式」的一種。p5.js 並無特定專屬的函式可用。而是必須從 draw () 主函數內再去設定呼叫 (調用)「自定函式」本身，並且「自定函式」還必須包含一個退出的條件方可。這是非常重要的關鍵。上個世紀的八零～九零年代曾經喧嘛一時的碎形幾何 (Fractal) 的圖形，均可利用這種遞迴函式來製作。

■ 遞迴 (Recursion) 或遞歸函式
範例 i-13：利用遞迴函式所繪製的碎形幾何圖形
本範例僅是眾多碎形幾何圖形中的一種。一個圓當中有兩個二分之一的圓，而這兩個二分之一的圓當中又各有兩個二分之一的圓，以此類推。利用遞迴函式必須設定退出的條件，否則程式就會陷入無限循環之中而當機，請格外要小心注意。

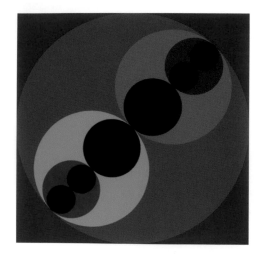

```
var sp = 0.01; // 宣告變數 sp 並代入 0.01

function setup() {
  createCanvas(600, 600); // 創建畫布的大小
  colorMode(HSB, 100); // 設定色彩模式為 HSB，各階段數為 100
  background(70, 100, 90); // 背景色為藍紫
  noStroke(); // 無邊線
}

function draw() {
  drawCircle(width/2, height/2, 600, 2); // 呼叫（調用）自定函式（有四個引數）
}

function drawCircle(x, y, d, e) { // 自定函式本身（有四個參數）
  fill(x/4, y/4, d/4); // 填塗顏色
  ellipse(x, y, d, d); // 畫圓
  if (d > 2) { // 條件判斷。如果 d 大於 2
    // 以下這兩行是關鍵。因 x, y 座標同時使用 cos, sin 函數，所以所有的圓均會在圓周上持續運動
    drawCircle(x+d/4*cos(pow(1, e)*frameCount*sp), y+d/4*sin(pow(1, e)*frameCount*sp), d/2, e);
    drawCircle(x-d/4*cos(pow(1, e)*frameCount*sp), y-d/4*sin(pow(1, e)*frameCount*sp), d/2, e);
  }
}
```

本範例的編程內，x, y 座標裡同時使用了 cos() 與 sin() 這兩個三角函數的成員，因此，所有遞迴函式所創造的圓形，才會一直在圓周上持續運動。下一章的「三角函數」將會有詳細的解說。

第 10 章 三角函數

利用編程來繪製圖形的情況，難免會遇上三角函數 (如 sin, cos)，這類讓我們在求學期間，就倍感傷透腦筋的內容。不可否認，三角函數在學理認知上確有其難度，但在此我必須事先聲明，本章絕非再次重新學習三角函數，這裡僅將過去所學必要的概念稍微複習一下而已，重點已完全轉移到怎麼去應用它，這才是本章所要探討的核心，所以一開始請放輕鬆，不用太緊張。

10-1 必要的三角函數概念

請看底下的圖示。需要稍微說明的是：其中 x, y 是圓周上某個點的座標；R 是圓的半徑；θ 是圓周上某個點連接到圓心與 x 軸所形成的夾角。

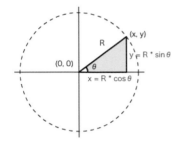

圖 10-1：三角函數 sin, cos 的關係示意圖

由上面的圖示可以看到:x = R * cos(θ) 與 y = R *sin(θ) 這一組公式。公式中為何需要乘以圓的半徑呢？因 cos(θ) 與 sin(θ)，原僅是介於 -1.0 至 1.0 之間的數值，所以必須乘上圓的半徑才能顯示應有的效果。當然實際應用上還得考慮圖形所要顯示在指定的座標位置才行。由這組公式當起點，我們即將踏上一趟驚奇學習的旅程。就讓我們一起從最單純僅一個 x 座標或 y 座標，套入三角函數的公式開始吧！

■ 水平、垂直、斜方向與圓形運動
範例 j-01：僅 x, y 座標套用 cos, sin 的情況

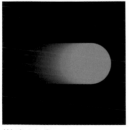

(A) sketch_Cos

(B) sketch_Sin

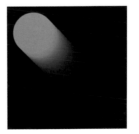

(C) sketch_CosCos

(D) sketch_CosSin

```
var θ = 0; // 宣告一個變數 θ，並賦值為 0

function setup() {
  createCanvas(600, 600);
  background(0); // 背景設定為黑色
}
```

149

```
function draw() {
  fade(); // 呼叫（調用）自定函式

  θ = θ + 0.01; // 變數 θ 逐次遞增 0.01

  fill(0, 255, 255);// 填塗顏色
  // 若 X,Y 座標均套用不同的 sin 或 cos 時，就是圓形運動
  ellipse(200*sin(θ)+300, 200*cos(θ)+300, 200, 200); // 畫圓
}

function fade() { // 自定函式本身
  noStroke(); // 無邊線（這三行是為了殘留軌跡之用）
  fill(0, 5); // 填塗黑色，設有透明度
  rect(0, 0, 600, 600); // 繪製充滿畫布的矩形
}
```

上列的編碼中，請關注畫圓的 ellipse(200*sin(θ)+300, 200*cos(θ)+300, 200, 200); 這一行即可。我們早已知道畫圓的前兩個參數，就是 x, y 座標；後兩個則是寬、高。由套入上述的三角函數公式來使用。(A) 若僅在 x 座標套入 cos 或 sin，都是圓的水平運動，只差在圓移動時起始點的不同。(B) 若僅在 y 座標套入 sin 或 cos，均是圓的垂直運動，同樣的道理，差別在圓移動時起始點的不同。(C) 如果 x, y 座標同時都套用 cos 或是 sin，此時則是斜方向運動。而兩個 cos 或兩個 sin，也僅差在起始點的不同。(D) 如果 x, y 座標分別套用一個 cos 及一個 sin，或是分別套用一個 sin 及一個 cos，此際就是圓形運動。同樣的道理，兩者也僅差在圓移動時起始點的不同（包含順、逆時針方向的不同）。

本範例為 (D) 的編程，其它的請自行修改，例如：以提供的編程為例，若要修改成 (A) 的範例，僅須刪除 y 座標有 sin 或 cos 的部份（即 200* cos (θ)），而原 y 座標的數值（即 300），當然還是要保留。

■ 斜方向與圓形運動裡的正圓與橢圓變化
範例 j-02：x, y 座標及寬、高均套用 cos, sin 的情況

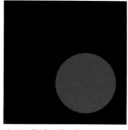 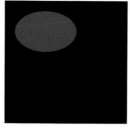  

sketch_SinSin_CosCos   sketch_CosCos_SinCos   sketch_CosSin_CosCos   sketch_CosSin_SinCos

```
var θ = 0; // 宣告一個變數 θ，並賦值為 0
.................................................
}

function draw() {
  fade(); // 呼叫（調用）自定函式
```

```
θ = θ + 0.02; // 變數 θ 逐次遞增 0.02

fill(255, 200, 0);// 填塗顏色
// 若 X, Y 座標及寬、高均套用不同的 cos 或 sin，就是圓形運動而且還有長、扁橢圓的變化
ellipse(100*cos(θ)+300, 100*sin(θ)+300, 100*sin(θ)+300, 100*cos(θ)+300); // 畫圓
}
```
....

接下來，讓我們進一步來思考，當圓形的寬、高也套入三角函數的 cos 或 sin 時，又會有什麼變化呢？用邏輯推理，這種情況應當會有 16 種排列組合。圖例僅刊出其中的四種情況。

(1)x, y 座標及寬、高四個參數，若同時套入同樣的 sin 或 cos，這類情況除了正圓大小會有變化之外，其實都是斜方向的運動。

(2) 若 x, y 座標同時套入同樣的 sin 或 cos，而寬、高套入分屬不同的 sin 或 cos 時，就會產生長、扁橢圓的變化。但寬、高若套入相同 sin 或 cos 時，就會產生正圓大小的變化。這兩種狀況也都是斜方向的運動。

(3) 若 x, y 座標套入不同 sin 或 cos，而寬、高若同時套入相同的 sin 或 cos，就會產生正圓大小的變化。但寬、高套入不同 sin 或 cos 時，就會產生長、扁橢圓的變化。以上這兩種狀況都還是圓形運動。

總結來說，x, y 座標若套用兩個相同的 sin 或 cos，均是斜方向運動；如果套用兩個不同的 sin 或 cos，均是圓形運動。而寬、高若套用兩個相同的 sin 或 cos，均屬正圓只是大小有別；如套用兩個不同的 sin 或 cos，則會有長、扁橢圓的變化。範例僅提供 sketch_CosSin_SinCos 的編程，其它的請自行修改。左起第 2 個、第 3 個圖例，是為了配合圖形居中顯示，座標略有調整。而且上面所列的編程前後都已省略，請注意。

■ 水平或垂直方向運動裡的正圓大小變化
範例 j-03：x, y 座標及寬、高都套用 cos, sin，但圓的半徑倍率不同的情況

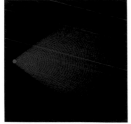   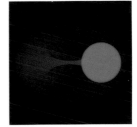

sketch_Cos_01　　sketch_Cos_02　　sketch_Cos_03　　sketch_Cos_04

```
var θ = 0; // 宣告一個變數 θ，並賦值為 0
....................................................................
}

function draw() {
fade(); // 呼叫（調用）自定函式

θ = θ + 0.05; // 變數 θ 逐次遞增 0.05
```

```
fill(150, 150, 250);// 填塗顏色
// 當 X, Y 座標乘以不同倍率圓半徑的 cos 或 sin，而且寬高均套用相同的 sin 或 cos 時，則是水平運動
ellipse(150*cos(θ)+300, sin(θ)+300, 180*sin(θ)+200, 180*sin(θ)+200); // 畫圓
}
```

接下來實驗一下，當 x, y 座標乘上不同倍率圓的半徑時，將會有什麼樣的變化呢？為了讓問題單純化，這裡把寬、高，設定成兩個相同的 sin 或 cos，而且也以相同倍率圓的半徑作為前提。測試的結果發現：這種情況就僅有水平或垂直方向的運動，差別只是大小正圓上下或左右的變化，或者是上下或左右是大圓、中間是小圓的變化。原則上當 x, y 座標套用不同的 sin 或 cos 時，理應是圓形運動才對，但由於圓半徑的倍率差距極大（範例是 1：150），所以並非是圓形運動。當倍率越接近 150：150 時，才會是圓形運動。範例僅提供 sketch_Cos_04 的編程，其它的請自行修改。注意上面所列的編程前後都已省略。

實驗到此就算已經足夠。顯然想要有長或扁的橢圓變化效果，必然要在寬、高，設定成兩個不同的 sin 或 cos，這是我們從前面的測試當中，就能瞭解的結論。當然如果你有興趣，還可以實驗一下：寬、高也套用圓半徑的不同倍率時，看看會產生什麼變化。留點發展的空間也好。總之有了這些 sin 與 cos 的基本概念，對後面即將要學習的內容，想必有很大的幫助。

範例 j-04：小圓在圓周上的運動

本範例的截圖是 30 小圓排列在圓周上的靜態圖形。另附有一個小圓在圓周上運動的動畫。

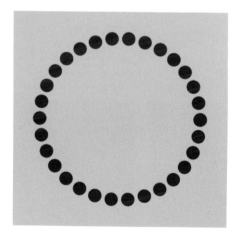

```
var x = 0, y = 0, R = 150, θ = 0; // 宣告四個變數並賦值

function setup() {
 createCanvas(400, 400);
 noStroke(); // 無邊線
 fill(255, 0, 0); // 紅色
}
```

```
function draw() {
  background(220); // 背景設定淺灰色
  translate(width/2, height/2); // 原點位移至畫布中央
  angleMode(DEGREES); // 改用角度法

  // 小圓排列在圓周上的靜態圖形
  /* for(var θ = 0; θ < 360; θ += 12) {
  x = R*cos(θ); // 變數 x 直接套用公式
  y = -R*sin(θ); // 變數 y 直接套用公式。改正時，則是順時針旋轉
  ellipse(x, y, 25, 25); // 畫圓
  } */
  // 小圓在圓周上運動的動畫
  x = R*cos(θ); // 變數 x 直接套用公式
  y = -R*sin(θ); // 變數 y 直接套用公式。改正時，則是順時針旋轉
  ellipse(x, y, 25, 25); // 畫圓
  θ++; // 變數 θ 逐次加 1
}
```

本範例編程當中的 angleMode(DEGREES); 這一行不可省略。若想要省略，則最後一行的 θ++，必須改成 θ = θ + 0.01 之類有小數點的數值才可。前面所有的實驗與測試，都是因為這種情況，所以才沒有問題。如果期欲維持最後一行的 θ++，而且也想省略 angleMode(DEGREES);，則 x = R*cos(θ) 與 y = -R*sin(θ)，就必須同時改成 x = R*cos(radians(θ)) 及 y = -R*sin(radians(θ))。否則就會是六個小圓在圓周上閃爍的跳動效果。奇妙嗎？編程有時就這麼奇妙！這裡涉及弧度與角度法轉換的問題，請參閱前面 p.29~30 的說明。

153

10-2 三角函數的延伸

由前面三角函數的基本概念出發，我們將逐步擴展它的應用範圍。以下就區分成螺旋狀、擺盪圖形、鐘擺狀、正弦波、倒 8 形、小行星形、擺線圖形與利薩如曲線等種類，逐一採用由淺入深的方式來進行解說。

範例 j-05：螺旋狀圖形
繪製的方法有很多種，本範例只是最基本而且很標準的螺旋狀圖形。

```
var x = 0, y = 0, R = 0, θ = 0; // 宣告四個變數並賦值

function setup() {
  createCanvas(400, 400);
  background(255, 220, 0); // 背景設定為絡黃色
  noStroke(); // 無邊線
  fill(255, 0, 0); // 紅色
}


function draw() {
  translate(width/2, height/2); // 原點位移至畫布中央
  x = R*cos(θ); // 變數 x 直接套用公式
  y = R*sin(θ); // 變數 y 直接套用公式
  ellipse(x, y, 15, 15); // 畫圓


  θ += 0.01; // 變數 θ 逐次加 0.01
  R += 0.05; // 半徑逐次加大 0.05
  if (R >= 290) noLoop(); // 半徑若超過 290，則不再循環
}
```

從編程中即可發現，本範例最主要的核心觀念，就是圓的半徑是從中心點 0 開始，然後逐次遞增 0.05，由此向外側擴大成螺旋狀。其它的都跟前一個範例沒什麼大差別。最後的條件判斷，也僅是限制若超出畫布之外，就不需要再繪製了。

範例 j-06：擺盪圖形

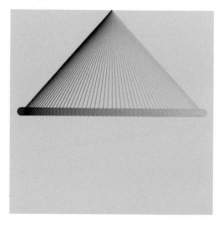

```
function setup() {
  createCanvas(400, 400);
  background(220); // 背景設定為淺灰色
}


function draw() {
```

```
noStroke(); // 無邊線。這三行是為了軌跡殘留的效果
fill(220, 10); // 填塗淺灰色，有透明度
rect(0, 0, width, height); // 繪製跟畫布同大小的矩形

var x = map(sin(θ), -1, 1, 20, 380); // 利用映射函式

stroke(0); // 黑色線條
line(width/2, 0, x, height/2); // 畫線
fill(255, 0, 0); // 紅色
ellipse(x, height/2, 15, 15); // 畫圓

θ += 0.05; // 變數 θ 逐次加 0.05
}
```

本範例僅使用三角函數的 sin(θ)，同時是利用映射函式的 map，將原本介於 -1~1 之間的數值對應到 20~380 之間，使之來回擺盪。

範例 j-07：鐘擺狀圖形

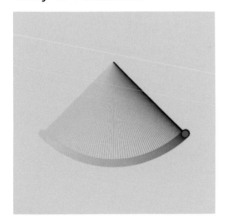

```
var acc; // 宣告一個變數
var θ = 0, vel = 0; // 宣告兩個變數並賦值

function setup() {
  createCanvas(400, 400);
  background(220); // 背景設定為淺灰色
}

function draw() {
  noStroke(); // 無邊線。這三行是為了軌跡殘留的效果
  fill(220, 16); // 填塗淺灰色，有透明度
  rect(0, 0, width, height); // 繪製跟畫布同大小的矩形
```

```
acc = -90.8/45*sin(θ-PI/4)/200; // 重力加速度

translate(width/2, height/4); // 移動原點到畫布中央偏上的位置
rotate(θ+PI/4); // 以原點為中心來旋轉圖形

stroke(0); // 黑色線條
fill(255, 0, 255); // 洋紅色
line(0, 0, 200, 0); // 畫線
ellipse(200, 0, 15, 15); // 畫圓

vel = vel + acc; // 變數 vel 逐次加 acc
θ = θ + vel; // 變數 θ 逐次加 vel
}
```

思考解決這個範例的編程可能稍微麻煩一些。但核心的基本概念是，如何將原本是圓形運動的圖形，僅限定在 -45~45 度之間來回擺盪呢？請聚焦在 acc = -90.8/45*sin(θ-PI/4)/200 以及 rotate(θ+PI/4) 這兩行，能夠釐清這裡的脈絡頭緒，大概繪製鐘擺狀圖形也就能迎刃而解了。

範例 j-08：正弦波

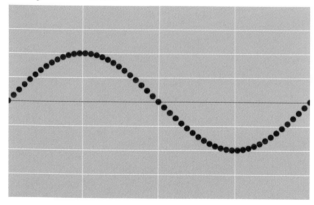

```
var x, y, A, w, p1, p2, t2; // 宣告七個變數

function setup() {
  createCanvas(629, 400);
  frameRate(30); // 影格播放速率

  A = 100.0; // 振幅
  w = 1.0;   // 角周波數
  p1 = 0.0; // 初始位相
  p2 = 0.0; // 初始位相
  t2 = 0.0; // 時間
}
```

```
function draw() {
 background(210);
 myCoordinates(); // 呼叫（調用）自定函式


 var rad = (TWO_PI/30)/1.8; // 宣告變數並賦值。請注意此行不可移到編程的最上面


 // 用圓點繪製正弦波來作為靜態圖形
 /* for (var t1 = 0.0; t1 < TWO_PI; t1 += rad) {
  x = t1 * 100.0;
  y = -A * sin(w*t1+p1);
  noStroke();
  fill(0, 0, 255);
  ellipse(x, y+height/2, 12, 12);
 } */


 // 繪製圓點的動畫
 x = t2*100.0;
 y = -A*sin(w*t2+p2);
 noStroke();
 fill(0, 0, 255);
 ellipse(x, y+height/2, 12, 12);


 t2 += rad; // 時間逐次遞增 rad
 if (t2 > TWO_PI) t2 = 0.0;   // 若 1 個周期結束就回到原點
}


function myCoordinates() { // 座標顯示用的自定函式
 stroke(255);
 for (var i = 0; i < width; i += 0.5*PI*100.0)
  line(i, 0, i, height); // 垂直線
 for (i = 0; i < height; i += 50)
  line(0, i, width, i); // 水平線


 stroke(255, 0, 255);
 line(0, height/2, width, height/2); // 橫方向的中間線
}
```

範例是用 /* 與 */ 已註釋掉靜態圖形的截圖。正弦波的核心概念是，當 x 座標以一定的速度前進，而 y 座標則是套用公式，即可得正弦波的圖形。因此本範例的編程裡，你會發現有個公式 ---- 即 $y = A*sin(w*t-p)$。其中的 A= 振幅（上下波形的大小）；w= 頻率（周波數）；t= 時間；p= 初始位置（正值向左移動、負值向右移動）。顯然可控制的變數越多，愈可得變化較大的圖形或動畫效果。嘗試改變看看吧！

範例 j-09：兩個會呼吸的圓

本範例是修改上一個範例而來，請特別留意哪個部份已改變。

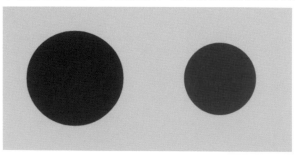

```
var x, y, A, w, p, t; // 宣告六個變數
var speed = 5, eSize = 100; // 圓的速度及大小

function setup() {
  createCanvas(600, 300);
  frameRate(30); // 影格播放速率

  A = 100.0; // 振幅
  w = 1.0;   // 頻率（周波數）
  p = 0.0;   // 初始位置
  t = 0.0;   // 時間
}

function draw() {
  background(220);

  var rad = (TWO_PI/30)/3; // 宣告變數並賦值

  y = A*sin(w*t+p)+100; // 繪製圓的大小變化
  noStroke();
  fill(150, 0, 255); // 紫色
  ellipse(150, height/2, y, y); // 畫圓（左邊）

  t += rad; // 時間逐次遞增 rad
  if (t > TWO_PI) t = 0.0;  // 若 1 個周期結束就回到原點

   // 不使用 sin,cos，僅直線性的縮放
  eSize += speed; // 圓的大小逐次遞增速度
  if ((eSize > 200) || (eSize < 0)) speed = -speed; // 條件判斷
  fill(255, 0, 150); // 桃紅
  ellipse(450, height/2, eSize, eSize); // 畫圓（右邊）
}
```

這個範例的動畫效果，似乎也能藉由圓的縮放那種加法與減法來達成，但利用這種方法，當圓接近最大或最小時，其運動規律會顯得比較緩和些。

範例 j-10：倒 8 形

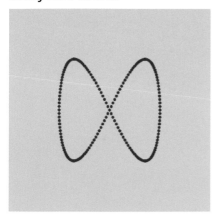

```
var x, y, A, w, p, t; // 宣告六個變數

function setup() {
  createCanvas(400, 400);
  background(220);
  frameRate(30); // 影格播放速率

  A = 100.0; // 振幅
  w = 1.0;   // 頻率（周波數）
  p = 0.0;   // 初始位置
  t = 0.0;   // 時間
}

function draw() {
  var rad = (TWO_PI/30)/6; // 宣告變數並賦值
  x = A*sin(w*t-p); // 變數 x 也套用公式
  y = -A*sin(w*t*2-p); // 繪製圓的大小變化
  noStroke();
  fill(150, 0, 255); // 紫色
  ellipse(x+width/2, y+height/2, 5, 5); // 畫圓

  t += rad; // 時間逐次遞增 rad
}
```

本範例基本上僅是將變數 x 也套用公式，而其它並無特殊的改變。

範例 j-11：小行星形

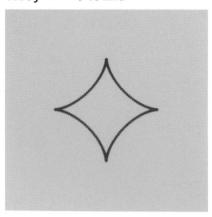

```
var x, y, A, w1, w2, p, t; // 宣告七個變數

function setup() {
  createCanvas(400, 400);
  background(220);
  frameRate(30); // 影格播放速率

  A = 100.0; // 振幅
  w1 = 1.0; // 頻率（周波數）
  w2 = 1.0;
  p = 0.0;  // 初始位置
  t = 0.0;  // 時間
}

function draw() {
  var rad = (TWO_PI/30)/6; // 宣告變數並賦值

  x = A*pow(cos(w1*t), 3); // 求 cos() 的 3 次方
  y = A*pow(sin(w2*t), 3); // 求 sin() 的 3 次方

  noStroke();
  fill(0, 120, 255); // 藍色
  ellipse(x+width/2, y+height/2, 5, 5); // 畫圓

  t += rad; // 時間逐次遞增 rad
}
```

本範例多增加一個頻率（周波數）的變數 w2，而且公式也有若干的改變，其中最主要是在 cos、sin 前添加了 pow 這個預設函式（請參閱 p.139），其它並無特殊的改變。

範例 j-12：擺線 (cycloid) 與次擺線 (trochoid) 圖形

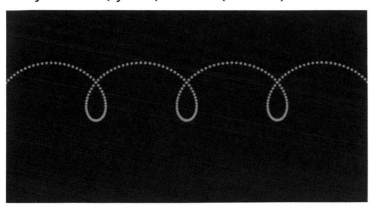

```
var x, y, A1, A2, w, t; // 宣告六個變數

function setup() {
  createCanvas(754, 400);
  background(80);
  frameRate(30); // 影格播放速率

  A1 = 30.0; // 振幅 1
  A2 = 60.0; // 振幅 2
  w = 1.0;   // 頻率（周波數）
  t = 0.1;   // 時間
}

function draw() {
  var rad = (TWO_PI/30)/2; // 宣告變數並賦值

  // 擺線 (cycloid)
  //x = A1*(t-sin(w*t));
  //y = -A1*(1-cos(w*t));

  // 次擺線 (trochoid)。若 A1=A2，則成擺線 (cycloid)
  x = A1*(t)-A2*sin(t);
  y = -(A1-A2*cos(t));

  noStroke();
  fill(0, 255, 200); // 藍綠色
  ellipse(x, y+height/2, 5, 5); // 畫圖

  t += rad; // 時間逐次遞增 rad

  if (x > width) {
```

```
   x = 0.0; // 若圓點移動到最右邊，則返回原點
   t = 0.1; // 重新設定時間
 }
}
```

本範例是截取次擺線 (trochoid) 的圖形，欲看擺線 (cycloid) 的圖形效果，請將雙斜線互調。原有的 p(初始位置) 已經刪除，但新增了一個 A(振幅)，而且代入 x, y 座標的公式也煥然一新。請留意。

範例 j-13：內外擺線 (cycloid) 與內外次擺線 (trochoid) 圖形

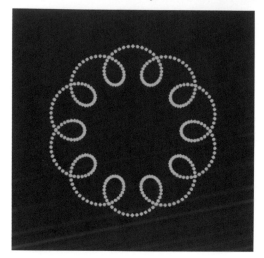

```
var x, y, A1, A2, A3, w1, w2, t; // 宣告八個變數

function setup() {
  createCanvas(400, 400);
  background(80);
  frameRate(30); // 影格播放速率

  A1 = 100.0; // 振幅 1
  A2 = 10.0;  // 振幅 2
  A3 = 30.0;  // 振幅 3
  w1 = 1.0;   // 頻率 1( 周波數 )
  w2 = 1.0;   // 頻率 2( 周波數 )
  t = 0.0;    // 時間
}

function draw() {
  var rad = (TWO_PI/30)/12; // 宣告變數並賦值

  // 內擺線 (cycloid)
  //x = (A1 - A2)*cos(w1*t) + A2*cos(((A1 - A2)/A2)*t);
```

```
//y = (A1 - A2)*sin(w2*t) - A2*sin(((A1 - A2)/A2)*t);


// 內次擺線 (trochoid)。若 A2=A3，則變成是內擺線 (cycloid)
//x = (A1 - A2)*cos(w1*t) + A3*cos(((A1 - A2)/A2)*t);
//y = (A1 - A2)*sin(w2*t) - A3*sin(((A1 - A2)/A2)*t);


// 外擺線 (cycloid)
//x = (A1 + A2)*cos(w1*t) - A2*cos(((A1 + A2)/A2)*t);
//y = (A1 + A2)*sin(w2*t) - A2*sin(((A1 + A2)/A2)*t);


// 外次擺線 (trochoid)。若 A2=A3，則變成是外擺線 (cycloid)
x = (A1 + A2)*cos(w1*t) - A3*cos(((A1 + A2)/A2)*t);
y = (A1 + A2)*sin(w2*t) - A3*sin(((A1 + A2)/A2)*t);


noStroke();
fill(200, 255, 0); // 黃綠色
ellipse(x + width/2, y + height/2, 5, 5); // 畫圓


t += rad; // 時間逐次遞增 rad
}
```

本範例的編程裡，附有內、外擺線與內、外次擺線，總共四組的代碼。截圖是外次擺線的圖形效果，若欲看看其它的圖形，請互調雙斜線註釋即可。

163

範例 j-14：利薩如 (lissajous) 曲線
本範例是非常有名而且極為典型的利薩如 (lissajous) 曲線圖形。

```
var x, y, A1, A2, w1, w2, p1, p2, t; // 宣告九個變數


function setup() {
```

```
  createCanvas(400, 400);
  background(80);
  frameRate(30); // 影格播放速率

  A1 = 100.0; // 振幅 1
  A2 = 100.0; // 振幅 2
  w1 = 2.0;  // 頻率 1( 周波數 )
  w2 = 3.0;  // 頻率 2( 周波數 )
  p1 = 0.0;  // 初始位置 1
  p2 = 0.0;  // 初始位置 2
  t = 0.0;  // 時間
}


function draw() {
  var rad = 0.02; // 宣告變數並賦值
  // 利薩如曲線 (lissajous curve) 的公式
  x = A1*sin(w1*t+p1);
  y = A2*sin(w2*t+p2);

  noStroke();
  fill(255, 220, 0); // 絡黃色
  ellipse(x + width/2, y + height/2, 5, 5); // 畫圓

  t += rad; // 時間逐次遞增 rad
}
```

164

範例的編程裡，可以看到 x = A1*sin(w1*t+p1) 與 y = A2*sin(w2*t+p2) 這組公式。這公式最大的特徵，各利用了兩個振幅、兩個頻率與兩個初始位置，只要改變 w1, w2, p1, p2 的數值，就能產生變化極大的圖形。

本章由三角函數的基本概念出發，經過了幾項簡單的實驗與測試後，逐步邁進了更複雜的繪製曲線圖形的範疇。但這些尚稱不上是學習三角函數時，公認應當必須一起瞭解的內容。雖然某些數學公式，對我們來說可能還相當地陌生，但這些根本用不著去死背或硬記。其實只要想要利用時，再拿出來仔細瞧瞧，甚至直接套用也無妨。從另一方面而言，數學領域當然還存在著許多的公式，尚待有心人士去挖掘與導入。或許某些不怎麼流傳的數學公式，在創意編程的圖形表現世界裡，由於有人努力挖掘與導入，因而能創造出更多讓人瞠目咋舌的作品也說不定。

第 11 章 介面配件

P5.js 提供某些例如按鈕、滑桿或輸入區等，這類屬於使用者介面 (User Interface) 的配件，這是為了製作具互動作用的應用程式時，操作畫面上不可或缺的元素。雖然它們的功能還不能稱得上非常完備，但起碼對程式設計來說，這已經算是如獲至寶了。本章主要針對 P5.js 所提供的介面配件及其使用方法，進行比較有系統性的解說。

11-1 主要的介面配件

本單元區分成按鈕 (Button)、輸入區 (Input)、滑桿 (Slider)、下拉式選單 (DropDown)、勾選小方格 (CheckBox) 與檔案選擇鈕 (Choose File) 等項目來進行說明。

■ 按鈕 (Button)

顧名思義，按鈕就是使用滑鼠或觸控方式，當按下該部份時，就會立即去執行原先已設定的內容。就舉一個最簡單的例子吧！

範例 k-01：製作最簡易的按鈕

```
function setup() {
 var button = createButton(" 請按我 "); // 創建按鈕
 button.mousePressed(clicked); // 若按下時，則執行下面的 clicked() 函式
}

function draw() {
}

function clicked() { //clicked() 函式本身
 text(" 足感心！", 5, 50); // 顯示文字
}
```

按鈕使用前必須先製作，而 createButton 具有製作按鈕的功能。它的引數即顯示在按鈕上的字串。由這個函式所創建的按鈕，就收納在 button 這個變數裡。

● **createButton ()**　→創建或製作按鈕的函式。其引數就是顯示於上面的字串標籤。

以下所列舉的是為按鈕所提供的函式一覽表。其中的 size、position、style、hide、show、value、changed 函式，在繪圖範圍 (即畫布) 或其它的介面配件也都能夠使用。

165

跟按鈕有關的函式如下：

函式名	作用說明
mousePressed(callback)	按下滑鼠時以callback所指定的函式去執行
html(label)	以label所指定的字串，作為按鈕的標籤
size(w, h)	設定按鈕的大小
position(x, y)	設定按鈕的顯示位置
style(prop, value)	設定樣式。依所設定的屬性來決定其數值
hide()	不顯示
show()	顯示
value()	若不設定，則取出其數值；若設定，則以該數值
changed(func)	若原數值已改變時，則以設定的函式(func)去執行

表 11-1：為按鈕所提供的函式一覽表

若要使用這些由 createButton 函式創建的按鈕，所提供的函式或屬性時，按鈕名稱後需加「.」點符號，其後緊跟著是函式名或屬性。接下來，我們就來試作一個使用 position 與 html 函式的例子。

範例 k-02：試作一個會改變背景色的按鈕

本範例是每次單擊按鈕，畫布的背景色就會越來變白，按鈕的標籤所顯示的，就是背景色的灰階值。

```
var gray = 0; // 宣告變數並賦值
var button; // 宣告變數

function setup() {
  var canvas = createCanvas(200, 100); // 創建畫布
  canvas.position(0, 0); // 畫布的位置
  button = createButton(gray); // 創建按鈕
  button.position(150, height+10); // 按鈕的位置
  button.size(50, 30); // 按鈕的大小
  button.mousePressed(clicked); // 若按下時，則執行下面的 clicked() 函式
  background(gray); // 背景為灰色
}

function draw() {
}

function clicked() { //clicked() 函式本身
  gray += 5; // 變數 gray 逐次遞增 5
  button.html(gray); // 使用 html 函式來變更按鈕的標籤
```

```
    background(gray); // 背景為灰色
}
```

跟之前設定畫布的大小不同，這裡是將 canvas 當變數。而下一行則是畫布所要顯示位置的設定。範例最值得注意的是 button.html(gray); 這一行，這表示使用 html 函式來變更按鈕的標籤名稱。

範例 k-03：小小畫家的畫板
本範例僅提供單色 (紫色) 的筆刷及橡皮擦工具，若不先選筆刷工具是無法繪圖的。

```
function setup() {
  var pen = createButton(" 筆刷 "); // 製作筆刷按鈕
  pen.size(30, 60); // 筆刷按鈕的大小
  pen.position(5, 0); // 筆刷按鈕的位置
  pen.mousePressed(function() { // 當按下滑鼠時
    stroke(150, 0, 255); // 紫色線條
  });

  var eraser = createButton(" 橡皮擦 "); // 製作橡皮擦按鈕
  eraser.size(30, 60); // 橡皮擦按鈕的大小
  eraser.position(5, 70); // 橡皮擦按鈕的位置
  eraser.mousePressed(function() { // 當按下滑鼠時
    stroke(220); // 淺灰色線條
  });

  var canvas = createCanvas(640, 480); // 創建畫布的大小
  canvas.position(50, 0); // 畫布的位置

  background(220); // 背景淺灰色
  noStroke(); // 無邊線
  strokeWeight(10); // 線寬為 10 個像素
}

function draw() {
```

167

```
}

function mouseDragged() { // 當拖拉移動滑鼠時
  line(mouseX, mouseY, pmouseX, pmouseY); // 畫線
}
```

■ 輸入區 (Input)

所謂的輸入區，就像網頁上具搜尋功能的文字區及按鈕那樣，專門提供給使用者輸入關鍵字的區域。在此就以對應輸入區內所輸入的文字，來製作當按下執行按鈕後，立即能夠直接產生該圖形的代碼。無論前述的按鈕或這裡所謂的輸入區，等同於在 index.html 使用 <button> 或 <input> 標籤。就來看看以下的範例吧！

範例 k-04：製作輸入區與按鈕

本範例僅限輸入矩形或圓形兩種，矩形對應矩形的圖形；圓形對應圓形的圖形。除此之外的其它文字，則是以該文字直接顯示。

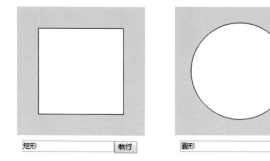

168

```
var input; // 宣告變數 input

function setup() {
  var canvas = createCanvas(240, 240); // 創建畫布
  canvas.position(0, 0); // 畫布的位置
  input = createInput(" 請輸入矩形或圓形 "); // 創建輸入區
  input.position(10, height +10); // 輸入區的位置
  button = createButton(" 執行 "); // 創建按鈕
  button.position(input.width+10, height+10); // 按鈕的位置
  button.mousePressed(perform); // 若按下時，則執行下面的 perform() 函式
}

function draw() {
}

function perform() { //perform() 函式本身
  background(220); // 背景淺灰色
  var cmd = input.value(); // 取出輸入區的文字
  if (cmd == " 矩形 ") { // 若是矩形
```

```
   rect(40, 40, 160, 160); // 畫矩形
 } else if (cmd == " 圓形 ") { // 若是圓形
   ellipse(120, 120, 180, 180); // 畫圓形
 } else {text(cmd, 75, height/2);} // 顯示文字
}
```

輸入區跟按鈕類似，是以 createInput 函式來創建。而輸入區的位置同樣是設定在畫布的下方。範例裡比較重要的是 var cmd = input.value(); 這一行，就是宣告一個變數 cmd 來代入 input.value() 函式，亦即取出輸入區的字串，若符合矩形就畫矩形的圖形；若符合圓形就畫圓形的圖形；否則就以該字串顯示。

● createInput ()　→創建文字專用輸入區的函式。其引數就是顯示於該區內的字串。

■ 滑桿 (Slider)

滑桿是應用程式上經常可以看得到的介面配件，可以用來調整數值的位置。創建的方法與編寫方式，基本上都跟前面的按鈕或輸入區雷同。

範例 k-05：製作四個滑桿

這個範例主要是提供矩形四個圓角半徑的滑桿設定，依序是左上、右上、右下與左下角。

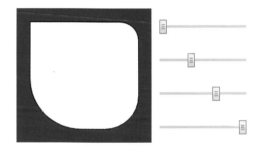

```
var tl_slider, tr_slider, br_slider, bl_slider; // 宣告四個變數

function setup() {
 var canvas = createCanvas(200, 200); // 創建畫布
 canvas.position(0, 0); // 畫布的位置

 tl_slider = createSlider(0, 75); // 創建 tl 滑桿
 tl_slider.position(width+10, 15); // 滑桿的位置
 tr_slider = createSlider(0, 75); // 創建 tr 滑桿
 tr_slider.position(width+10, 65); // 滑桿的位置
 br_slider = createSlider(0, 75); // 創建 br 滑桿
 br_slider.position(width+10, 115); // 滑桿的位置
 bl_slider = createSlider(0, 75); // 創建 bl 滑桿
 bl_slider.position(width+10, 165); // 滑桿的位置
}
```

```
function draw() {
  var tl = tl_slider.value(); // 取出其值
  var tr = tr_slider.value(); // 取出其值
  var br = br_slider.value(); // 取出其值
  var bl = bl_slider.value(); // 取出其值
  background(255, 0, 120); // 背景為紅紫色
  rect(20, 20, 160, 160, tl, tr, br, bl); // 畫矩形
}
```

編程裡 createSlider(0, 75) 就是創建滑桿的函式，而小括號 ( ) 當中的兩個數值，是用來設定引數的最小值與最大值。因此這裡的 0 是最小值；75 是最大值，亦即滑桿的最右端是 75。若小括號 ( ) 內無設定任何數值時，就是以 0 ~ 100 來表示，預設值通常取其中間的 50。而 draw 主函式內也是跟輸入區使用相同的 value() 函式來取出其值，再透過這些取出的數值對應到最後圓角矩形的繪製。

● createSlider (min, max)　→創建滑桿的函式。其引數就是所設定的最小值與最大值。

■ 下拉式選單 (DropDown)
下拉式選單是在所提供的數個選項當中，來選擇其中某一個，類似這種情況利用到的機會最多。僅文字說明還是難以理解，就實際看看一個範例吧！

範例 k-06：選擇線條連接轉角的三種樣式
這範例主要是提供線條連接轉角的樣式，亦即我們可以從下拉式選單當中 ---- 尖角、斜角與圓角等三種情況來做選擇。而正方形的圖形也很容易獲得即時反應出該有的轉角效果。

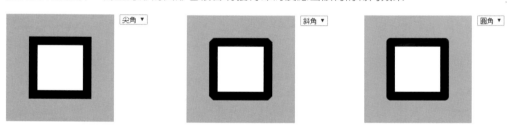

```
function setup() {
  var canvas = createCanvas(200, 200); // 創建畫布
  canvas.position(0, 0); // 畫布的位置
  strokeWeight(16); // 線條寬度

  var dropdown = createSelect(); // 創建下拉式選單
  dropdown.position(width+10, 0); // 下拉式選單的位置
  dropdown.option(" 尖角 ", MITER); // 下拉式選單的選項
  dropdown.option(" 斜角 ", BEVEL); // 下拉式選單的選項
  dropdown.option(" 圓角 ", ROUND); // 下拉式選單的選項
  dropdown.selected(MITER); // 最先預設的項目
  strokeJoin(dropdown.selected()); // 上面預設的項目
  dropdown.changed(selected); // 若被選擇，則執行選擇
```

```
}

function draw() {
 background(255, 200, 0); // 背景為橙黃色
 rect(50, 50, 100, 100); // 畫矩形
}

function selected() {
 strokeJoin(this.selected());
}
```

編程裡 createSelect() 是創建下拉式選單的函式，而接下來增加的三行，就是選項 option 函式，在此將線條連接轉角三種選項分別編寫在這裡。而且將預設項目設定為尖角 (MITER)，更重要的 dropdown.changed (selected) 這一行，changed 函式主要是對應最後若選擇改變的 selected 函式。

● createSelect(mult) →創建下拉式選單的函式。若 mult 為真時，就可以多重選擇。

■ 勾選小方格 (CheckBox)
勾選小方格通常是使用在有兩個以上的選項，從中選擇一項或選擇兩項以上的情況。就以套裝軟體經常看得到的□邊線、□填色這兩個選項，來當介面配件 --- 勾選小方格的範例吧！

範例 k-07：邊線與填色的勾選小方格
171

本範例僅有□邊線、□填色這兩個選項可供選擇，但總共會有四種情況，亦即 (1) 預設的☑邊線、□填色；(2) □邊線、☑填色；(3) □邊線、□填色；以及 (4) ☑邊線、☑填色這四種情況。其它如線寬、線條的顏色或填塗的顏色等，均已事先預設好了。請自行查核看看。

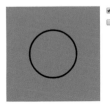  

```
function setup() {
 var canvas = createCanvas(200, 200); // 創建畫布
 canvas.position(0, 0); // 畫布的位置
 strokeWeight(3); // 線條寬度

 var cb = createCheckbox(" 填色 "); // 創建填色的勾選小方格
 cb.position(width+10, 25); // 填色的勾選小方格位置
 cb.changed(checked); // 若已選擇，則執行選擇
 cb = createCheckbox(" 邊線 ", true); // 創建最初的邊線勾選小方格
 cb.position(width+10, 0); // 邊線的勾選小方格位置
 cb.changed(checked); // 若已選擇，則執行 checked() 函式
}
```

```
function draw() {
  background(0, 200, 200); // 背景為藍綠色
  ellipse(100, 100, 100, 100); // 畫圖形
}

function checked() { //checked() 函式
  if (this.value() == " 填色 ") { // 若已選擇填色
    if (this.checked()) { // 則執行 checked() 函式
      fill(255, 255, 0); // 填塗黃色
    } else { // 否則
      noFill(); // 無填色
    }
  }
  if (this.value() == " 邊線 ") { // 若已選擇邊線
    if (this.checked()) { // 則執行 checked() 函式
      stroke(0); // 黑色邊線
    } else { // 否則
      noStroke(); // 無邊線
    }
  }
}
```

相同的道理，createCheckbox() 就是創建勾選小方格的函式，編程中有兩行是創建勾選小方格的代碼，特別是 cb = createCheckbox(" 邊線 ", true) 這一行，擁有兩個引數。第二個的 true，是作為預設用的選項，如果省略 true，就不會出現有勾選預設的情況。其它的編程盡管寫法跟前面的範例有些不同，但原理還是大同小異，在此就不再詳細解說了。

● createCheckbox() →創建勾選小方格的函式。小括號可以有兩個引數，通常第 1 個引數是標籤的名稱，第 2 個引數為布林值。若第 2 個引數為真時，就是準備作為預設的選項。

■ 檔案選擇鈕 (Choose File)
所謂的檔案選擇鈕，就像絕大部分的電腦應用軟體那樣，當執行開啟檔案時，就會出現一個讓使用者來選擇檔案的對話框或視窗。這裡其實無需太多的文字說明，接下來就讓我們來試作一個類似的檔案選擇鈕吧！

範例 k-08：製作檔案輸入選擇鈕
這範例必須透過單擊「選擇檔案」按鈕後，再從對話框中選擇實際的檔案，然後當按下「開啟」按鈕，就能開啟所選擇的檔案，而編輯器右邊的預覽區即可顯示出該影像的實際內容。

圖 11-1：選擇檔案時的畫面

圖 11-2：選擇檔案後，在 p5.js 線上版預覽區所顯示的畫面

```
function setup() {
  noCanvas(); // 不用畫布
  createFileInput(getFile); // 創建檔案選擇鈕
}

function draw() {
}

function getFile(file) { // 執行 getFile() 函式
  if (file.type == "image") { // 顯示影像檔案
    createImg(file.data); // 創建顯示影像
  } else { // 否則
    print(" 選擇檔案 "); // 這似乎早已預設好的文串
  }
}
```

noCanvas() 函式早在「第 5 章 文字與圖片」說明過。這裡主要是不需要預設 100 × 100 像素的畫布。而 createFileInput() 就是創建檔案選擇鈕的函式，引數是 getFile，即是按下「選擇檔案」時，執行下方的 getFile() 函式之意。這裡特別要注意的是，在 setup() 主函式內的 createFileInput(getFile) 函式。執行這個函式時，因為會傳回一個引數值，而這個引數值會收納著選擇檔案的相關資料，所以任何的檔案名稱均無所謂。實際上這個引數，p5.file 物件早已準備好如下所列的屬性。至於這一個 createImg() 函式，也是在「第 5 章 文字與圖片」解說過，這裡就不必再重複贅述了。

屬性名	作用說明
data	管理檔案資料的物件(文字的情況是字串，或除此之外的情況是URL資料
type	檔案的類型(例如image、text、video等)
subtype	檔案的副檔名類型(例如jpg、png等)
name	檔案的名稱
size	檔案的大小

表 11-2 p5.file 所提供的屬性一覽表

● createFileInput()　→創建檔案按鈕的函式。

11-2 其它相關的功能

以上逐一解說的，就是介面配件的函式及其相關使用說明。以下即將探討的，則並非是介面配件的函式，而僅是檔案操作時，也能夠顯示檔案內容的功能。或是執行處理滑鼠事件的編寫程式時，經常也會使用的無名函式，也一併歸納在此一起來進行說明。

■ 檔案的拖拉放功能 (Drag & Drop)

要擁有拖拉放檔案來顯示其內容的功能，就要有事先的編程準備工作。請仔細看一下編程。

範例 k-09：檔案的拖拉放顯示方法

圖 11-3：這是將 p5.js 線上版，下載檔案後在瀏覽器上執行 index.html 的情況

圖 11-4：這是在瀏覽器上執行 index.html 時，拖拉放影像檔案後的情況

```
function setup() {
  var canvas = createCanvas(150, 50); // 創建畫布
  canvas.drop(getFile); // 當拖拉放檔案時，則執行 getFile() 函式
  background(220); // 為了明瞭起見，刻意將背景設定成淺灰
}

function draw() {
}

function getFile(file) { //getFile() 函式區塊
  if (file.type == "image") { // 若檔案類型是 image 時
    createImg(file.data); // 顯示該檔案內容
  } else { // 否則
    text(" 請拖拉放影像檔案 ", 20, height/2); // 顯示文字
  }
}
```

編程當中最值得注意的是，canvas.drop(getFile) 這一行，這是當拖拉放檔案時能夠執行的主要函式。而小括號 () 內輸入的，就是前面已說明過的 getFile 函式。有了這樣的設定，就算是已經準備就緒。下方的 getFile 函式，則是跟上一個 FileInput 的編程幾乎相同。主要是當拖拉放之後用來顯示影像的作用。

175

■ 無名函式

這原本是應該要在「第 9 章 利用函式」中解說的內容，但由於跟本章比較有關連，所以留待此時進行敘明。正如前面已經提過的，當執行處理滑鼠事件的編寫程式時，經常也會使用到的無名函式。那究竟什麼是無名函式呢？我想就不必先行定義它的涵意，直接以本章第 1 個範例的代碼來進行解說吧！

請翻回 p.165 仔細看看 k-01 的代碼。其中設定 clicked 函式為 mousePressed() 函式的引數，當單擊「請按我」按鈕時，理應會去執行下方的 clicked 函式，而在這個函式內所執行的內容，就只有 text(" 足感心！ ", 5, 50) 這個函式，因此，才會產生文字顯示的對應結果。如果想要執行 text(" 足感心！ ", 5, 50) 這個函式，都得設定函式名，並且當成 mousePressed() 函式的引數，這樣的編寫方式，其實是很麻煩的。所以此時就誕生了更方便的東西 ---- 即無名函式。若將 k-01 的編程，以無名函式來重新改寫就會變成如下：

範例 k-10：無名函式的編寫方式
這個範例只是 k-01 的改寫，執行的結果一模一樣。故配圖省略。

```
function setup() {
  var button = createButton(" 請按我 "); // 創建按鈕
  button.mousePressed( // 若按下滑鼠按鈕時
    function() { // 這僅有 function 關鍵字，根本沒有函式名
    text(" 足感心！ ", 5, 50); // 顯示文字
});
}
```

仔細比對 k-01 跟這裡的編程，就可以發現 function() 這個無名函式，等同於是用來替代 clicked 函式，換言之，原 k-01 的 clicked 函式就可以省略了。當然，若進一步將上列的編碼再簡化，還能縮寫成如下。

```
function setup() {
  var button = createButton(" 請按我 "); // 創建按鈕
  button.mousePressed(function() { text(" 足感心！ ", 5, 50); }); // 顯示文字
}
```

這樣子就更加簡潔明瞭了。

function 這個單字，可以說是 p5.js 為了用來定義函式的專屬關鍵字。一般編寫在 function 之後都會有其函式名，若省略函式名，則變成是定義了無名函式。就像 function() 這樣有頭無尾的寫法。其實無名函式也擁有非常有趣的功能，後面的「利用物件」或「聲音處理」章節，還會再度說明。本章就到此結束。

第 12 章 使用陣列 (Array)

前面 p.89「範例 f-05：多個圓球在斜方向的來回移動」，就曾說過：當圓球數量一增多、或是所要求的效果變多，需要利用大量的變數時，此刻就是「陣列」的最佳使用時機。換句話說，若想利用程式來控制為數眾多一連串的變數時，則應使用「陣列」。

12-1 陣列 (Array) 的編寫方式及其相關的應用

陣列是每種程式語言都具有的功能，而且各有各的編寫方式。雖然外觀上看似都是以中括號 [ ] 來表示陣列之意，但中括號 [ ] 應放置何處或變數類型的有無，多少存在著微妙地差異，所以還是要小心留意。

■ 陣列的宣告方法
首先，就從陣列的宣告方法開始談起。

```
var x = [ ]; // 宣告變數 x 並代入陣列之意
```

這個「var x =」，就跟 p.49 要宣告變數並賦值一樣，像極了 var x = 100; 這種表達方式，僅差在最後的賦值。var 後的 x 依然是變數名，只是陣列目前代入是一組空的中括號；而一般的變數則是直接代入一個確定的數值。當然中括號內未必都是空的，有時我們經常會看到有多個的英文單字，或很多組數值，或僅有一個縮寫的單字或數值而已，各種情況都可能會有。就直接舉一個較簡單的範例來說明吧！

範例 I-01：簡單的陣列使用方法 --- 求六個數字的平均值，並繪製長條圖表
這個範例僅是為了求六個數字的平均值，並繪製長條圖表。

177

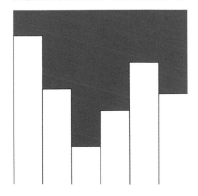

```
function setup() {
  createCanvas(400, 400);
  background(200, 100, 250); // 背景色

  var x = [342, 220, 88, 170, 280, 208]; // 陣列的中括號內直接輸入各要素的數值
  var average; // 宣告變數 average( 平均值 )
  average = (x[0]+x[1]+x[2]+x[3]+x[4]+x[5])/6; // 變數 average 代入 ( 各要素相加 )/6
  print(average); // 印表出平均值。控制台印表出 218
  for(var i = 0; i < 6; i++) { // 利用 for 迴圈來處理陣列的各要素
    fill(255); // 填塗白色
```

```
      rect(i*width/6, height-x[i], width/6, x[i]); // 利用陣列來繪製長條圖表
   }
}
```

本範例的編程中，刻意使用 x[0] ～ x[5] 來表示陣列中括號裡各要素的數值。這是經常看見的一種表達方式，只是要特別注意，陣列的第一個要素，都是由 0 開始計數，也就是說，要正確編寫陣列的第一個要素時，就必須使用 x[0] 的代碼，不可寫成 x[1]。因為 x[1] 這個代碼，已是代表陣列的第二個要素。相反地雖然範例有六個要素，但也沒有 x[6] 這個代碼。因為第六個要素的代碼，只是 x[5]、而非 x[6]。這個概念至關重要，初學者務必不能跟普通的計數方式混淆。上面上半段的編程也能改寫如下：

```
var x = []; // 宣告變數 x 為陣列，其方括號（即中括號）內先是空的，接著再賦值
x[0] = 342;
x[1] = 220;
x[2] = 88;
x[3] = 170;
x[4] = 280;
x[5] = 208;
var average; // 宣告變數 average（ 平均值 )
average = (x[0]+x[1]+x[2]+x[3]+x[4]+x[5])/6; // 變數 average 代入（各要素相加 )/6
print(average); // 印表出平均值。控制台印表出 218
```

這種編寫方式明顯很佔空間，雖然執行的結果完全相同，但不太鼓勵這麼做。數量少倒還好。此範例下半段是繪製長條圖表的部份，一開始是利用 for 迴圈來依序處理陣列的各要素，直接用 6 這樣的寫法，基本上還算直覺，絲毫不會造成晦澀難懂之感。不過也有一種很標準的預設寫法。

```
for(var i = 0; i < x.length; i++) { // 利用 for 迴圈來處理陣列的各要素
```

當然編程下方凡是原本是 6 的部份，最好也要一併修改成「x.length」。另外為了縮減上半段各要素相加的冗長寫法 ---average = (x[0]+x[1]+x[2]+x[3]+x[4]+x[5])/6;，有時可增加一個變數來替代，例如使用一個變數 total，將所有的陣列各要素相加，再除以 x.length，即可得所有數值相加後的平均值。或許僅文字說明，並非很容易就能理解，還是轉化為一個實際的例子吧！

範例 I-02：重新繪製一個橫條圖表
本範例是由前一個改寫而來，而且在圖表部份做了水平方向的變化。之所以要這樣做，一來可以讓本書的範例增添一些變化，二來也能訓練各位在座標空間的邏輯思維能力。

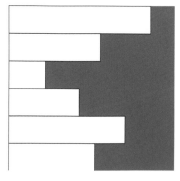

```
function setup() {
  createCanvas(400, 400);
  background(100, 150, 250); // 背景色

  var x = [342, 220, 88, 170, 280, 208]; // 陣列的中括號內直接輸入各要素的數值
  var total = 0, average; // 宣告變數 total( 合計 ) 並代入 0；宣告變數 average( 平均值 )
  for(var i = 0; i < x.length; i++) { // 利用 for 迴圈來處理陣列的各要素
    total += x[i]; // 陣列各要素的合計。等同於 total = total + x[i]
    average = total/x.length; // 變數 average 代入 ( 各要素相加 )/ x.length
    fill(255); // 填塗白色
    rect(0, i*height/x.length, x[i], height/x.length); // 利用陣列來繪製橫條圖表
  }
  print(average); // 印表出平均值。控制台印表出 218
}
```

到此，陣列主要的編寫方式，大致上都已經透過兩個範例解釋過。剩下來的就是陣列如何應用的問題。

範例 I-03：閃爍的星星
本範例中出現 x, y 兩個陣列，而且分別將座標列出，依序繪製星形。只是繪製的位置是由亂數來決定。

```
function setup() {
  createCanvas(640, 480);
  background(0);
  frameRate(30); // 影格播放速率
}

function draw() {
  noStroke(); // 這三行是星星逐漸淡入黑色
  fill(0, 12);
  rect(0, 0, width, height);

  // 位移、旋轉、縮放等均以亂數方式來繪製星形
  translate(random(width), random(height));
```

179

```
    rotate(random(PI));
    scale(random(0.1, 0.5));

    // 宣告 x, y 兩個陣列並賦值
    var x = [50, 29, 83, 17, 71]; //x 座標是以 A,B,C,D,E 點的位置
    var y = [18, 82, 43, 43, 82]; //y 座標是以 A,B,C,D,E 點的位置

    translate(-50, -50); // 將星形座標變換成原點位置
    noStroke();
    fill(0, random(100, 255), random(200, 255)); // 填色以藍綠亂數為主
    beginShape(); //5 個 A,B,C,D,E 的頂點依序用直線來連接開始繪製
    for(var i = 0; i < x.length; i++) { // 利用 for 迴圈依序處理
      vertex(x[i] + random(-5, 5), y[i] + random(-5, 5)); // 各頂點
    }
    endShape(CLOSE); // 結束繪製
}
```

範例 I-04：一百個圓球的動畫

本範例是以一個變數來管理陣列的數量（或長度），並利用 for 迴圈依序來處理陣列各要素的典型例子。

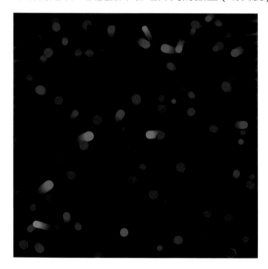

```
var num = 100; // 陣列的個數（數量或長度）
var x = [num], y = [num]; // 圓球的 x, y 座標
var xSpeed = [num], ySpeed = [num]; //x, y 方向圓球的速度
var r = [num], c = [num]; // 圓球的半徑與顏色

function setup() {
  createCanvas(600, 600);
  colorMode(HSB, 360, 100, 100, 100);
  noStroke();
```

```
for (var i = 0; i < num; i++) { // 使用 for 迴圈來設定跟圓球相關之陣列要素的初始化
  x[i] = random(50, width-50); // 以下分別指定 x,y, 速度、半徑、顏色都以亂數來決定
  y[i] = random(50, height-50);
  xSpeed[i] = random(6)-3.0;
  ySpeed[i] = random(6)-3.0;
  r[i] = random(6, 12);
  c[i] = color(random(180, 360), random(80, 100), random(50, 100));
 }
}


function draw() {
 fill(0, 10); // 設定移動的殘留軌跡
 rect(0, 0, width, height); // 跟畫布同大小矩形

 for (var i = 0; i < num; i++) { // 利用 for 迴圈處理
  fill(c[i]); // 填色也用陣列
  ellipse(x[i], y[i], r[i]*2, r[i]*2); // 利用陣列來畫圓
  x[i] += xSpeed[i]; // 陣列的 x 座標更新方式
  y[i] += ySpeed[i]; // 陣列的 y 座標更新方式

  if (x[i] + r[i] > width || x[i] - r[i] < 0) { // 條件判斷。陣列的 x 座標
   xSpeed[i] *= -1; // 逆轉方向。陣列的 x 座標
   c[i] = color(random(180, 360), random(80, 100), random(50, 100)); // 設定陣列的顏色
  }

  if (y[i] + r[i] > height || y[i] - r[i] < 0) { // 條件判斷。陣列的 y 座標
   ySpeed[i] *= -1; // 逆轉方向。陣列的 y 座標
   c[i] = color(random(180, 360), random(80, 100), random(50, 100));// 設定陣列的顏色
  }
 }
}
```

181

這個範例雖然變數增多了，但首先請聚焦利用 for 迴圈來處理陣列各要素的編寫方式。就像這個例子，使用一個變數 num 來管理數量 (或稱長度)，再將變數名套入 for 迴圈的重覆範圍即可。這樣編寫的好處，隨時只要修改一處的數值，即可讓圓球的動畫增加數量，而不必像前兩個範例，只要增加一個要素，就要同時去修改好幾個地方的困擾。各位不妨修改一下這個編程的第一行，將陣列的個數 (數量) 改成 20 或 200，測試看看就能理解這種編寫方式的優點。由於這範例要控制的項目較多，所以變數也增加許多，不過基本上這些都是先前已經說明過的，在此就沒必要再贅述了。以下兩個範例基本上都跟這個編程類似，但變數反而相對減少了。值得留意的是陣列裡連續逐漸遞減或遞增的代碼應如何編寫呢？

範例 I-05：拖著長長尾巴的圓球

本範例當移動滑鼠指標時，圓球是由大逐漸變小，類似拖著長長尾巴的感覺。

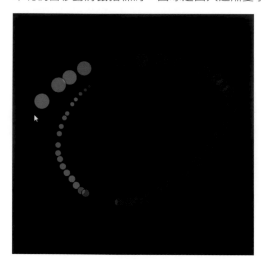

```
var num = 60; // 數量為 60
var x = [num]; // 宣告變數 x 為陣列
var y = [num]; // 宣告變數 y 為陣列

function setup() {
  createCanvas(600, 600);
  colorMode(HSB, 360, 100, 100, 100); // 設定 HSB 色彩模式
}

function draw() {
  background(0);

  for (var i = 0; i < num; i++) { // 利用 for 迴圈處理
    fill(x[i], 90, 100, 60); // 色相設為 x 陣列
    ellipse(x[i], y[i], i/1.5, i/1.5); // 用陣列畫圓
  }

  for (i = 0; i < num; i++) { // 利用 for 迴圈處理
    x[i] = x [i+1]; //x[i] 代入 x [i+1]
    y[i] = y [i+1]; //y[i] 代入 y [i+1]
  }

  x[num] = mouseX; //x[num] 代入 mouseX
  y[num] = mouseY; //y[num] 代入 mouseY
}
```

範例 I-06：緊追著鼠標的圓球

本範例跟上一個恰好相反，當移動滑鼠指標時，圓球是由小逐漸變大，類似後面的圓球緊追著鼠標的感覺。

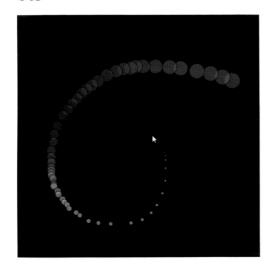

```
var num = 60; // 數量為 60
var x = [num]; // 宣告變數 x 為陣列
var y = [num]; // 宣告變數 y 為陣列

function setup() {
  createCanvas(600, 600);
  colorMode(HSB, 100, 100, 100); // 設定 HSB 色彩模式
}

function draw() {
  background(0);

  for (var i = num-1; i > 0; i--) { // 利用 for 迴圈處理
    var c = color((frameCount+i)%100, 80, 100, 0.7); // 宣告變數 c 代入指定的顏色
    fill(c); // 顏色設定為變數 c
    ellipse(x[i], y[i], i/1.5, i/1.5); // 用陣列畫圓
  }

  for (i = num-1; i > 0; i--) { // 利用 for 迴圈處理
    x[i] = x [i-1]; //x[i] 代入 x [i-1]
    y[i] = y [i-1]; //y[i] 代入 y [i-1]
  }

  x[0] = mouseX;
  y[0] = mouseY;
}
```

本範例基本上在編寫代碼時，採用跟上面一個範例逆向思維的方式，同時在顏色的設定上也使用完全不同的方法。這樣子可達到類似漸層的製作效果，同時也能多學一點其它的編寫技法吧！

範例 I-07：耍猴子的把戲

本範例其實就是 I-05 的套用。由此更能體會到編程的好處，當初辛苦繪製一隻猴子，終於有了美好的回報。這應當可以算是苦盡甘來。

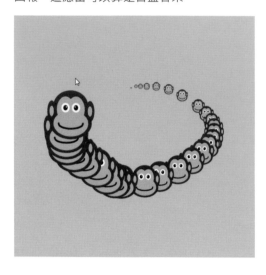

```
var num = 30; // 宣告變數 num 並代入 30
var x = [num]; // 宣告名為 x 的陣列 , 長度為 30
var y = [num]; // 宣告名為 y 的陣列 , 長度為 30


function setup() {
  createCanvas(600, 600);
  for (var i = 0; i < num; i++) { // 利用 for 迴圈處理
   x[i] = 0; //x 陣列的初始值為 0
   y[i] = 0; //y 陣列的初始值為 0
  }
}


function draw() {
  background(255, 220, 0);

  for (var i = 0; i < num; i++) { // 利用 for 迴圈處理
   x[i] = x[i+1]; //x 陣列的下一個為 i+1
   y[i] = y[i+1]; //y 陣列的下一個為 i+1
  }

  for (i = 0; i < num; i++) { // 利用 for 迴圈處理
   monkey(x[i], y[i], i*0.015); // 呼叫 ( 調用 ) 自定函式
  }
```

```
    x[i] = mouseX; //x 陣列代入鼠標位置
    y[i] = mouseY; //y 陣列代入鼠標位置
}

function monkey(x, y, s) { // 自定函式本身
    push(); // 暫存座標 ( 含繪圖屬性 )
    translate(x, y); // 位移原點座標
    scale(s); // 縮放

    // 繪製 Monkey。以下的代碼跟前面的完全相同，故省略 ( 請參閱 p.99-100)
    ..........................................................................
    pop(); // 恢復座標 ( 含繪圖屬性 )
}
```

請注意上面所列的編程，已完全省略掉繪製猴子的所有代碼。

12-2 陣列在其它媒材的應用與二次元陣列

以上的七個範例，可以說是比較正統的陣列使用方法。以下將進一步列舉出某些部份使用到陣列，但製作時可能涉及其它方面的技能，或者說將陣列的編寫方式，導入或控制其它的媒材，亦即以文字或圖片作為表現面向的範例。而本單元的最後，則是將探討陣列的增刪與記錄、二次元陣列、以及陣列的脫離與繼續等相關功能的問題。

185

■ 陣列在文字或圖片表現上的應用
不僅是圖形，其它的媒材也都能夠透過陣列來加以控制或管理。因為前面已經學過「文字與圖片」，因此本單元將以這兩種媒材的介紹為主。其它的媒材則留待後面的章節，必要時再舉例說明。

範例 I-08：依序顯示文字
本範例真的很簡單。只要將想要呈現的文字，分別鍵入第一行的 " " 之內即可。

```
var chat = [" 展覽名稱：", " 展覽時間：", " 展覽地點：", " 歡迎參觀！ "];
var count = 0; // 宣告變數 count 並賦值為 0

function setup() {
    createCanvas(400, 200);
    colorMode(HSB, 4, 100, 100); // 設定 HSB 色彩模式，色相僅 4
    frameRate(1); // 影格播放速率為 1
}
```

```
function draw() {
  background(10); // 背景色為暗黑
  fill(frameCount%4, 100, 100); // 色相以計數器來取其餘數
  textAlign(CENTER); // 文字編排（居中）
  textSize(36); // 文字的大小
  text(chat[count], width/2, height/2); // 顯示文字
  count++; // 逐次遞增 1
  if(count >= chat.length) count = 0; // 條件判斷（從頭再來）
}
```

範例 I-09：使用陣列的漸變動畫

本範例必須先在其它軟體製作出需要的所有圖檔。請看編程底下的說明。

```
var num = 60;   // 影格的數量
var img = [num];   // 載入圖片用

function preload(){ // 預先載入檔案的函式
  for(var i = 0; i < num; i++) { // 利用 for 迴圈處理
    img[i] = loadImage("a-" + nf(i+1, 3) + ".jpg"); // 載入多張圖片的寫法
  }
}

function setup() {
  createCanvas(480, 360);
  frameRate(30); // 影格播放速率
}

function draw() {
  var frame = frameCount % num; // 計數器除以數量取其餘數
  image(img[frame], 0, 0); // 顯示陣列的圖片
}
```

圖檔是利用 AI，將兩個符號圖形，分別編排至畫面左右兩端。然後將漸變的階段數設定為 58，再執行漸變功能。如此就能獲得共 60 張漸變圖形。接著在圖層工作板裡選擇執行「釋放至圖層（順序）」指令。順利完成後，再將每個圖層上的漸變圖形，逐一轉存成 .jpg 或 .png 格式的檔案。本範例總共是使用 60 個 .jpg 檔案。

編程裡出現載入多張圖片的書寫方式。主要還是利用 for 迴圈處理，特別是接下來的一行，請留意小括號之內的寫法，("a-" + nf(i+1, 3) + ".jpg")，前一個是檔名（含短折線），接著是 nf(i+1, 3)，編碼若

由 000 開始，就只要寫 i；若從 001 開始，就寫 i+1。3 是指數值有三碼之意。最後的 .jpg 就是副檔名。
這裡不能寫錯，否則圖片就無法正常顯現。

範例 I-10：何處是我家
本範例同樣是要先製作圖檔才行。但載入圖片的方式，則是回歸原始的逐一載入的編寫方法。本範例
共使用了 18 張圖片。

```
var photo = []; // 宣告變數 photo 為陣列
var p = 0; // 宣告變數並賦值為 0

function preload() { // 預先載入檔案的函式
   photo[0] = loadImage("bird-01.png"); // 載入圖片檔案
   ..........................................................................................
   photo[17] = loadImage("bird-18.png"); // 載入圖片檔案
}

function setup() {
 createCanvas(800, 600);
 background(0, 250, 250);
 frameRate(5);
}

function draw() {
 background(0, 250, 250);
 imageMode(CENTER); // 影像模式 ( 居中 )

 for(var i = 0; i <= 4; i++) { // 利用 for 迴圈處理
  var y = i*70; // 宣告變數 y 並代入 i*70
  noStroke(); // 無邊線
  fill(0, map(i, 0, 5, 250, 120), map(i, 0, 5, 255, 140)); // 填色 ( 利用映射函式 )
  beginShape();// 開始繪製形狀
  vertex(0, 200+y); // 頂點
  for(var q = 0; q <= width; q += 10) { // 利用 for 迴圈處理
```

```
    // 繪製群山的關鍵代碼在此。q 由 for 迴圈處理；y2 則由下一行決定。abs() 函式是取絕對值
    var y2 = 200+y-abs(sin(radians(q)+i))*cos(radians(i+q/2))*map(i, 0, 5, 100, 20);
    vertex(q, y2); // 頂點
  }
  vertex(width, height); // 頂點
  vertex(0, height); // 頂點
  endShape(CLOSE); // 結束繪製形狀（封閉）
 }
 image(photo[p], width/2, height/2); // 顯示圖片
 p = p+1; // 逐次遞增
 if(p > 17) p = 0; // 條件判斷
}
```

上列載入圖片的編程只留頭尾，中間全省略。而群山的繪製是由四個主要頂點來構成，關鍵的地方已經標註，不過還是需要冷靜思考，才能徹底理解。畢竟這部份在理解上確實是有點難度。不過可以先參閱或比對「範例 I-03：閃爍的星星」當中的代碼。

範例 I-11：到處亂竄的彩球

```
var num = 800; // 宣告變數 num
var t = 0.0; // 宣告變數 t 並賦值
var x = [num], y = [num]; // 宣告變數 x, y 為陣列
var xSpeed = [num], ySpeed = [num]; // 宣告變數 xSpeed, ySpeed 為陣列
var bSize = [num], bColor = [num]; // 宣告變數 bSize, bColor
var mask; // 宣告變數 mask

function preload() { // 預先載入檔案的專用函式
  mask = loadImage("Mask.png"); // 載入 Mask.png 圖片
}
```

```
function setup() {
  createCanvas(600, 600); // 畫布的大小
  frameRate(15); // 影格的播放速率
  colorMode(HSB, 360, 100, 100, 100); // 設定 HSB 色彩模式
  noStroke(); // 無邊線

  for(var i = 0; i < num; i++) { // 利用 for 迴圈來處理
    x[i] = random(width); //x 陣列以亂數來處理
    y[i] = random(height); //y 陣列以亂數來處理
    xSpeed[i] = random(-10, 10); //xSpeed 陣列以亂數來處理
    ySpeed[i] = random(-10, 10); //ySpeed 陣列以亂數來處理
    bSize[i] = random(5, 15); //bSize 陣列以亂數來處理
    //bColor 陣列也是以亂數來處理
    bColor[i] = color(random(360), random(80,100), random(80,100), 80);
  }
}


function draw() {
  background(0);
  t = t + 0.15; // 變數 t 逐次遞增 0.15
  blendMode(ADD); // 顏色混合模式 ( 加亮顏色 )
  image(mask, 0, 0, mask.width+sin(t)*30, mask.height+sin(t)*30); // 顯示圖片
  blendMode(DARKEST); // 顏色混合模式 ( 變暗 )

  for(var i = 0; i < num; i++) { // 利用 for 迴圈來處理
    fill(bColor[i]); // 使用陣列來填塗顏色
    ellipse(x[i], y[i], bSize[i], bSize[i]); // 利用陣列來畫圓
    x[i] += xSpeed[i]; //x 陣列的逐次遞增方式
    y[i] += ySpeed[i]; //y 陣列的逐次遞增方式

    if(x[i] > width || x[i] < 0) { // 條件判斷
      xSpeed[i] *= -1; // 逆轉方向
    }
    if(y[i] > height || y[i] < 0) { // 條件判斷
      ySpeed[i] *= -1; // 逆轉方向
    }
  }
}
```

189

本範例主要架構還是依循著 I-04 的編寫模式。當然利用了載入圖片作為遮色片的方法及一點點三角函數 (sin) 的概念。比較特別的應屬 blendMode(ADD) 與 blendMode(DARKEST)。這函式就是顏色混合模式，出現在小括號之內目前僅是其中的兩個。這個函式的功能，將會在後面的「影像處理」章節裡再詳加解說。

■ 陣列的增刪或記錄功能

這裡所謂「陣列的增刪與記錄」，是專指陣列的數量（或長度）增刪或記錄之意。只要透過 append() 與 shorten() 這兩個函式，就能達到陣列增刪或暫時記憶的目的。無論增加或刪減，其基本概念均是由陣列長度的最後開始執行起。或許僅靠文字的說明難以理解，還是看看範例吧！

範例 I-12：陣列數量（或長度）的增刪

本範例是以逐次單擊滑鼠按鈕來增加，藉著按下鍵盤的任何按鍵來刪減數量。實際操作就能夠瞭解。

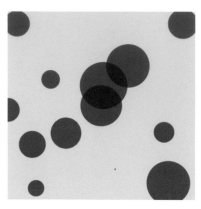

```
var x = [1]; // 圓的 x 座標陣列
var y = [1]; // 圓的 y 座標陣列
var eSize = [1]; // 圓的大小陣列
var speed = [1.5]; // 圓縮放的速度陣列
var minSize = 1.0; // 變數為圓大小的最小值
var maxSize = 100.0; // 變數為圓大小的最大值

function setup() {
  createCanvas(400, 400);
  noStroke();
  fill(0, 0, 255, 128); // 填塗藍色（有設透明度）

  x[0] = width/2; // 初始在正中央僅顯示一個
  y[0] = height/2;
  eSize[0] = minSize; // 設定圓的大小為最小值
}

function draw() {
  background(230);
  if (x.length > 0) { // 條件判斷
    for (var i = 0; i < x.length; i ++) { // 利用 for 迴圈處理
      eSize[i] += speed[i]; // 讓圓的大小逐次改變
      // 若圓的大小超過最大值或低於最小值、則改變方向
      if (eSize[i] > maxSize || eSize[i] < minSize) speed[i] = -speed[i];
      ellipse(x[i], y[i], eSize[i], eSize[i]); // 畫圓
```

```
   }
  }
}


function mousePressed() {
  // 設定滑鼠的座標、eSize、速度來增加陣列的要素
  x = append(x, mouseX); //append(x, mouseX) 是由最後端來增加
  y = append(y, mouseY); //append(y, mouseY) 是由最後端來增加
  eSize = append(eSize, random(1.0, 100.0)); // 增加大小由亂數來決定
  speed = append(speed, random(0.1, 2.0)); // 增加速度由亂數來決定
}


function keyPressed() {
  // 陣列的要素有限度的遞減,刪減到最後僅剩一個
  if (x.length > 1) { // 若 x.length > 1
   x = shorten(x); //shorten(x) 是由最後端來減少
   y = shorten(y); //shorten(y) 是由最後端來減少
   eSize = shorten(eSize); // 減少大小
   speed = shorten(speed); // 減少速度
  }
}
```

191

● **append ()** →可增加陣列數量 (或長度) 的函式。是從陣列最後的要素增加起。
● **shorten ()** →可刪減陣列數量 (或長度) 的函式。是從陣列最後的要素刪減起。

範例 I-13:陣列的暫時記錄功能

本範例是利用滑鼠拖移,當放開滑鼠按鈕後,隨即會沿著剛才移動的軌跡,來繪製連續的漸層彩球狀。
請留意拖移速度的快慢,會直接影響漸層彩球的大小與密度。

```
var x = []; // 圓的 x 座標陣列
var y = []; // 圓的 y 座標陣列
var eSize = []; // 圓的大小陣列
var count = 0; // 計數器是為了依序代入數值到陣列裡
```

```
var mouseFlag = false; // 判斷滑鼠是否被按下的布林變數

function setup() {
  createCanvas(400, 400);
  background(0);
  colorMode(HSB, 10); // 設定 HSB 色彩模式 ( 各屬性僅 10 階段 )
  noStroke();
}

function draw() {
  fill(frameCount%10, 8, 10, 8); // 依色相填塗 ( 有設透明度 )
  // 若陣列的數目大於 0、而且未按著滑鼠按鈕時就畫圓
  if (x.length > 0 && !mouseFlag) {
    ellipse(x[count], y[count], eSize[count], eSize[count]);
    count++; // 計數器逐次遞增
    if (count > x.length-1) count = 0; // 若計數器已達最後就重來
  }
}

function mousePressed() {
  background(0, 8);

  mouseFlag = true; // 當布林變數為真

  // 陣列的要素有限度的遞減，最終為空
  while(x.length > 0){ // 若 x.length 大於 0
    x = shorten(x); //shorten(x) 是由最尾端減少
    y = shorten(y); //shorten(y) 是由最尾端減少
    eSize = shorten(eSize); // 減少 eSize
  }
}

function mouseDragged() {
  // 記錄滑鼠的座標而增加陣列的要素
  x = append(x, mouseX); //append(x, mouseX) 是由最尾端增加
  y = append(y, mouseY); //append(y, mouseY) 是由最尾端增加
  // 將速度記錄設定成 eSize 為 10
  eSize = append(eSize, dist(mouseX, mouseY, pmouseX, pmouseY)*2);
}

function mouseReleased() {
  count = 0; // 計數器歸 0
  mouseFlag = false; // 將布林變數設為假
}
```

以上就是陣列數量 (或長度) 的增刪與暫時記錄功能。接著，探討一下二次元陣列，最後再來看看陣列的脫離與繼續的問題。

■ 二次元陣列 (2D Array)

陣列不僅只有一次元，其實也能夠多次元利用。不過目前可以看到的範例，還是侷限於二次元陣列居多。而二次元陣列的宣告方式，也跟 Processing 差異頗大。雖然表面看來結果都是兩個中括號 [ ][ ] 的組合，但宣告的順序則是完全不同，特別是陣列需要利用 for 迴圈來取值時，其宣告的規則更是不能不遵循。

var a = [ ]; // 這是前面已經說明過的，一次元宣告變數 a 並代入陣列之意。這一點完全沒變

當利用 for 迴圈依序分配處理各要素的索引值 (index)，通常我們都會這麼編寫：

for(var y = 0; y < a.length; y++) { // 利用 for 迴圈來處理陣列的各要素。這一點也完全沒變

此時，如果我們想要擁有二次元陣列的情況，就必須再次宣告一次的陣列。例如：

a[y] = [ ]; // 將已經是陣列的變數 a，再次宣告為陣列。此時就代表是要使用二次元陣列之意

接下來再次利用 for 迴圈來依序處理各要素的索引值 (index) 後，就可以光明正大使用 a [y] [x] 這個二次元陣列的表達方式了。或許過多的文字說明，恐怕還是不容易理解。就舉一個範例來看看吧！

範例 l-14：利用二次元陣列來表現動態的磁磚式圖案

本範例使用了兩種二次元陣列的表達方式。其一是上面說明的；另一種則是原本既有的直接表達方式。

	x0	x1	x2	x3	x4
y0	a[0][0]	a[0][1]	a[0][2]	a[0][3]	a[0][4]
y1	a[1][0]	a[1][1]	a[1][2]	a[1][3]	a[1][4]
y2	a[2][0]	a[2][1]	a[2][2]	a[2][3]	a[2][4]
y3	a[3][0]	a[3][1]	a[3][2]	a[3][3]	a[3][4]

圖 12-1：二次元陣列的概念示意

```
a[y][x]
    行 列

     x0  x1  x2  x3  x4
y0 [ [5.5, 2.5, 9.0, 7.2, 10.5],
y1   [3.5, 2.0, 5.0, 4.0, 10.0],
y2   [2.5, 12.0, 7.0, 3.0, 4.5],
y3   [5.2, 8.6, 6.0, 4.2, 12.4] ];
```

193

```
var eColor = [ ]; // 宣告變數 eColor 為陣列，第一個陣列用來控制 y 行的顏色
var speed = [[5.5, 2.5, 9.0, 7.2, 10.5], // 宣告變數 speed 為陣列並直接賦值
            [3.5, 2.0, 5.0, 4.0, 10.0], // 這範例總共是四行五列
            [2.5, 12.0, 7.0, 3.0, 4.5],
            [5.2, 8.6, 6.0, 4.2, 12.4]];

function setup() {
  createCanvas(400, 300);
  rectMode(CENTER);
  noStroke();

  for (var y = 0; y < 4; y++) { // 利用 for 迴圈處理
    eColor[y] = []; // 再次宣告 eColor[y] 為陣列，第二個陣列用來控制 x 列的顏色
    for (var x = 0; x < 5; x++) { // 利用 for 迴圈處理
      eColor[y][x] = 0; // 設定二次元陣列 eColor[y][x] 其初始值為黑
    }
```

```
  }
 }

function draw() {
 background(250); // 背景色

 for (var y = 0; y < 4; y ++) { // 利用 for 迴圈處理
  for (var x = 0; x < 5; x ++) { // 利用 for 迴圈處理
   eColor[y][x] += speed[y][x]; // 讓二次元陣列的顏色逐次遞增
   // 二次元陣列的顏色若超過最大值或低於最小值時，則改變速度
   if(eColor[y][x] > 255 || eColor[y][x] < 0)  speed[y][x] = -speed[y][x];

   fill(255, eColor[y][x], 10, 130); // 利用二次元陣列填色（有設透明度）
   rect(x*100, y*100, 100, 100); // 利用陣列繪製矩形

   fill(10, eColor[y][x], 255, 130); // 利用二次元陣列填色（有設透明度）
   ellipse(x*100, y*100, 100, 100); // 利用陣列繪製圓形

   fill(255, eColor[y][x], 10, 130); // 利用二次元陣列填色（有設透明度）
   ellipse(x*100+50, y*100+50, 100, 100); // 利用陣列繪製圓形
  }
 }
}
```

194

由本範例可以瞭解：通常二次元陣列還是需要配合利用雙重 for 迴圈來處理索引值的問題，所以二次元陣列的表述方式，更能明確標示出所指的對應位置。由上面二次元陣列的示意圖，就能理解其意涵。除了管理顏色之外，另一個二次元陣列是用來控制各磁磚圖形的速度快慢。

範例 I-15：二次元陣列的 3D 圖形
本範例雖已利用迄今尚未學習的 3D 圖形，對此若有興趣的讀者，可先行參閱「第 19 章 3D 電腦繪圖」，特別是 s-06、s-08 那兩個範例，這編程裡改用二次元陣列的編寫方式，其它的則基本上沒變。

```
var half = []; // 宣告變數 half 並代入陣列


function setup() {
  createCanvas(800, 400, WEBGL); // 明確標示使用 WEBGL 渲染 (renderer) 方式
}


function draw() {
  background(220); // 設定背景為淺灰色
  rotateY(radians(mouseX)); //Y 軸的旋轉是以滑鼠的 X 座標為基準
  rotateX(radians(mouseY)); //X 軸的旋轉是以滑鼠的 Y 座標為基準

  for(var y = -10; y < 10; y++) { //for 迴圈處理。Y 軸有 20 個
    half[y] = []; // 再次宣告 half[y] 為陣列
    for(var x = -12; x < 12; x++) { //for 迴圈處理。X 軸有 24 個
      half[y][x] = 0; // 設定二次元陣列 half[y][x] 的初始值為 0

      push(); // 暫存座標
      normalMaterial(); // 七彩的普通材質
      translate(x*40-half[y][x], y*20-half[y][x], 0); // 位移座標
      rotateY(millis()/1000.0+y*0.1); // 以 Y 軸為基準來旋轉 (millis 即毫秒 = 千分之一秒 )
      rotateX(millis()/1000.0+x*0.1); // 以 X 軸為基準來旋轉
      box(30, 10, 20); // 繪製 30x10x20px 的立方體
      pop(); // 恢復座標
    }
  }
}
```

■ 陣列的脫離 (break) 與繼續 (continue)

在「第 3 章 變數與迴圈」的最後,已經說明過的迴圈的脫離與繼續,我們趁此機會也使用在陣列的編程裡,看看會造成什麼效果。就根據本章最前面的 I-01 及 I-02 為例,分別修改測試如下。

範例 I-16:僅剩三個樣本的圖表

本範例因為設定陣列的第 4 個要素為條件,當執行到 [3] 之時,就脫離迴圈,所以只會畫出前三個樣本的圖表。

```
function setup() {
  createCanvas(400, 400);
  background(200, 100, 250); // 背景色

  var x = [342, 220, 88, 170, 280, 208]; // 陣列的中括號內直接輸入各要素的數值
  for(var i = 0; i < 6; i++) { // 利用 for 迴圈來處理陣列的各要素
    if(x[i] == 170) {
      print(i); // 印表出 i。控制台印表出 3
      break; // 脫離迴圈
    }
    fill(255); // 填塗白色
    rect(i*width/6, height-x[i], width/6, x[i]); // 利用陣列來繪製長條圖表
  }
  print("for 迴圈結束處理 ");
}
```

範例 I-17：略去一個樣本的圖表

這範例因為設定陣列的第 4 個要素為條件，所以僅略去迴圈的 [3] 的樣本，其它的則全部畫出。

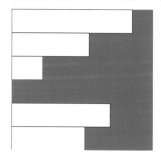

```
function setup() {
  createCanvas(400, 400);
  background(100, 150, 250); // 背景色

  var x = [342, 220, 88, 170, 280, 208]; // 陣列的中括號內直接輸入各要素的數值
  for(var i = 0; i < 6; i++) { // 利用 for 迴圈來處理陣列的各要素
    if(x[i] == 170) {
      continue; // 繼續
    }
    fill(255); // 填塗白色
    rect(0, i*height/x.length, x[i], height/x.length); // 利用陣列來繪製長條圖表
    print(i); // 印表出 i。控制台印表出 5
  }
  print("for 迴圈結束處理 ");
}
```

本章剛好開始於圖表也結束於圖表。下一章將針對「影像處理」進行解說。

第 13 章 影像處理

前面「第 5 章 文字與圖片」的後半，已經說明過圖片的載入與顯示等相關操作，而本章的影像處理，則是承繼前面的基礎，再往前延伸擴展其應用領域。在此區分成濾鏡特效與像素操作兩大項目來進行說明。

13-1 濾鏡 (filter) 特效

p5.js 提供了濾鏡函式，可以直接對載入的圖片施予各種類似 Photoshop 的效果。我們就從比較單純的濾鏡特效開始談起。

範例 m-01：遍覽八種濾鏡特效

原影像

負片效果 (INVERT)

臨界值 (THRESHOLD)

灰階化 (GRAY)

模糊化 (BLUR)

膨脹化 (DILATE)

收縮化 (ERODE)

色調分離 (POSTERIZE)

透明化 (OPAQUE)

197

```
var img; // 宣告變數 img
var copy; // 宣告變數 copy

function preload() {
  img = loadImage("sculpture.jpg"); // 載入影像
  //img = loadImage("sculpture-1.png"); // 載入影像
}
```

```
function setup() {
  createCanvas(img.width, img.height); // 設定跟影像同大小的畫布
  copy = img.get(); // 變數 copy 代入獲取原影像
}

function draw() {
  image(copy, 0, 0); // 顯示影像
}

function keyTyped() {
  copy = img.get(); // 變數 copy 代入獲取原影像所有顏色的資訊

  if (key == "0") { // 配合數字鍵施與濾鏡特效
    copy.filter(INVERT); // 負片效果
  } else if (key == "1") {
    copy.filter(THRESHOLD, 0.5); // 臨界值 ( 黑白兩階化 1.0~0.0 之間，預設值為 0.5)
  } else if (key == "2") {
    copy.filter(GRAY); // 灰階化
  } else if (key == "3") {
    copy.filter(BLUR, 3); // 模糊化 ( 數值越大越模糊 )
  } else if (key == "4") {
    copy.filter(DILATE); // 膨脹化 ( 增亮具有前進感 )
  } else if (key == "5") {
    copy.filter(ERODE); // 收縮化 ( 變暗具有後退感 )
  } else if (key == "6") {
    copy.filter(POSTERIZE, 3); // 色調分離 ( 引數是限制在 2~255 之間，數值小越明顯 )
  } else if (key == "7") {
    copy.filter(OPAQUE); // 透明化
  }
}
```

執行本範例的編程，需按下數字鍵的 0~7，才能顯示出所對應的八種濾鏡效果。可惜第八種濾鏡特效，在目前的條件下，無法正常顯現該有的透明化效果。你必須互調載入影像那兩行，已有雙斜線 // 的註釋才行。

● **filter ()** → 濾 鏡 特 效 函 式。總 共 有 INVERT、THRESHOLD、GRAY、BLUR、DILATE、ERODE、POSTERIZE 及 OPAQUE 八種。其中的 THRESHOLD、BLUR、POSTERIZE 等三種可再輸入引數。

■ 顏色混合模式 (blendMode)

要澈底完全理解這個項目的內容，確實是件很不容易的事情。由於有 14 個項目，實在很難區別出某些項目彼此間的差異所在。還好這是選項，當設定某個選項，憑直覺看看效果如何，不佳的就趕快更換，感覺不錯的，應當先記下來，爾後還有機會使用時，就會有印象。顏色混合模式的最佳利用方法，確實可能需要經驗。當然你若有使用 Photoshop 的實務，也可以在那裡先行測試效果，再移植到此應用。

● blendMode () →顏色混合模式。適用於所有的顏色設定 (包含背景色、文字、圖形所設定的顏色或是圖片或影像本身所具有的顏色)。共有 14 種選項可以設定。

範例 m-02：把玩十四種顏色混合模式

原影像 1

原影像 2(目標影像)

BLEND (NORMAL 正常預設值)

ADD(線性加亮)

BURN(加深顏色)

DARKEST(變暗)

DIFFERENCE(差異化)

DODGE(加亮顏色)

EXCLUSION(排除)

HARD_LIGHT(實光)

SOFT_LIGHT(柔光)

REPLACE(替換)

SCREEN(濾色)

LIGHTEST(變亮)

MULTIPLY(色彩增值)

OVERLAY(覆蓋)

199

```
var imgA; // 宣告變數 imgA
var imgB; // 宣告變數 imgB

function preload() { // 預先載入資料檔案的函式區塊
  imgA = loadImage("Penguins.jpg"); // 預先載入影像 A
  imgB = loadImage("RGB.png"); // 預先載入影像 B
}
```

```
function setup() {
  createCanvas(500, 500); // 設定畫布的大小 ( 同影像的大小 )
  background(imgA, 0, 0); // 顯示影像 A

  blendMode(BLEND); // 正常的預設值。( 計算公式：C = A*factor+B)
  //blendMode(ADD); // 線性加亮      ※factor 是原影像像素其不透明度的比例值
  //blendMode(BURN); // 加深顏色
  //blendMode(DARKEST); // 變暗。( 計算公式：C = min(A*factor,B))
  //blendMode(DIFFERENCE); // 差異化
  //blendMode(DODGE); // 加亮顏色
  //blendMode(EXCLUSION); // 排除
  //blendMode(HARD_LIGHT); // 實光
  //blendMode(SOFT_LIGHT); // 柔光
  //blendMode(REPLACE); // 替換 ( 原影像 B 其透明度已替換成白色，而且原影像 A 也消失不見了 )
  //blendMode(SCREEN); // 濾色
  //blendMode(LIGHTEST); // 變亮。( 計算公式：C = max(A*factor,B))
  //blendMode(MULTIPLY); // 色彩增值 ( 即乘算 )
  //blendMode(OVERLAY); // 覆蓋
  image(imgB, 0, 0); // 顯示影像 B
}
```

200

本範例固定原影像 A，僅對影像 B 採取逐一逐項測試的方式進行。讀者可自己對調雙斜線，即可瞭解它項顏色混合模式的效果。由實驗中可以看出：僅對 RGB 三個漸層色帶，施予顏色混合模式的處理條件下，某些項目其實很類似，例如 DARKEST 跟 MULTIPLY 很像；而 SCREEN 與 LIGHTEST 就很難分出差別。所以本項功能還是需要某些應用經驗的累積，才能有比較深入的理解。如果你對本項目有濃厚的研究興趣，可至下列這兩個網址，進行更細微的把玩與體驗。

https://infosmith.biz/scripts/036-blendModeExplorer/index.html

https://www.openprocessing.org/sketch/402961

再舉一個範例，來看看兩張影像分別施予不同的顏色混合模式，所獲得的遮色片的應用效果。同時也期望能跟「範例 i-11：到處亂竄的彩球」比對一下編程。

範例 m-03：遙望米勒的拾穗圖

本範例恰似拿著一副望遠鏡，遙望一張美術史上米勒的經典名作。

```
var img; // 宣告變數 img
var mask; // 宣告變數 mask
var t = 0.0; // 宣告變數 t 並賦值為 0.0

function setup() { // 亦可在 setup() 主函式內載入圖片
  createCanvas(640, 480);
  img = loadImage("millet.jpg"); // 載入米勒的名畫圖片
  mask = loadImage("mask-1.png"); // 載入當遮色片用的圖片
}

function draw() {
  background(0); // 背景色
  t = t+0.25; // 時間逐次遞增 0.25
  imageMode(CENTER); // 影像模式 ( 居中顯示 )
  blendMode(ADD); // 顏色混合模式 ( 加亮顏色 )
  // 顯示遮色片用的圖片 ( 雙圓之所以會晃動，是因 w、h 加上 sin() 三角函數的倍率
  image(mask, mouseX, mouseY, mask.width+sin(t)*5, mask.height+sin(t)*5);

  imageMode(CORNER); // 影像模式 ( 以左上角為基準 )
  blendMode(DARKEST); // 顏色混合模式 ( 變暗 )
  image(img, 0, 0); // 顯示米勒的名畫
}
```

201

這項顏色混合模式並非只能直接套用各函式的功能，其實若能查找出各項的計算公式，也可以利用編程手段，達到自己所想要的顏色混合效果。這就是下一個單元「像素操作」，所要探討的重點。實際上 p5.js 還有一個影像合成函式，功能上都跟上面的顏色混合模式一樣，僅差在原影像與目標影像都可以改變顯示的位置與寬高。

● blend () →影像合成函式。共有 10 個 (img, sx, sy, sw, sh, dx, dy, dw, dh, blendMode) 參數，img 是原影像的變數名稱；sx, sy, sw, sh 為原影像的 (x, y) 座標、sw, sh 為寬、高；dx, dy, dw, dh 為合成目標影像的 (x, y) 座標、sw, sh 為寬、高；最後的 blendMode 則是合成模式的名稱。

範例 m-04：企鵝與花朵

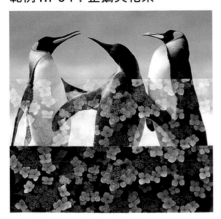

```
var img0; // 宣告變數 img0
var img1; // 宣告變數 img1

function preload() { // 預先載入檔案的函式
  img0 = loadImage('Penguins.jpg'); // 載入影像 0
  img1 = loadImage('Hydrangeas.jpg'); // 載入影像 1
}

function setup() {
  createCanvas(500, 500);
  background(img0); // 背景是影像 0
  image(img1, 0, 333); // 顯示影像
  blend(img1, 0, 0, 500, 333, 0, 167, 500, 333, SCREEN); // 濾色
}
```

使用 blend () 函式必須注意的是，原影像與目標影像尺寸最好一致。如果兩張影像尺寸不同，通常 p5.js 會自動將原影像改變成目標影像的大小。另外兩張影像的寬高若沒按照比例設定，就會造成照片壓扁或拉長的現象，請特別留意。由於這個函式的功能跟顏色混合模式完全一樣，所以範例也僅選用 14 種當中的一個。有興趣測試的讀者，可自行將最後的合成模式替換即可。

13-2 像素操作

「像素操作」絕對稱得上是「影像處理」的最核心。如果不能理解這裡所謂的「像素操作」原理，幾乎可以說就難以進行編程裡所談的「影像處理」。因此，還是讓我們從「像素操作」的基本函式開始談起吧！

● get() →獲取影像像素資訊的函式。若小括號 () 內設定 (x, y)，僅獲取一個像素的資訊；如設定 (x, y, w, h)，是表示獲取局部影像的像素資訊。若無設定引數時，則表示獲取影像所有像素的資訊。
● set(x, y, c) →設置影像像素資訊的函式。小括號 () 內的 (x, y)，是影像內的座標；c 則是由 color() 函式所設定的顏色。

範例 m-05：顏色拾取器 1（顯示查閱影像的顏色）
本範例需將滑鼠指標移到畫布上，主要是查閱影像內任何位置的顏色資訊，同時顯示在畫布的左上角。

```
var img; // 宣告變數 img

function setup() {
  createCanvas(640, 430); // 設定畫布跟影像同大小
  img = loadImage("Seurat.jpg"); // 載入影像
  noCursor(); // 不顯示滑鼠指標
}

function draw() {
}

function mouseMoved() {
  image(img, 0, 0); // 顯示影像

  var x = mouseX; //x 座標代入目前滑鼠 x 的座標
  var y = mouseY; //y 座標代入目前滑鼠 y 的座標
  var i = img.get(mouseX, mouseY); // 獲取滑鼠指標的顏色資訊

  stroke(255, 150); // 線條的顏色
  line(x, 0, x, height); // 在滑鼠座標位置顯示垂直線
  line(0, y, width, y); // 在滑鼠座標位置顯示水平線
  fill(i, i, i, i); // 將滑鼠指標所取得的顏色設定成填塗的顏色
  stroke(0); // 黑色邊線
  rect(20, 20, 50, 50); // 畫矩形
}
```

203

範例 m-06：顏色拾取器 2（顯示查閱影像的顏色）

本範例是查閱影像內任何位置的某個像素，除了將 R、G、B 三個色票顯示在畫布的左上方之外，同時也會將該數值顯示於色票之上。

```
var img; // 宣告變數 img
```

```
function setup() {
  createCanvas(640, 430); // 設定畫布跟影像同大小
  img = loadImage("Seurat.jpg"); // 載入影像
  noCursor(); // 不顯示滑鼠指標
}

function draw() {
  image(img, 0, 0); // 顯示影像
  noStroke();
  fill(0);
  rect(20, 20, 90, 30);

  var c = img.get(mouseX, mouseY); // 獲取滑鼠指標的顏色資訊

  fill(red(c), 0, 0); // 紅色數值
  rect(20, 20, 30, 30); // 畫矩形
  fill(0, green(c), 0); // 綠色數值
  rect(50, 20, 30, 30); // 畫矩形
  fill(0, 0, blue(c)); // 藍色數值
  rect(80, 20, 30, 30); // 畫矩形

  stroke(255, 150); // 白色線條
  line(mouseX, 0, mouseX, height); // 在滑鼠座標位置顯示垂直線
  line(0, mouseY, width, mouseY); // 在滑鼠座標位置顯示水平線
  fill(255); // 白色
  textSize(12); // 文字的大小
  text(red(c), 25, 40); // 顯示出 R( 紅 ) 的數值
  text(green(c), 55, 40); // 顯示出 G( 綠 ) 的數值
  text(blue(c), 85, 40); // 印表出 B( 藍 ) 的數值
}
```

● pixels[ ] →像素陣列。通常都跟 loadPixels() 函式搭配使用；必要時還需搭配 updatePixels() 函式。
○將整個畫布當成 1 次元的陣列，是用來表示所有像素的資訊。
○利用 pixels [y * width + x] 公式，即可取得每個 (x, y) 座標點的資訊。
○影像陣列的大小是像素數的四倍。上列的公式有時必須乘以 4，因為每一個像素都保存有 R、G、B、A 四個色版的個別數值。

例：19 = (y * w) + x
y = 2；x = 5

例：30 = (y * w) + x
y = 3；x = 6

圖 13-1：像素陣列的示意圖

○在寬 7 像素、高 4 像素的畫面上，就有 28 個像素點。就像上面左圖這樣，從 0 到 27 編號逐一分配。
  這都是跟 pixels 陣列的索引（編號）是一致的。用 pixels[19] 即可獲取點 (5, 2) 的資訊。此 19 這個
  數值，是用 2*7+5（y 座標 * 寬 +x 座標）公式取得。
○在寬 8 像素、高 5 像素的畫面上，就有 40 個像素點。就像上面右圖這樣，從 0 到 39 編號逐一分配。
  這都是跟 pixels 陣列的索引（編號）是一致的。用 pixels[30] 即可獲取點 (6, 3) 的資訊。此 30 這個
  數值，是用 3*8+6（y 座標 * 寬 +x 座標）公式取得。
○在寬 100 像素、高 100 像素的畫面上，就有 10,000 個像素點。在寬 640 像素、高 480 像素的畫面上，
  就有 307,200 個像素點。而能夠處理這麼龐大數量的色點資訊，正是 pixels[ ] 像素陣列。

● loadPixels() →載入像素資訊的函式。這函式主要是將影像的像素全收納到 pixels[ ] 像素陣列裡。
● updatePixels() →更新像素資訊的函式。若 pixels[ ] 的資料有連續改變時，則需利用這函式。

像素的顏色資訊：
若利用下列的這些函式，就能夠更細膩地去利用顏色。
● red() →紅色成份的數值。
● green() →綠色成份的數值。
● blue() →藍色成份的數值。
● hue () →色相的數值。
● saturation() →彩度的數值。
● brightness() →明度的數值。
● alpha() →透明度的數值。

205

範例 m-07：點描派畫風（由移動滑鼠來繪製）
執行本範例編程後，必須利用滑鼠在畫布上快速移動，才會產生圖形的效果。

```
var img; // 宣告變數 img

function setup() {
  createCanvas(900, 600); // 設定畫布跟影像同大小
  img = loadImage("Seurat-1.jpg"); // 載入影像
```

```
  noStroke(); // 無邊線
  background(255); // 白色背景
}


function draw() {
  img.loadPixels(); // 載入所有像素資訊至像素陣列
  c = img.get(mouseX, mouseY); // 獲取滑鼠指標的顏色資訊
  var x = constrain(mouseX, 0, img.width); // 限制函式 X 座標
  var y = constrain(mouseY, 0, img.height); // 限制函式 Y 座標


  fill(c); // 利用變數 c 填塗
  var d = random(6, 16); // 由亂數來決定大小
  ellipse(x, y, d, d); // 畫圓
}
```

範例 m-08：點描派畫風（利用亂數來決定）

本範例是由程式以亂數隨機方式來決定位置，雖然是可以自動繪製，但由於圓點的大小已改小，故需要較久的時間，才能看出圖形的效果。

```
var img; // 宣告變數 img

function setup() {
  createCanvas(900, 600); // 設定畫布跟影像同大小
  img = loadImage("Seurat-1.jpg"); // 載入影像
  background(255); // 白色背景
  noStroke(); // 無邊線
}

function draw() {
```

```
  img.loadPixels(); // 載入所有像素資訊至像素陣列
  var x = random(img.width); // 由亂數來決定 x 座標
  var y = random(img.height); // 由亂數來決定 y 座標
  c = img.get(x, y); // 獲取 x, y 座標的顏色資訊

  fill(c); // 利用變數 c 填塗
  var d = random(4, 12); // 由亂數來決定大小
  ellipse(x, y, d, d); // 畫圓
}
```

範例 m-09：影像的馬賽克效果
本範例能夠利用滑鼠拖拉移畫面，來改變每個馬賽克的大小。

```
var img; // 宣告變數 img
var mosaicW = 40; // 宣告變數 mosaicW 並代入 40
var mosaicH = 30; // 宣告變數 mosaicH 並代入 30

function preload() {
  img = loadImage("art-1.jpg"); // 載入影像
}

function setup() {
  createCanvas(img.width, img.height); // 設定跟影像同大小的畫布
  noStroke();
}

function draw() {
  background(0);
  image(img, 0, 0); // 顯示影像
```

```
img.loadPixels(); // 載入所有像素至像素陣列


for(var y = 0; y < height; y += mosaicH) { // 利用 for 迴圈處理
  for(var x = 0; x < width; x += mosaicW) { // 利用 for 迴圈處理


    var c = (pixels[y*width+x]*4); // 宣告變數 c 並代入像素陣列的公式
    c = img.get(x, y) // 再代入獲取 (x, y) 座標的像素值


    fill(c); // 填塗變數 c
    rect(x, y, mosaicW, mosaicH); // 繪製矩形
  }
 }
}


function mouseDragged() { // 滑鼠拖移事件函式
  mosaicW = mouseX/4 + 10; // 拖拉移動滑鼠顯示每個馬賽克的寬度
  mosaicH = mouseY/4 + 10; // 拖拉移動滑鼠顯示每個馬賽克的高度
}
```

範例 m-10：影像的拼貼效果

本範例同樣也能夠利用滑鼠拖拉移畫面，來改變每個拼貼的大小。

```
var img; // 宣告變數 img
var tileW = 40; // 宣告變數 mosaicW 並代入 40
var tileH = 30; // 宣告變數 mosaicH 並代入 30


function preload() { // 預先載入檔案的函式
  img = loadImage("art-1.jpg"); // 載入影像
}
```

```
function setup() {
  createCanvas(img.width, img.height); // 設定同影像大小的畫布
  background(0); // 黑色背景色
  noStroke(); // 無邊線
  image(img, 0, 0); // 顯示影像
  img.loadPixels(); // 將像素載入至像素陣列
}


function draw() {
  for(var y = 0; y < height; y += tileH) { // 利用 for 迴圈處理
    for(var x = 0; x < width; x += tileW) { // 利用 for 迴圈處理

      var c = (pixels[y * width + x]*4); // 宣告變數 c 並代入像素陣列的公式
      fill(red(c), green(c), blue(c)); // 填塗 RGB 的顏色
      image(img, x, y, tileW, tileH); // 重新顯示影像
    }
  }
}


function mouseDragged() { // 滑鼠拖移事件函式
  tileW = mouseX / 4 + 10; // 拖拉移動滑鼠顯示每個拼貼的寬度
  tileH = mouseY / 4 + 10; // 拖拉移動滑鼠顯示每個拼貼的高度
}
```

209

範例 m-11：影像的自我相似形

本範例跟前者最大的差異，雖然影像本身相同，但深淺、濃淡卻是有別，而以此構成自我相似的影像。

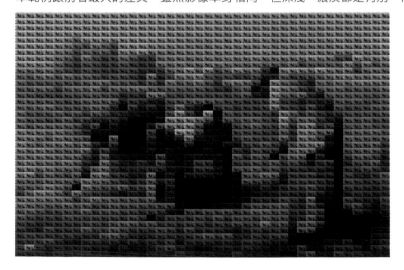

```
var img; // 宣告變數 img
var n = 40; // 宣告變數 n 並代入 40
```

```
function preload() { // 預先載入檔案的函式
  img = loadImage("art-1.jpg"); // 載入影像
}

function setup() {
  createCanvas(img.width, img.height); // 設定同影像大小的畫布
  noStroke(); // 無邊線
  image(img, 0, 0); // 顯示影像
  img.pixels [y*width+x]*4; // 宣告變數 c 並代入像素陣列的公式
  var self_w = img.width/n; // 宣告變數 self_w 並代入寬度 /40
  var self_h = img.height/n; // 宣告變數 self_h 並代入高度 /40

  for (var y = 0; y < img.height; y += self_h) { // 利用 for 迴圈處理
    for (var x = 0; x < img.width; x += self_w) { // 利用 for 迴圈處理
      var c = img.get(x, y); // 宣告變數 c 並代入獲取 (x, y) 座標的像素值
      tint(c); // 以變數 c 的像素值來改變色調
      image(img, x, y, self_w, self_h); // 重新顯示影像
    }
  }
}

function draw() {
}
```

範例 m-12：局部影像的畫點效果

本範例僅在一半的影像上，畫出藍色細點的效果。

```
var img; // 宣告變數 img

function preload() {
  img = loadImage("stadium.jpg"); // 載入影像
}

function setup() {
  createCanvas(img.width, img.height); // 設定同影像大小的畫布
  var c = color(0, 0, 255); // 宣告變數 c 並代入顏色函式

  for (var y = 0; y < img.height; y+=2) { // 利用 for 迴圈處理
    for (var x = 0; x < img.width/2; x+=2) { // 利用 for 迴圈處理
      img.set(x, y, c); // 設置函式
    }
  }
  img.updatePixels(); // 更新像素
  image(img, 0, 0); // 顯示影像
}

function draw() {
}
```

211

範例 m-13：局部影像的負片效果

本範例僅在一半的影像上，製作出負片的效果。

```
var img; // 宣告變數 img
```

```
function preload() {
  img = loadImage("stadium.jpg"); // 載入影像
}

function setup() {
  createCanvas(img.width, img.height); // 設定跟影像同大小的畫布

  img.loadPixels(); // 將像素值全部載入像素陣列
  var pixels = img.pixels; // 宣告變數 pixels 並代入影像像素

  for (var y = 0; y < img.height; y++) { // 利用 for 迴圈處理
    for (var x = 0; x < img.width/2; x++) { // 利用 for 迴圈處理
      var i = (y * img.width + x) * 4; // 添加像素陣列的計算公式
      pixels[i + 0] = 255 - pixels[i + 0]; // 反轉紅色
      pixels[i + 1] = 255 - pixels[i + 1]; // 反轉綠色
      pixels[i + 2] = 255 - pixels[i + 2]; // 反轉藍色
    }
  }
  img.updatePixels(); // 更新像素
  image(img, 0, 0); // 顯示影像
}

function draw() {
}
```

俗話說：學海無邊。僅此「像素操作」單元，就會讓人強烈感受，影像處理確實廣闊至極、高深莫測。這裡所舉的範例，也只是種類眾多到無法勝數的可能性當中，極為少數的幾個示例罷了。讀者千萬別因此誤以為「像素操作」不過就是如此而已。果真是這樣，那必定是被筆者誤導了，這絕非是個人的本意。

第 14 章 動態影像（使用 webcam 與影片）

上一章已經解說過「影像處理」，本章則繼續探討「動態影像」。這裡所謂的動態影像，實質上包含兩個領域，一個是即時的 webcam 攝影機部份；另一個則是事先已經儲存好檔案的影片部份。無論哪一種領域其處理方式還是大同小異。首先，就讓我們從 webcam 的動態影像開始談起。

14-1 利用 webcam 的動態影像

webcam 攝影鏡頭基本上都已經是筆記型電腦的標準配備，即使桌上型電腦也能透過自購外接式 webcam，就很容易連接上線，畫質與價格也相當平民化，理應不會造成實驗或研究這項領域的障礙才是。只是有了 webcam 還得注意所使用的瀏覽器的種類與版本的問題，雖然大概都是接插就能夠使用，但操作上未必都完全一樣。以 Windows 10 操作系統為例，使用 Google Chrome 的情況，基本上直接連接 USB 的 webcam 就能夠使用。但如果是在 Windows 7 操作系統，通常使用 p5.js 線上版，則是會先出現詢問允許的對話框，只要按下「允許」按鈕，即可攝取影像。或許利用不同的瀏覽器，或是不同的操作系統，可能出現詢問允許的外觀略有不同，但只要按下「允許」或「是」的按鈕，理應都能夠正常使用 webcam 才對。

圖 14-1：在 Chrome 瀏覽器使用 p5.js 線上版，而且是在 Win 7 操作系統的狀態下，若執行第 1 個範例時，可能會出現的對話框

■ 攝取影像的顯示與處理
範例 n-01：直接攝取鏡頭前的影像

```
function setup() {
 noCanvas(); // 無畫布
 var capture = createCapture(VIDEO); // 創建擷取（攝錄）
}
```

```
function draw() {

}
```

很簡單吧！幾乎只有一行代碼，就能搞定 webcam 攝取影像了。但當本範例下載 (File → Download) 解壓縮後，若要在瀏覽器執行 index.html 檔案時，就會出現前述詢問允許的對話框，同樣只要按下「允許」按鈕，即可攝取影像。沒錯，此時已經是網頁版的 webcam 即時攝取影像了。

圖 14-2：在 Chrome 瀏覽器，若要執行 index.html 檔案時，則會出現詢問允許使用相機的對話框

範例 n-02：利用滑鼠單擊來控制相機的攝取與停止

本範例僅是利用滑鼠操作控制相機攝取的進行與停止，故圖片省略。

```
var capture; // 宣告變數 capture
var capturing = true; // 宣告變數 capturing 為真

function setup() {
  createCanvas(640, 480); // 畫布的大小
  capture = createCapture(VIDEO); // 創建擷取 ( 攝錄 )
  capture.hide(); // 擷取隱藏
}

function draw() {
  image(capture, 0, 0, width, height); // 顯示擷取影像
}

function mouseClicked() { // 滑鼠單擊事件的函式
  if(capturing) // 變數 capturing
    capture.stop(); // 擷取若是停止
  else // 否則
    capture.play(); // 進行擷取
  capturing = !capturing; // 變數 capturing 代入非的狀態 ( 狀態的切換 )
}
```

本範例編程的重點，就在於滑鼠單擊事件的函式裡，這五行的編寫方式，相當於設定了滑鼠單擊的開與關。

範例 n-03：攝取影像的負片效果

```
var capture; // 宣告變數 capture

function setup() {
  createCanvas(640, 480);
  capture = createCapture(VIDEO); // 創建擷取（攝錄）
  capture.hide(); // 擷取隱藏
}

function draw() {
  image(capture, 0, 0, width, height); // 顯示影像於畫布
  filter(INVERT); // 濾鏡（負片）
}
```

215

本範例是直接套用前一章的濾鏡效果，INVERT、THRESHOLD、GRAY 三種均有效。但不可輸入引數。

範例 n-04：分割成四個相同影像的顯示畫面

```
function setup() {
  createCanvas(640, 480);
  capture = createCapture(VIDEO); // 創建擷取（攝錄）
  capture.hide(); // 擷取隱藏
}

function draw() {
  image(capture, 0, 0); // 顯示影像於畫布的左上
  image(capture, width/2, 0); // 顯示影像於畫布的右上
  image(capture, 0, height/2); // 顯示影像於的畫布左下
  image(capture, width/2, height/2); // 顯示影像於畫布的右下
}
```

範例 n-05：分割成 4*4 個畫面來顯示

```
var capture; // 宣告變數 capture
var d = 4; // 分割成 4*4 個畫面（即 16 個）

function setup() {
  createCanvas(640, 480);
  capture = createCapture(VIDEO); // 創建擷取（攝錄）
  capture.hide(); // 擷取隱藏
}

function draw() {
  for (var j = 0; j < d ; j++) { // 利用 for 迴圈處理
   for (var i = 0; i < d ; i++) { // 利用 for 迴圈處理
     image(capture, i*width/d, j*height/d); // 顯示影像
```

```
    }
  }
}
```

範例 n-06：鏡像與反像

```
var capture; // 宣告變數 capture

function setup() {
  createCanvas(640, 480);
  capture = createCapture(VIDEO); // 創建擷取 ( 攝錄 )
  capture.hide(); // 擷取隱藏
}

function draw() {
  push(); // 暫存座標
  scale(1, 1); // 縮放 (X, Y 均正 )
  image(capture, 0, 0, 320, 240); // 顯示影像於畫布的左上
  pop(); // 恢復座標
  push();// 暫存座標
  scale(-1, 1); // 縮放 (X 負 , Y 正 )
  image(capture, -width, 0, 320, 240); // 顯示影像於畫布的右上
  pop();// 恢復座標
  push();// 暫存座標
  scale(1, -1); // 縮放 (X 正 , Y 負 )
  image(capture, 0, -height, 320, 240); // 顯示影像於的畫布左下
  pop();// 恢復座標
  push(); // 暫存座標
```

```
    scale(-1, -1); // 縮放 (X, Y 均負 )
    image(capture, -width, -height, 320, 240); // 顯示影像於畫布的右下
    pop(); // 恢復座標
}
```

範例 n-07：攝取影像的旋轉

```
var capture; // 宣告變數 capture
var angle = 0.0; // 宣告變數 angle 並代入 0.0

function setup() {
  createCanvas(640, 480);
  capture = createCapture(VIDEO); // 創建擷取 ( 攝錄 )
  capture.hide(); // 擷取隱藏
}

function draw() {
  push(); // 暫存座標
  translate(width/2, height/2); // 將影像的基準點移動到畫面中心
  rotate(radians(angle)); // 旋轉 ( 角度變換成弧度 )
  image(capture, 0, 0, 320, 240); // 顯示影像 ( 縮小一半 )
  pop(); // 恢復座標

  angle += 0.25; // 角度逐次遞增 0.25
  if(angle > 360.0) angle = 0.0; // 條件判斷
}
```

範例 n-08：取得顏色資訊再重繪

```
var capture; // 宣告變數 capture

function setup() {
  createCanvas(640, 480);
  capture = createCapture(VIDEO); // 創建擷取（攝錄）
  capture.hide(); // 擷取隱藏
}

function draw() {
  background(0);
  capture.loadPixels();// 載入攝影機影像的 pixel 資訊
  //var pixels = capture.pixels;
  var d = 16; // 宣告變數 d( 圓的直徑 )

  // 由相機裡的影像，依照每個圓直徑的間隔，獲取顏色資訊，以此顏色來畫圓
  for(var y = d / 2 ; y < height ; y += d) { // 利用 for 迴圈處理
    for(var x = d / 2 ; x < width ; x += d) { // 利用 for 迴圈處理
      var c = capture.get(x, y) // 獲取像素顏色資訊
      fill(c); // 以像素顏色填塗
      ellipse(x, y, d, d); // 畫圓
    }
  }
}
```

● **createCapture()** →創建攝錄或聲音的函式。可指定 VIDEO 或 AUDIO。若未指定，則兩者均可。

● **createVideo(src)** →創建影片檔案的函式。引數 src 能以檔名或路徑名稱、或設定陣列 [ ] 亦可。

14-2 影片的利用

只要事先準備好影片檔案，例如 .webm 或、.mp4 或 .mov 等格式的影片，均可在 p5.js 線上版編輯器內秀出內容。播放的方式有好幾種，各種代碼也都非常簡單。

■ 影片的播放與處理
範例 n-09：直接播放影片

```
function setup() {
  noCanvas(); // 無畫布
  var video = createVideo("movie.webm"); // 創建影片
  video.play(); // 影片播放
}

function draw() {
}
```

跟 webcam 攝取影像同樣簡單，只要編寫一、兩個函式，就能讓影片正常播放。

範例 n-10：影片控制欄的顯示

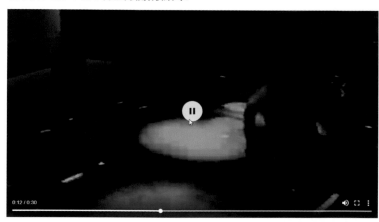

```
function setup() {
  noCanvas(); // 無畫布
  var video = createVideo("movie.webm"); // 創建影片
  video.play(); // 影片播放
  video.showControls(); // 顯示影片控制欄
}


function draw() {

}
```

跟 video 影片有關的函式，特別整理如下：

函式名	作用說明
play( )	播放影片
stop( )	停止 (下次再播放時，則從頭開始播放)
pause( )	暫停 (下次再播放時，則由暫停之處開始播放)
loop( )	循環播放設定為true (即循環播放)
noLoop( )	循環播放設定為false (即不循環播放)
autoplay( )	影片若已經準備就緒，則可設定成自動播放
volume(val)	指定音量(0.0～1.0)。若無設定引數，則以當前的音量為準
time(t)	使用引數(t)可由指定的時間開始播放
duration()	取得播放的時間(秒)
showControls( )	顯示播放、暫停等控制鈕
hideControls( )	隱藏播放、暫停等控制鈕

表 14-1：p5.js 所提供跟 video 有關的函式一覽表

221

範例 n-11：拖拉放影片

```
var media; // 宣告變數 media


function setup() {
  var canvas = createCanvas(640, 360);
  canvas.drop(getFile); // 拖拉放獲取影片
  background(220); // 淺灰背景
  text(" 請拖拉放入影像或影片檔案 ", 230, height/2);
  noLoop(); // 不循環
}
```

```
function draw() {
  if (media) { // 條件判斷
    image(media, 0, 0, width, height); // 顯示影像或影片
  }
}


function getFile(file) { // 獲取檔案的函式
  if (file.type == "video") { // 條件判斷。若是影片類型
    media = createVideo(file.data); // 創建影片
    media.play(); // 播放
    media.hide(); // 隱藏
    loop(); // 循環
  } else if (file.type == "image") { // 條件判斷。若是影像類型
    media = createImg(file.data); // 創建影像
    media.hide(); // 隱藏
    redraw(); // 重新啟動 draw 函式
  }
}
```

範例 n-12：播放負片的效果

```
var video; // 宣告變數 video

function setup() {
  createCanvas(640, 360);
  video = createVideo(["movie_01.webm", "movie_01.mp4"]); // 創建影片
  video.hide(); // 影片隱藏
  video.loop(); // 影片循環
}

function draw() {
  image(video, 0, 0, width, height); // 顯示影片
```

```
    filter(INVERT); // 濾鏡（負片）
}
```

這個範例同樣也是直接使用濾鏡（負片）的函式。以下為了凸顯利用編程方式，也能夠產生動態影像的負片播放效果，特別再列舉這個範例。這意味著如果 p5.js 已經提供有現成的函式可以使用，那當然直接利用會比較有效率，但若還沒提供現成的某些功能，那就得靠自己編寫代碼去創造了。反過來說，現有的濾鏡（負片）的函式，其實也就是將編寫好的程式，透過模組化而形成一個可以直接使用的函式罷了。由於跟上面範例的效果相同，故圖片就省略了。

範例 n-13：同樣是播放負片的效果

```
var video; // 宣告變數 video

function setup() {
  createCanvas(640, 320);
  video = createVideo("movie_01.webm"); // 創建影片
  video.hide(); // 影片隱藏
  video.loop(); // 循環播放
}


function draw() {
  video.loadPixels(); // 將影片所有像素載入 pixels 陣列
  var pixels = video.pixels; // 宣告變數 pixels 並代入影片像素
  for(var y = 0; y < video.height; y++) { // 利用 for 迴圈處理
   for(var x = 0; x < video.width; x++) { // 利用 for 迴圈處理
     var i = (y * video.width + x) * 4; // 添加像素陣列的計算公式
     pixels[i + 0] = 255 - pixels[i + 0]; // 反轉像素的 R 顏色
     pixels[i + 1] = 255 - pixels[i + 1]; // 反轉像素的 G 顏色
     pixels[i + 2] = 255 - pixels[i + 2]; // 反轉像素的 B 顏色
   }
  }
  video.updatePixels(); // 更新 pixels 陣列
  image(video, 0, 0, width, height); // 顯示影片
}
```

範例 n-14：視頻像素

這是直接引用自 p5.js 官網所提供的一個範例。網址在 https://p5js.org/zh-Hans/examples/dom-video-pixels.html。如果你是使用 p5.js 線上版，當然，也能夠直接從〈File〉清單，執行〈examples〉指令，再由「Open a Sketch」對話框內，選擇開啟〈Dom : Video Pixels〉檔案即可。表面看來，這兩種開啟範例的方法，檔案內的編程基本上也沒有什麼不同，但若使用前一個方法，還得事先下載視頻影片的準備工作。問題也出在你不知道「fingers.mov」或「fingers.webm」哪裡能下載。更重要的是，即使你已有該視頻影片，按照標準的操作程序，在 p5.js 線上版執行也未必能正常顯示。除非你是使用 p5js 線下版。因此，還是強烈建議讀者使用後一種開啟這個範例的方法。

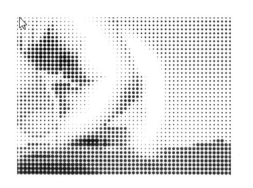 

```
/* 本範例請直接從〈File〉→〈examples〉指令，再由「Open a Sketch」對話框內，
   選擇開啟〈Dom : Video Pixels〉檔案來執行即可。 */

var fingers; // 宣告變數 fingers

function setup() {
  createCanvas(320, 240);  // 畫布的大小
  // 為不同的瀏覽器而指定多種格式
  fingers = createVideo(['assets/fingers.mov',
                         'assets/fingers.webm']);
  fingers.loop(); // 影片循環
  fingers.hide(); // 影片隱藏
  noStroke(); // 無邊線
  fill(0); // 填塗黑色
}


function draw() {
  background(255); // 背景為白色
  fingers.loadPixels(); // 載入影片的像素
  var stepSize = round(constrain(mouseX / 8, 6, 32)); // 宣告變數 stepSize 並代入四捨五入 ( 內含限制 ) 函式
  for (var y=0; y<height; y+=stepSize) { // 利用 for 迴圈處理
    for (var x=0; x<width; x+=stepSize) { // 利用 for 迴圈處理
      var i = y * width + x; // 宣告變數 i 並代入 y*width+x
      var darkness = (255 - fingers.pixels[i*4]) / 255; // 宣告變數 darkness 並代入計算公式
      var radius = stepSize * darkness; // 宣告變數 radius 並代入 stepSize*darkness
      ellipse(x, y, radius, radius); // 畫圓
    }
  }
}
```

本範例執行之後，當滑鼠指標移到左上角時，視頻上的圓點較小；若移到右下角時，則圓點的顯示較大。這就是本範例所要表現的重點。雖然 p5.js 在動態影片的操作上，特別是在不同瀏覽器來顯示網頁時，仍存有若干不太一致的因素問題，但動態影像絕對是一個非常值得去開發的處女地。只要願意投入一些心力，應當能夠創造出某些讓人感到驚艷的成果才是。

第 15 章 利用物件 (Object)

本章即將解說的是關於 JavaScript 的「物件 (Object)」。一般的程式語言都將這部份統稱為「物件導向程式設計 (OOP：Object-oriented programming)」。不過這個專業術語，卻讓人看了心生畏懼。所以才逐漸演化成比較可以接受的名詞來替代，例如「物件」或「類別 (Class)」等。既然章名已用物件不能免俗地，還是先給個定義。簡單地說，物件就是將先前已學習的變數與函式，組合在一起重新分門別類來產生新東西，它屬於不同編寫程式的方法而已。無論使用哪一種名詞、怎麼定義已經不那麼重要，最核心的焦點 ----「物件」是怎麼使用？用它又能做什麼呢？還是讓我們由實際的範例著手開始吧！

15-1 利用物件概念與方式來編寫程式

在此將採取逐步導入利用物件的概念，由此展開物件相關編寫方法與功能的解說。

■ 本章之前的編寫方式

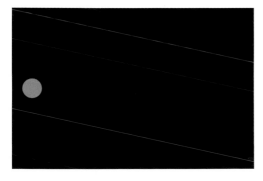

```
// 宣告變數 x, y, dia 並分別賦值
var x = 50 , y = 200, dia = 50;

function setup() {
  createCanvas(600, 400);
  background(0); // 設定背景為黑
}

function draw() {
  fill(30, 255, 128); // 填塗顏色
  ellipse(x, y, dia, dia); // 畫圓
}
```

範例 o-01：宣告變數為物件 (Object)
圖片同前，結果一樣。

```
var ball = { // 宣告變數 ball 為物件 {} 內詳列其屬性及數值
  x : 50, //x 座標：50 ( 使用冒號及逗號 )
```

```
  y : 200, //y 座標：200（使用冒號及逗號）
  dia : 50 // 直徑：50（使用冒號但最後一個不用逗號）
}; // 這裡通常是使用分號

function setup() {
  createCanvas(600, 400);
  background(0); // 設定背景為黑
}

function draw() {
  fill(30, 255, 128); // 注意下行的編寫方式（變數名 .x, .y, .dia)
  ellipse(ball.x, ball.y, ball.dia, ball.dia);
}
```

※ 變數的名稱跟之前一樣由自己命名，此時並無特定的關鍵字必用，其屬性 (property) 也是相同。

範例 o-02：可再增加各種屬性 (property)

```
var ball = { // 宣告變數 ball 為物件 {} 詳列各屬性並賦值
  x : 0, //x 座標 :0（使用冒號及逗號）
  y : 200, //y 座標 :200（使用冒號及逗號）
  dia : 50, // 直徑 :50（使用冒號及逗號）
  color : {r:30, g:255, b:128} // 顏色（物件屬性的寫法）
}; // 這裡通常是使用分號

function setup() {
  createCanvas(600, 400);
  background(0);
}

function draw() {
  noStroke(); // 這三行是圓移動的軌跡殘影
  fill(0, 8);
  rect(0, 0, width, height);
```

```
// 請注意下三行的編寫方式 ( 特別是使用變數名 . 屬性名 . 的方式 )
fill(ball.color.r, ball.color.g, ball.color.b);
ellipse(ball.x, ball.y, ball.dia, ball.dia);
ball.x = ball.x + 1; //ball.x 逐次遞增 1( 動畫用 )
}
```

這種編寫方式，隨時都可增加各種屬性。特別值得注意的是在 { } 之中，又增加物件屬性 { } 的不同寫法。

範例 o-03：隨著製作目的，屬性的增減可靈活應用

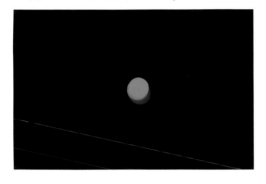

```
var ball = { // 宣告變數 ball 為物件並在 {} 之中詳列屬性及賦值
x : 300, //x 座標 :300
y : 200  //y 座標 :200
}; // 其實這個分號，並非硬性規定必使用。沒有也可以


function setup() {
  createCanvas(600, 400);
  background(0);
}


function draw() {
  noStroke(); // 這三行是圓移動的軌跡殘影
  fill(0, 8);
  rect(0, 0, width, height);

  // 在 ball 物件的座標位置畫圓
  fill(30, 255, 128);
  ellipse(ball.x, ball.y, 50, 50);
  // 物件的移動方法 ( 請注意本範例這裡已經改變 )
  ball.x = ball.x + random(-2, 2);
  ball.y = ball.y + random(-2, 2);
}
```

屬性的增減隨時均可更改，靈活性相當高。可依製作目的來調整，但必須遵守若使用物件的屬性時，一定要將變數名加上「.」，例如 circle.x 或 circle.y 就是。

範例 o-04：隨時可以增加獨立的移動或顯示方法 (method)

圖片同前，結果一樣。本範例主要是利用自定函式的方式，讓圓的移動或顯示方法獨立出來。

```
var ball = { // 宣告變數 ball 為物件
  x : 300, //x 座標 :300
  y : 200  //y 座標 :200
} // 這裡的分號已經省略。不影響執行的結果

function setup() {
  createCanvas(600, 400);
  background(0);
}

function draw() {
  move(2.0); // 移動的方法 ( 這相當於自定函式的方法 )
  display(); // 顯示的方法 ( 這相當於自定函式的方法 )
}

function display() { // 顯示用的函式
  noStroke(); // 這三行是圓移動的軌跡殘影
  fill(0, 8);
  rect(0, 0, width, height);

  fill(30, 255, 128);
  ellipse(ball.x, ball.y, 50, 50);
}

function move() { // 移動用的函式
  ball.x = ball.x + random(-2, 2);
  ball.y = ball.y + random(-2, 2);
}
```

範例 o-05：亦可將物件的移動或顯示方法編寫在 { } 之內

當然也能將物件的移動或顯示方法，全部都編寫在 { } 之內。只是寫在 { } 之內的函式，其編寫方式稍有不同，這一點必須留意。這也就是「第 11 章 介面配件」最後所提的無名函式。而出現在移動用的無名函式之內，已有 this.x 及 this.y 這個關鍵字。結果同前，故圖片省略。

```
var ball = { // 宣告變數 ball 為物件並詳列出屬性及方法
  x : 300, //x 座標 : 300
  y : 200, //y 座標 : 200

  display: function() { // 圓顯示的無名函式
    noStroke(); // 這三行是圓移動的軌跡
```

```
  fill(0, 8);
  rect(0, 0, width, height);

  fill(30, 255, 128);
  ellipse(ball.x, ball.y, 50, 50);
 },

 move: function(speed) { // 圓移動的無名函式
  this.x = this.x + random(-speed, speed); // 這個 this.x 是關鍵字
  this.y = this.y + random(-speed, speed); // 這個 this.y 是關鍵字
 }
}

function setup() {
 createCanvas(600, 400);
 background(0);
}

function draw() {
 ball.display(); // 呼叫（調用）顯示用函式
 ball.move(2.0); // 呼叫（調用）移動用函式（引數編寫在此）
}
```

229

以上都是把變數宣告為物件，並將屬性分門別類詳列在物件大括號 { } 之內的編寫方式。除了範例 o-03 是將移動、顯示方法編寫在 draw() 主函式之內；範例 o-04 則是將移動、顯示方法獨立出來之外，甚至範例 o-05 連移動、顯示方法都編寫在物件大括號 { } 之內。只要遵守既定的規則，什麼樣的編寫方式均可。

15-2 另一種物件概念的編寫方式 ---new

物件其實還有另一種完全不同的編寫方式。通常開頭是宣告變數名稱，跟一般變數相同。但 setup() 主函式的大括號內，要有 circle = new Ball (); 這一行。這個 new 是關鍵字，緊接著變數名，首字慣用大寫，表示產生新物件之意。更重要的是，在 draw() 主函式下，還必須編寫相互對應的自定 Ball () 函式才行。當中的 this 就是個關鍵字。一般在自定 Ball () 函式內所編寫的內容，統稱「構造函式 (constructor)」。

範例 o-06：以自定物件的構造函式，內含移動或顯示的方法
結果同前，圖片省略。這是完全不同於前面所述的方法，讓我們仔細瞧瞧實際的範例。

```
var ball; // 宣告變數 ball( 亦稱具體實體實例化 --Instance)

function setup() {
 createCanvas(600, 400);
 background(0);
```

```
  ball = new Ball(); // 產生新 ball 物件 ( 由自定的 Ball 物件函式產生 )
}

function draw() {
  ball.move(); // 呼叫 ( 調用 ) 移動用函式
  ball.display(); // 呼叫 ( 調用 ) 顯示用函式
}

function Ball() { // 自定 Ball 函式 ( 定義物件，即構造函式 )
  this.x = random(width); //x 座標參數的初始化
  this.y = random(height); //y 座標參數的初始化
  this.speed = random(3); // 速度參數的初始化

  this.move = function() { // 移動用的無名函式
    this.x = this.x + random(-this.speed, this.speed);
    this.y = this.y + random(-this.speed, this.speed);
  };

  this.display = function() { // 顯示用的無名函式
    noStroke(); // 這三行是圓移動的軌跡
    fill(0, 8);
    rect(0, 0, width, height);

    fill(30, 255, 128);
    ellipse(this.x, this.y, 50, 50);
  };
}
```

範例 o-07：自定物件的構造函式能隨時調整或修改

範例是在自定的物件 Ball () 函式小括號內增加三個引數，以便於控制 x, y 座標及圓的直徑。這是為了繪製更多個類似的圓，期望在畫布上同時移動的目的才這麼做。

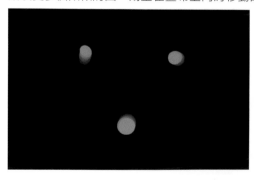

```
var ball1; // 宣告變數 ball1( 具體實例化 1)
var ball2; // 宣告變數 ball2( 具體實例化 2)
```

```
var ball3; // 宣告變數 ball3( 具體實例化 3)

function setup() {
  createCanvas(600, 400);
  background(0);
  ball1 = new Ball(width*0.33, height/3, 25); // 產生 ball1( 由 Ball 物件函式產生 )
  ball2 = new Ball(width*0.67, height/3, 30); // 產生 ball2( 由 Ball 物件函式產生 )
  ball3 = new Ball(width/2, 3*height/4, 40);  // 產生 ball3( 由 Ball 物件函式產生 )
}

function draw() {
  ball1.move(); // 呼叫（調用）ball1 的移動用函式
  ball2.move(); // 呼叫（調用）ball2 的移動用函式
  ball3.move(); // 呼叫（調用）ball3 的移動用函式
  ball1.display(); // 呼叫（調用）ball1 的顯示用函式
  ball2.display(); // 呼叫（調用）ball2 的顯示用函式
  ball3.display(); // 呼叫（調用）ball3 的顯示用函式
}

function Ball(_x, _y, dia) { // 自定 Ball 函式 ( 即定義物件的構造函式 )
  this.x = _x; //x 座標參數的初始化
  this.y = _y; //y 座標參數的初始化
  var speed = random(4); // 速度參數的初始化

  this.move = function() { // 移動用的無名函式
    this.x = this.x + random(-speed, speed);
    this.y = this.y + random(-speed, speed);
  };

  this.display = function() { // 顯示用的無名函式
    noStroke(); // 這三行是圓移動的軌跡
    fill(0, 5);
    rect(0, 0, width, height);

    fill(30, 255, 128);
    ellipse(this.x, this.y, dia, dia);
  };
}
```

範例 o-08：物件陣列 (array of objects)

若想要更多的圓，當然前面已經學過的陣列也可以導入到物件裡，產生所謂的物件陣列 (array of objects)。

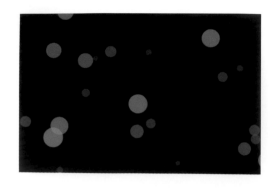

```
var num = 50; // 宣告變數 num 並賦值 50
var ball = [ ]; // 宣告變數 ball 為陣列

function setup() {
  createCanvas(600, 400);
  background(0);
  for(var i = 0; i < num; i++) { // 利用 for 迴圈處理
    var x = random(width); // 宣告變數 x 並代入亂數（寬）
    var y = random(height);// 宣告變數 y 並代入亂數（高）
    var d = i + 1; // 宣告變數 d 並代入 i + 1
    ball[i] = new Ball(x, y, d); // 產生 ball 陣列的新物件
  }
}

function draw() {
  //noStroke(); // 這三行是圓移動的軌跡殘留
  //fill(0, 8);
  //rect(0, 0, width, height);
  for (var i = 0; i < num; i++) { // 利用 for 迴圈處理
    ball[i].move(); // 呼叫（調用）ball 陣列的移動用函式
    ball[i].display(); // 呼叫（調用）ball 陣列的顯示用函式
  }
}

function Ball(_x, _y, dia) { // 自定 Ball 函式（即定義物件的構造函式）
  this.x = _x; //x 座標參數的初始化
  this.y = _y; //y 座標參數的初始化
  var speed = random(4); // 速度參數的初始化

  this.move = function() { // 移動用的無名函式
    this.x = this.x + random(-speed, speed);
    this.y = this.y + random(-speed, speed);
  };
```

```
  this.display = function() { // 顯示用的無名函式
    noStroke(); // 這三行留在此是各圓深淺的差別
    fill(0, 5);
    rect(0, 0, width, height);

    fill(30, 255, 128, 150); // 這裡多加透明度
    ellipse(this.x, this.y, dia, dia);
  };
}
```

本範例的編程當中，請特別注意：圓移動的軌跡殘留那三行。若為了擁有殘留效果，就必須將目前在 draw() 主函式之內，已註釋掉的那三行雙斜線刪除。相反地，在編程的最下方，顯示用無名函式之內的這三行則必須以雙斜線註釋掉。刻意留這三行在此，則是想讓物件的各圓擁有深淺差別的效果。

範例 o-09：讓各物件具有規律性的運動
物件的延伸發展到此，我們應當可以瞭解：想要有更多的不同效果，勢必要增加更多的變數來控制才行。本範例主要是修改了先前亂數移動的方法，讓各圓平均分配在水平方向的寬度之內，而垂直方向則是採用一定比例的速度運動。這裡同時也設定了折返回彈的條件判斷。

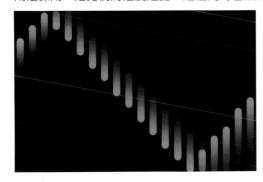

```
var num = 20; // 宣告變數 num 並賦值 20
var ball = [ ]; // 宣告變數 ball 為陣列

function setup() {
  createCanvas(600, 400);
  background(0);
  for(var i = 0; i < num; i++) { // 利用 for 迴圈處理
    var x = 15 + i * 30; // 宣告變數 x 並代入運算數值
    var y = this.y; // 在 y 座標加速度
    var rate = 2.0 + i * 0.1; // 宣告變數 rate 並代入運算數值
    ball[i] = new Ball(x, 10, 18, rate); // 依照引數產生 ball 陣列的新物件
  }
}

function draw() {
  noStroke(); // 這三行是圓移動的軌跡
```

```
  fill(0, 12);
  rect(0, 0, width, height);

  for (var i = 0; i < num; i++) { // 利用 for 迴圈處理
    ball[i].move(); // 呼叫（調用）ball 陣列的移動用函式
    ball[i].display(); // 呼叫（調用）ball 陣列的顯示用函式
  }
}


function Ball(_x, _y, dia, sp) { // 自定 Ball 函式（即定義物件的構造函式）
  this.x = _x; //x 座標參數的初始化
  this.y = _y; //y 座標參數的初始化
  this.speed = sp; // 速度參數的初始化
  this.direction = 1; // 方向（1 是向下、-1 是向上）

  this.move = function() { // 移動用的無名函式
    this.y += (this.speed * this.direction); //y 座標是逐次遞增速度乘以方向
    {
    if (this.y > (height-dia/2) || (this.y - dia/2) < 0) { // 條件判斷。彈回的處理
      this.direction *= -1; // 若接觸到邊緣時、則方向逆轉
      }
    }
  };

  this.display = function() { // 顯示用的無名函式
    fill(30, 255, 128);
    ellipse(this.x, this.y, dia, dia);
  };
}
```

234

範例 o-10：讓各物件更具複雜性的運動

本範例又回復到以亂數來決定 x, y 座標的位置，但各增加了 x, y 方向的速度及相關屬性的設定。同時又多添加一組若圓接觸到邊緣時，則方向逆轉、折返回彈的條件判斷。

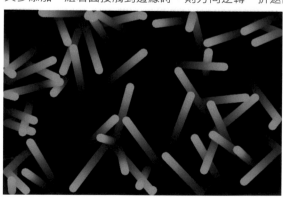

```
var num = 50; // 宣告變數 num 並賦值 50
var ball = [ ]; // 宣告變數 ball 為陣列

function setup() {
  createCanvas(600, 400);
  background(0);
  for(var i = 0; i < num; i++) { // 利用 for 迴圈處理
    var x = random(width); // 宣告變數 x 並代入亂數 ( 寬 )
    var y = random(height); // 宣告變數 y 並代入亂數 ( 高 )
    ball[i] = new Ball(x, y, 18, random(6)-3, random(6)-3); // 依照引數產生 ball 陣列的新物件
  }
}

function draw() {
  noStroke(); // 這三行是圓移動的軌跡
  fill(0, 10);
  rect(0, 0, width, height);

  for (var i = 0; i < num; i++) { // 利用 for 迴圈處理
    ball[i].move(); // 呼叫 ( 調用 )ball 陣列的移動用函式
    ball[i].display(); // 呼叫 ( 調用 )ball 陣列的顯示用函式
  }
}

// 自定 Ball 函式 ( 即定義物件的構造函式 )
function Ball(_x, _y, dia, spx, spy) {
  this.x = _x;  //x 座標參數的初始化
  this.y = _y; //y 座標參數的初始化
  this.speedX = spx; //x 速度參數的初始化
  this.speedY = spy; //y 速度參數的初始化
  this.move = function() { // 移動用的無名函式
    this.y += this.speedY; //y 座標是逐次遞增 speedY 的速度
    {
      // 彈回的處理
      if (this.y > (height-dia/2) || (this.y - dia/2) < 0) { // 條件判斷
        this.speedY *= -1; // 若接觸到邊緣時、則方向逆轉
      }
    }
    this.x += this.speedX; //x 座標逐次遞增 speedX
    {
      // 彈回的處理
      if (this.x > (width-dia/2) || (this.x - dia/2) < 0) { // 條件判斷
        this.speedX *= -1; // 若接觸到邊緣時、則方向逆轉
      }
```

235

```
  }
 };
 this.display = function() { // 顯示用的無名函式
  fill(30, 255, 128);
  ellipse(this.x, this.y, dia, dia);
 };
}
```

範例 o-11：快樂的水果們

本範例是另外宣告一個變數來代入 new 產生物件的方式，再採用經常看得到 push 函式的編寫方式。
順便藉此也介紹一下，利用多張圖片導入於物件陣列，使用滑鼠單擊來產生物件的模式。

```
var fruits = [ ]; // 宣告變數 fruits 為陣列
var img = [ ]; // 宣告變數 img 為陣列


function preload() { // 預先載入檔案的函式
 for(var i = 0; i < 4; i++) { // 利用 for 迴圈處理載入圖片
  img[i] = loadImage('images/fruit' + i + '.png'); // 依據檔案夾內的圖片編號
 }
}


function setup() {
 createCanvas(600, 400);
}


function mousePressed() { // 當按下滑鼠時的事件處理
 var r = floor(random(0, img.length)); // 宣告變數 r 並代入整數 (0 ～ 3)
 var f = new Fruit(mouseX, mouseY, img[r]); // 宣告變數 f 並代入 new 產生物件 ( 有三個引數 )
 fruits.push(f); // 使用 push 函式 ( 推出圖片 )
}


function draw() {
 background(220);
```

```
  for(var i = fruits.length - 1; i >= 0; i--) { // 利用 for 迴圈處理
    fruits[i].update(); // 呼叫（調用）陣列的更新方法
    fruits[i].display(); // 呼叫（調用）陣列的顯示方法
  }
}


function Fruit(x, y, img) { // 自定的構造函式
  this.x = x; //x 座標的初始設定
  this.y = y; //y 座標的初始設定
  this.img = img; // 圖片的初始設定

  this.display = function() { // 顯示用的無名函式
    imageMode(CENTER); // 影像的編排模式（中央）
    image(this.img, this.x, this.y); // 顯示圖片
  }

  this.update = function() { // 更新用的無名函式
    this.x = this.x + random(-2, 2); //x 座標逐次遞增亂數 (-2 ～ 2)
    this.y = this.y + random(-2, 2); //y 座標逐次遞增亂數 (-2 ～ 2)
  }
}
```

237

範例 o-12：五彩繽紛物件的編寫方式

本範例捨棄 new 產生物件的方式。為了創造五彩繽紛的顏色，完全採用 push 函式的方法。這物件陣列的數量（或長度）是由 frameCount %3 == 0 來決定；而圓球之所以能綿源不絕出現，則是藉著條件判斷裡的 ball[i].end() 與 ball.splice() 函式相關的設定。

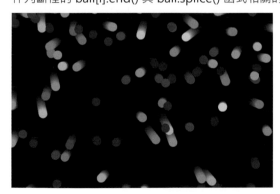

```
var ball = []; // 宣告變數 ball 為陣列

function setup() {
  createCanvas(600, 400);
  background(0);
  colorMode(HSB); // 設定 HSB 色彩模式
```

```
}

function draw() {
 noStroke(); // 這三行是圓移動的軌跡殘留
 fill(0, 0.1);
 rect(0, 0, width, height);

 if(frameCount % 3 == 0) { // 條件判斷。若計數器除以 3 取其餘數為 0 時
  // 則依 ball 陣列函式的引數推出圓球
  ball.push(Ball(random(width), -10, random(-2, 2), random(3)));
 }

 for(var i = ball.length - 1; i > 0; i--) { // 利用 for 迴圈處理
  ball[i].disp(); // 呼叫（調用）陣列的顯示函式
  ball[i].move(); // 呼叫（調用）陣列的移動函式
  if(ball[i].end()) { // 條件判斷（若陣列的結束函式）
   ball.splice(i, 1); // 則在 ball[i] 陣列函式插入 1 個新數值
  }
 }
}

function Ball(_x, _y, _xSpeed, _ySpeed) { // 自定的物件構造函式（有四個引數）
 var b = { // 物件的編寫方式，在 {} 之內詳列出屬性
  x: _x, //x: 座標
  y: _y, //y: 座標
  xSpeed: _xSpeed, //xSpeed: 的速度
  ySpeed: _ySpeed, //ySpeed: 的速度
  h: random(360), // 色相：亂數 (360)

  disp: function() { // 顯示用的無名函式
   noStroke(); // 無邊線
   fill(this.h, 100, 100); // 依這色相填塗
   ellipse(this.x, this.y, 20, 20); // 畫圓
  },
  move: function() { // 移動用的無名函式
   this.x += this.xSpeed; //this.x 逐次遞增 this.xSpeed
   this.y += this.ySpeed; //this.y 逐次遞增 this.ySpeed
  },
  end: function() { // 結束用的無名函式
   var e = false; // 宣告變數 e 代入假。下一行為條件判斷
   if(this.x > width+10 || this.x < 0 || this.y > height+10 || this.y < -10) {
    this.e = true; // 則 this.e 代入真
   }
   return this.e; // 返回 this.e 值
```

```
    }
  }
  return b; // 返回 b 值
}
```

範例 o-13：多采多姿物件的編寫方式

本範例已非上述 push 函式的方法，而是回復到一般 new 產生新物件的編寫方式。這裡僅讓物件充滿
多彩顏色及擁有重力及摩擦力，並且使各物件富有大小變化的編寫方式。

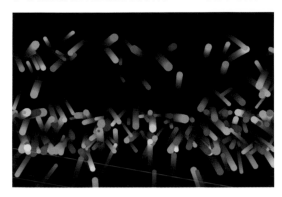

```
var num = 180; // 宣告變數 num 並賦值 180
var ball = [ ]; // 宣告變數 ball 為陣列

function setup() {
  createCanvas(600, 400);
  background(0);
  colorMode(HSB); // 設定 HSB 色彩模式

  for(var i = 0; i < num; i++) { // 利用 for 迴圈處理
    var x = random(width); // 宣告變數 x 並代入亂數（寬）
    var y = random(height); // 宣告變數 y 並代入亂數（高）
    ball[i] = new Ball(width/2, height/2); // 依照引數產生 Ball 陣列的新物件
  }
}

function draw() {
  noStroke(); // 這三行是圓球移動的軌跡
  fill(0, 0.1);
  rect(0, 0, width, height);

  for (var i = 0; i < num; i++) { // 利用 for 迴圈處理
    ball[i].move(); // 呼叫（調用）ball 陣列的移動用函式
    ball[i].display(); // 呼叫（調用）ball 陣列的顯示用函式
  }
```

```
}

function Ball(_x, _y) { // 自定的物件構造函式 ( 有兩個引數 )
 this.x = _x; //x 座標參數的初始化
 this.y = _y; //y 座標參數的初始化
 var xStep = random(-5, 5); //x 速度參數的初始化
 var yStep = random(-5, 5); //y 速度參數的初始化
 var dia = random(6, 20); //dia 參數的初始化
 var c = color(random(360), 80, 100); //c 參數的初始化
 var gravity = 0.03;  // 宣告 gravity( 重力 ) 變數並代入 0.03
 var friction = 0.998;  // 宣告 friction( 摩擦 ) 變數並代入 0.998

 this.move = function() { // 移動用的無名函式
  this.x += xStep; //x 座標是逐次遞增 xStep 的速度
  this.y += yStep; //y 座標是逐次遞增 yStep 的速度
  yStep += gravity; //yStep 逐次加 gravity
  xStep *= friction; //xStep 逐次乘 friction
  yStep *= friction; //yStep 逐次乘 friction

  if (this.x > width || this.x < 0) { // 條件判斷。彈回的處理
   xStep = xStep * -1; // 反轉 xStep 的方向
   c = color(random(360), 80, 100); // 顏色以亂數來表現
  }
  if (this.y > height || this.y < 0) { // 條件判斷。彈回的處理
   yStep = yStep * -1; // 反轉 yStep 的方向
   c = color(random(360), 80, 100); // 顏色以亂數來表現
  }
  this.x = constrain(this.x, 0, width); //x 座標限制在 0 到寬度之間
  this.y = constrain(this.y, 0, height); //y 座標限制在 0 到高度之間
 }
 this.display = function() { // 顯示用的無名函式
  noStroke();
  fill(c);
  ellipse(this.x, this.y, dia, dia);
 };
}
```

範例 o-14：將自定物件的構造函式以其它檔案來管理

若物件的功能越增越多、代碼越編越長，導致查找變得很困難時，其實是可以將原本僅一個編程拆分成數個檔案來管理。在此將以範例 o-13 為例，把自定物件的構造函式，另用一個檔案儲存來進行說明。就不以拆分數個檔案示範，因為 o-13 並非是很龐大又複雜的例子，對初學者而言，只要理解拆分檔案的方法即可，即使不拆分檔案，程式照樣可以執行。更何況在拆分多個檔案之後，還必須在「index.html」檔案裡，輸入該有的對應代碼才行。因此，初學者請勿為了拆分而拆分，徒增不必要的困擾。

步驟 1：如果你是初學者，建議先執行 < File → Duplicate > 指令，以複製檔案方式來練習會比較妥當。

步驟 2：在已經是複製「o-13：多彩多姿物件的編寫方式 copy」的狀態下，首先開啟「project-folder」後，執行 <Add file> 指令。這個步驟的操作跟之前上傳檔案資料時完全一樣。接著在「Add File」對話框上輸入帶有副檔名的檔案名稱。再單擊「Add File」按鈕。

步驟 3：然後將含 `function Ball(_x, _y) { // 自定物件的構造函式"` 這行以下到最後，整個區塊的代碼選取起來，再按鍵盤的《Ctrl + X》鍵剪下。

步驟 4：接下來，點選左邊的剛剛新增的「ball.js」檔名圖像，在代碼編輯區的狀態下，再按鍵盤的《Ctrl + V》鍵將整段代碼貼上。然後再點選「index.html」檔名圖像，輸入 < script src="ball.js" > </ script > 這整行代碼即可。最後，執行 < File → Save > 指令，將所有檔案全部儲存下來。

```
10    </head>
11    <body>
12      <script src="sketch.js"></script>
13      <script src="ball.js"></script>
14    </body>
15  </html>
```

步驟 5：必要時，執行 < File → Download> 指令，測試看看下載後的檔案能否在瀏覽器上正常連結顯示。本範例所執行結果，跟範例 o-13 一模一樣，故圖片省略。

第 16 章 聲音處理

跟其它的程式語言比較，p5.js 在聲音處理的功能上，絕對稱得上是強項。p5.sound 主要是利用 HTML5 的 Web Audio API。而 Web Audio API 就是 Web 瀏覽器為了處理或合成聲音，一種高功能的應用程式介面 (API：Application Programming Interface)。幾乎所有 Web 瀏覽器的最新版本，都支援 Web Audio API。而一般所謂的聲音處理，實際上存在著兩大區塊，一是由外部所輸入的聲音加工處理；二是由電腦本身所產生聲音的加工處理。因此，本章將區分成這兩個部份來進行解說。

16-1 外部聲音的利用與處理

外部的聲音包含既存聲音檔案的播放與控制，以及透過各種收錄設備 (含麥克風) 的擷取。必要時再進行各類聲音的解析，或是採用濾波器特效等。首先，就讓我們從最簡單的聲音檔案播放開始談起。

範例 p-01：一般聲音檔案的播放

一般的聲音檔案，例如音樂或特效聲音檔案的播放等。但必須事先準備有音樂或聲音的素材檔案，而且還得依照載入照片檔案時的方式，加入到 project-folder 之內。

```
var song; // 宣告變數 song

function preload() { // 預先載入檔案的函式
  song = loadSound("kelewin.mp3"); // 載入聲音檔案
}

function setup() {
  song.setVolume(0.5); // 設定音量為 0.5( 音量設定是 0.0 ~ 1.0 的數值 )
  song.play(); // 聲音播放
}
```

● loadSound () →載入聲音的函式。通常會搭配下兩個函式一起使用。
● setVolume () →設定音量的函式。音量設定是在 0.0(無聲) ~ 1.0(最大) 的數值。
● play () →播放聲音的函式。有五個參數 --- 開始的時間 (startTime)、播放速率 (rate)、音量 (amp)、選擇從第幾秒開始、以及播放到第幾秒等選項，可供更細微的設定。

範例 p-02：聲音播放的控制

前一個範例僅單純聲音檔案的播放，本範例則是顯示出「stop」、「pause」、「play」三個按鈕，必須單擊「play」鈕，才開始播放；播放中，若按「pause」鈕，則能暫停。暫停後，若再按「play」鈕，則會由剛才暫停處繼續播放。如果播放中，按下「stop」鈕，則是停止播放。

```
var song; // 宣告變數 song

function preload() { // 預先載入檔案的函式
```

243

```
  song = loadSound("kelewin.mp3"); // 載入聲音檔案
}


function setup() {
  noCanvas(); // 無畫布

  var stop = createButton("stop"); // 創建停止按鈕
  stop.size(50, 50);
  stop.mousePressed(function () {
    song.stop();
  });

  var pause = createButton("pause"); // 創建暫停按鈕
  pause.size(50, 50)
  pause.mousePressed(function () {
    song.pause();
  });

  var play = createButton("play"); // 創建播放按鈕
  play.size(50, 50);
  play.mousePressed(function () {
    if (! song.isPlaying()) {  // 若非播放中
    song.play();
    }
  });

  song.setVolume(0.5); // 設定音量為 0.5
}
```

244

本範例的代碼之中，最值得注意的是，if (! song.isPlaying()) 這一行。如果沒有這一行否定的條件判斷語句，播放中，每按一下「play」鈕，聲音就會連續重播，為了避免聲音重疊播放的現象，才特別添加此行。

■ 利用麥克風的聲音輸入
範例 p-03：簡易的音量顯示

```
var mic; // 宣告變數 mic

function setup() {
  createCanvas(300, 50);

  mic = new p5.AudioIn(); // 產生新的麥克風聲音輸入
```

```
  mic.start(); // 啟動麥克風
}

function draw() {
  background(220);
  // 宣告變數 vol 並代入由麥克風所取得的音量
  var vol = mic.getLevel();
  noStroke(); // 無邊線
  fill(255, 0, 0); // 填塗紅色
  // 宣告變數 v 並代入映射函式 ( 映射對象是音量，由原本的 0 ～ 1 對應到 0 ～ 寬 )
  var v = map(vol, 0, 1, 0, width);
  rect(0, 0, v, 50); // 繪製矩形
}
```

● **p5.AudioIn ()** →取得麥克風聲音輸入的函式。使用時需要前置 **new** 關鍵字。有「enabled」屬性，通常取得允許時會設定為 true。

範例 p-04：將麥克風的音量變換成圓的大小

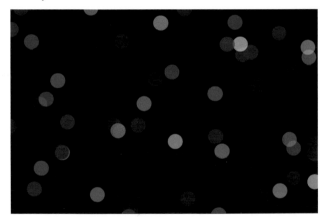

```
var mic; // 宣告變數 mic( 麥克風 )
var vol; // 宣告變數 vol( 音量 )

function setup() {
createCanvas(windowWidth, windowHeight); // 畫布是視窗的大小
noStroke(); // 無邊線
  mic = new p5.AudioIn(); // 產生新的麥克風聲音輸入
  mic.start(); // 啟動麥克風
}

function draw() {
background(0); // 黑色背景
vol = mic.getLevel(); // 代入麥克風所取得的音量
```

```
var v = map(vol, 0, 1, 0, 255); // 映射數值 (將 0 ~ 1 對應 0 ~ 255)

for(var i = 0; i < 100; i++) { // 利用 for 迴圈處理
  fill(random(255), random(255), random(255)); // 亂數顏色
  ellipse(random(width), random(height), v/3, v/3); // 畫圓
  }
}
```

範例 p-05：麥克風的錄音與播放

要透過麥克風來錄音與播放，除了前述的 AudioIn () 函式之外，還需利用 soundRecorder() 與 soundFile() 等相關函式的設定。

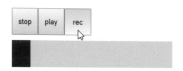

```
var mic, recorder, soundFile; // 宣告三個變數
var recorded = false; // 宣告變數管理是否錄音

function setup() {
  var cvs = createCanvas(300, 50);
  cvs.position(0, 60);
  background(220);

  var stop = createButton("stop"); // 停止按鈕
  stop.size(50, 50);
  stop.mousePressed(function () {
    if (recorded) { // 條件判斷 (若錄音的情況)
      recorder.stop();
      saveSound(soundFile, "mySound.wav"); // 儲存檔案
      recorded = false;
    } else { // 沒錄音的情況
      soundFile.stop();
    }
  });

  var play = createButton("play"); // 播放按鈕
  play.size(50, 50);
  play.mousePressed(function () {
    soundFile.play();
  });

  var pause = createButton("rec"); // 錄音按鈕
  pause.size(50, 50)
```

```
pause.mousePressed(function () {
  if (mic.enabled) { // 條件判斷（麥克風有效的情況）
    recorder.record(soundFile); // 開始錄音
    recorded = true;
  }
});

mic = new p5.AudioIn(); // 產生新的麥克風聲音輸入
mic.start(); // 啟動麥克風

recorder = new p5.SoundRecorder(); // 錄音的準備
recorder.setInput(mic);

soundFile = new p5.SoundFile(); // 儲存檔案的準備
}

function draw() {
  background(220);

  var vol = mic.getLevel(); // 由麥克風所取得的音量
  noStroke();
  fill(255, 0, 0),

  var v = map(vol, 0, 1, 0, width);
  rect(0, 0, v, 50);
}
```

247

錄音下來的檔案自動儲存於系統「下載」檔案夾之內，檔名就是 "mySound_test.wav"。當按下播放鈕，
就會自動連結到這個檔案，而播放剛才所錄下的聲音。

● p5.SoundRecorder ()　→為了儲存檔案與播放的錄音函式。預設是錄下所有聲音。若僅想錄下特
定的聲音時，就必須用 setInput() 函式來設定輸入物件。檔案格式為 wave。

函式名	作用說明
setInput( )	可設定要錄音的聲音物件。能選擇錄下 p5.sound 物件或是 Web Audio Node。若無引數時，則是錄下所有聲音物件。
record( )	開始錄音。為了能訪問錄音結果，通常第1個引數都會設定 soundFile。後面能以秒為單位，再設定錄音時間。最後可再設定錄音完畢時的回傳函式。
stop( )	停止錄音。若停止錄音，已錄下的資料，將會透過record() 函式的引數，傳遞給p5.soundFile物件。如果record()函式有設定回傳函式時，則會呼叫(調用)該回傳函式。

表 16-1：p5.SoundRecorder 所提供的相關函式

● saveSound ()　→將錄下的聲音儲存成檔案。執行此函式時，通常會顯示出對話框，可設定檔名與
儲存位置。

■ 聲音的解析

像前面的編程範例那樣，將麥克風傳來的聲音，以水平方向的音量表來顯示，就是一種聲音視覺化的表現。p5.sound 不僅只有前述的錄音、播放聲音這麼單純的功能而已，聲音可視化其實也是它最擅長的部份，甚至備有使用於更高度解析聲音，專業用的快速傅立葉變換（FFT：Fast Fourier Transform)。所謂的 FFT 是將聲音因時間變化所產生的訊號，變換成以頻率來表示的一種技術。原本是需要耗費大量時間才能完成的變換計算工作，拜電腦發展神速之賜，只要花點功夫很快就能夠達成。因此，FFT 廣泛地被利用於各種領域。以身邊的例子來說，像 mp3 的聲音壓縮、jpeg 的影像壓縮，甚至連手機的基本通訊技術也都會使用。

範例 p-06：顯示聲波

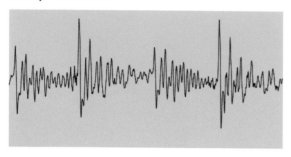

```
var mic; // 宣告變數 mic( 麥克風 )
var fft; // 宣告變數 FFT( 步驟 1)

function setup() {
  createCanvas(512, 256);
  noFill();

  mic = new p5.AudioIn(); // 產生新的麥克風聲音輸入
  mic.start(); // 啟動麥克風

  fft = new p5.FFT(); // 產生新的 p5.FFT ( 步驟 2)
  fft.setInput(mic); // 將 FFT 設定為麥克風輸入 ( 步驟 3)
}

function draw() {
  var x, y; // 宣告兩個變數 x, y

  var waveform = fft.waveform(); // 由 FFT 物件取出波形資料 ( 步驟 4)

  // 繪製所取出的波形資料
  background(220);
  beginShape(); // 開始畫形狀
  for(var i = 0; i < waveform.length; i++) { // 利用 for 迴圈處理
    x = map(i, 0, waveform.length, 0, width); // 映射函式
    y = map(waveform[i], -1.0, 1.0, height, 0); // 映射函式
```

```
    vertex(x, y); // 頂點
  }
  endShape(); // 結束畫形狀
}
```

本範例主要是透過麥克風輸入，例如對著麥克風說話或唱歌等，就會產生聲波圖形。註解中已經詳列出使用 FFT 所需要編寫四個步驟的代碼。如果想要看看聲音檔案的波形變化，後半段即 draw() 以下的編程同上，而前半段的編程就必須修改如下。附錄的檔名為：p-06-1：顯示聲波（聲音檔案）。

```
var song; // 宣告變數 song
var fft; // 宣告變數 fft( 步驟 1)


function preload() { // 預先載入檔案的函式
  song = loadSound("kelewin.mp3"); // 載入聲音檔案
}


function setup() {
  createCanvas(512, 256);
  noFill();


  fft = new p5.FFT(); // 產生新的 p5.FFT ( 步驟 2)
  fft.setInput(song); // 將 FFT 設定為聲音檔案輸入 ( 步驟 3)


  song.play(); // 聲音播放
}
```

範例 p-07：顯示波譜（頻率的成份）

本範例是只要對著麥克風講話或唱歌等，就會顯示出高高低低，類似 AI 所謂的長條形圖表。

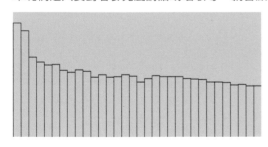

```
var mic; // 宣告變數 mic( 麥克風 )
var fft; // 宣告變數 fft( 步驟 1)

function setup() {
  createCanvas(512, 256);
  noFill();

  mic = new p5.AudioIn(); // 產生新的麥克風聲音輸入
```

```
fft = new p5.FFT(0.8, 32); // 產生新的 p5.FFT 物件 ( 步驟 2 ) ★
fft.setInput(mic); // 將 FFT 設定為麥克風輸入 ( 步驟 3 )

mic.start(); // 啟動麥克風
}

function draw() {
var x, y; // 宣告兩個變數 x, y

var spectrum = fft.analyze(); // 由 FFT 物件取出頻率成份 ( 步驟 4 ) ★

// 繪製所取出的頻率成份
background(220);
for (var i = 0; i < spectrum.length; i++) {
 x = map(i, 0, spectrum.length, 0, width);
 y = map(spectrum[i], 0, 255, 0, height);
 rect(x, height, width / spectrum.length, -y);
 }
}
```

本範例的編程跟上個範例最大差別，已用★號註記。主要有兩處，尤其是產生新的 p5.FFT 物件這一行，小括號設有兩個引數。第 1 個引數 0.8，是為了指定平順度。可設定的數值是介於 0.0 ～ 1.0 之間，數值越大，越可得平順的效果。預設是在 0.8。這是影響階調分布圖每次產生變化時的狀態。而第 2 個引數 32，則是設定波譜的分割數。能設定的數值是介於 16 ～ 1024 之間，但必須是 2 的 4 次方以上，亦即 16、32、64、256、512、1024。預設是最高的 1024。而本範例是 32。

另一個的差異處，則是變數 spectrum 代入 fft.analyze 函式的這一行。由 FFT 物件取出的波譜，其結果就是陣列，各成份的數值為 0 ～ 255。並且最後是以繪製長條形的階調分布圖來顯示。

● **p5.FFT ()** →採用聲音的高速傅立葉解析函式。使用時需前置 **new** 關鍵字，而且有兩個引數可設定。

函式名	作用說明
setInput( )	可設定要解析的聲音物件。能選擇解析 p5.sound 物件或是 Web Audio Node。若無引數時，則是解析所有聲音物件。
waveform( )	收納聲波資料的陣列。波形資料是介於-1.0～1.0的數值。有兩個引數可設定，第1個引數是分割數。若無指定時，則是以p5.FFT物件已設定的分割數解析。第2個引數precition是可更精確地設定。
analyze( )	收納波譜(頻率成份)資料的陣列。波形資料是介於0～255的數值。同樣有兩個引數可設定，第1個引數是分割數。若無指定時，則是以p5.FFT物件已設定的分割數來解析。第2個引數是scale，若設定dB則返回 -140～0分貝的小數點。若沒設定時，則是返回0～255的整數。能解析的波譜區域，就是人類可聽得到的範圍，即10Hz～22050Hz。
getEnergy( )	若使用這個函式時，事前必須先執行analyze()函式。同樣有兩個引數--即頻率1&2可設定。第1個引數是頻率1，所返回的是音量。若在頻率1設定「bass」、「lowMid」、「mid」、「highMid」、「treble」這類字串時，則是返回事先已設定音量。若頻率1&2都已設定時，則是返回其頻率範圍內的音量。
smooth( )	將FFT解析的結果平順化。可設定介於0.0～1.0之間的數值、數值越高越平順。預設為0.8。

表 16-2：p5.FFT 物件所提供的相關函式

範例 p-08：波譜的再變換

波譜並非僅能以靜態的長條矩形方式來顯示，利用一點巧思就能化腐朽為神奇。本範例則是改用動態的線條來呈現。本範例需使用麥克風來輸入聲音，才會有外圍黑底的線條表現。除此之外，更重要的是期欲藉此機會，順便介紹一下這類 createGraphics() 函式相關的功能。

```
var mic; // 宣告變數 mic( 麥克風 )
var fft; // 宣告變數 fft
var vol; // 宣告變數 vol( 音量 )
var img; // 宣告變數 img

function setup() {
  createCanvas(600, 600);
  background(0);

  mic = new p5.AudioIn(); // 產生新的麥克風聲音輸入
  mic.start(); // 啟動麥克風
img = createGraphics(300, 300); // 創建另外的繪圖範圍★
fft = new p5.FFT();// 產生新的 p5.FFT
}

function draw() {
  vol = mic.getLevel(); // 由麥克風所取得的音量
  var v = map(vol, 0, 1, 120, 600); // 利用映射函式
  noStroke(); // 無邊線（這三行是軌跡殘留）
  fill(0, 10); // 填塗黑色但設有透明度
  rect(0, 0, 600, 600); // 繪製同畫布大小的矩形
  strokeWeight(2); // 線寬
  colorMode(HSB, 128); // 設定 HSB 色彩模式
  stroke(frameCount%128, 128, 128); // 縮短色相的變化
  push(); // 暫存座標
```

```
        translate(width/2, height/2); // 位移原點座標
        rotate(radians(frameCount)); // 旋轉（變換成弧度）這裡亦可改成負
        line(0, 0, 0, v); // 畫線
        pop(); // 恢復座標

        img.noStroke(); // 無邊線（前三行是軌跡殘留）
        img.fill(255, 10); // 填塗黑色但設有透明度
        img.rect(0, 0, 300, 300); // 繪製同畫布大小的矩形
        img.strokeWeight(2); // 線寬
        img.colorMode(HSB, 255); // 設定 HSB 色彩模式
        img.stroke(frameCount%255, 255, 255); // 色相的變化
        img.push(); // 暫存座標
        img.translate(img.width/2, img.height/2); // 位移原點座標
        img.rotate(radians(frameCount)); // 旋轉（變換成弧度）
        img.line(0, 0, 0, v); // 畫線
        img.pop(); // 恢復座標

        imageMode(CENTER); // 影像編排模式（居中）
        image(img, width/2, height/2); // 顯示影像圖形
        var spectrum = fft.analyze(); // 由 FFT 物件取出波譜
}
```

252

本範例中首次出現 createGraphics() 函式，這是用來在畫布之內創建另外的畫布，以便於我們再繪製其它的圖形。幾乎所有繪圖相關函式的功能，都能夠使用，只是此類圖形 p5.js 全歸在影像就是，亦即想利用這類功能時，必須先宣告變數，而在這另外的畫布上所設定的函式，前面均要先冠上該變數名稱，並且最後要顯示此類圖形時，也要使用 image() 函式才行。

● createGraphics (w, h) →在既有的畫布上創建另外的畫布，以便於再繪製圖形。可設定寬高。

■ 使用濾波器 (Filter)

p5.sound 備有低通 (low pass)、高通 (high pass)、帶通 (band pass) 等三種濾波器 (filter)。顧名思義，低通濾波器是指僅容許比設定更低的頻率訊號通過；高通濾波器是指僅容許比設定更高的頻率訊號通過；而帶通濾波器專指僅容許在設定的兩個頻率區段間訊號通過之意。

範例 p-09：低通濾波器

本範例執行後，必須將滑鼠移到畫布內的長條圖圖表上，利用上下左右移動滑鼠才會顯現出該有的效果。由於一開始處於完全無聲，而且僅兩三條長條圖表上下擺動的狀態，別誤認是程式有問題。

```
var filter; // 宣告變數 filter
var song;   // 宣告變數 song
var fft;    // 宣告變數 fft

function preload() {
  song = loadSound("kelewin.mp3"); // 載入聲音檔案
}

function setup() {
  createCanvas(512, 320);
  fill(150, 100, 255);

  filter = new p5.LowPass(); // 產生低通濾波器的新物件

  song.disconnect(); // 聲音的斷開
  song.connect(filter); // 聲音的連接

  fft = new p5.FFT(0.8, 64); // 產生新的 FFT 物件
  filter.connect(fft); // 濾波器的連接

  song.loop(); // 循環播放
}

function draw() {
  var i, x, h; // 宣告三個變數

  // 藉由滑鼠的 X 座標使「截止頻率」產生變化
  var freq = map(mouseX, 0, width, 10, 22000);
  filter.freq(freq); // 設定濾波器的頻率
  // 藉著滑鼠的 Y 座標使「共振頻率」產生變化
  var res = map(mouseY, 0, height, 20, 0.1);
  filter.res(res); // 設定濾波器的共振

  // 繪製頻率的成份
  background(220);
  stroke(0);
  var spectrum = fft.analyze(); // 由 FFT 物件取出波譜
  for (i = 0; i < spectrum.length; i++) {
    x = map(i, 0, spectrum.length, 0, width);
    h = map(spectrum[i], 0, 255, 0, height);
    rect(x, height, width/spectrum.length, -h);
  }
}
```

當滑鼠指標越趨近圖表的最左邊，高音就越聽不到，而且圖表也就僅顯示最左邊的少數幾條。這是因為截止頻率 (cutoff frequency) 越低的關係；相反地，當滑鼠指標越往右移，截止頻率越高，就越接近原本音樂的聲音，而長條圖表也顯示比較多。

而且若是當滑鼠指標越往上移，越不像是原本音樂的聲音，似乎高音越聽得到。這是由於共振頻率 (resonance frequency) 已經提高的關係。當滑鼠指標越往下移，共振頻率就越少。將滑鼠指標擺放到上方，然後左右來回移動，就越能聽得到類似電子合成器所發出的「喵喵」聲。

範例 p-10：帶通濾波器

只要將低通濾波器的編程，修改下列兩行（第 13 行及第 31 行）的代碼，就會變成帶通濾波器。

```
filter = new p5.BandPass(); // 產生帶通濾波器的新物件
```

```
var res = map(mouseY, 0, height, 0, 10);
```

在帶通濾波器裡的 freq() 與 res() 函式，其意義是跟低通濾波器不同的。帶通濾波器的 freq() 函式，是用來設定使之通過頻率帶域的中心頻率；而 res() 函式則是用來設定使之通過頻率帶域的寬度。res() 函式的數值越大，則寬度就越窄。本範例在操作時，當滑鼠指標越往上移，由於通過帶通濾波器的頻率帶域越寬，所以會越接近原本音樂的聲音。相反地，當滑鼠指標越往下移，寬度就越窄，聲音也就越不清楚。而當滑鼠指標左右移動時，則只是改變通過頻率帶域的中心頻率。由於圖片顯示不出其差別，而且編程也僅上述兩行的修改，故兩者全都省略了。

● p5.Filter() →產生濾波器物件。小括號內可設定 "lowpass"、"highpass"、"bandpass"。預設是 "lowpass"。

為了能更簡單地使用濾波器，p5.sound 也準備了下列三個專用的函式。

● p5. LowPass() →產生低通濾波器物件。跟 p5.Filter("lowpass") 或 setType("owpass") 一樣。
● p5. HighPass() →產生高通濾波器物件。跟 p5.Filter("highpass") 或 setType("highpass") 一樣。
● p5. BandPass() →產生帶通濾波器物件。跟 p5.Filter("bandpass") 或 setType("bandpass") 一樣。

函式名	作用說明
process( )	第1個引數可設定要施加濾波器的聲音物件。後兩個引數則是freq及res，能分別設定執行處理。
set( )	前兩個引數就是freq及res，能分別設定執行處理。而第3個引數，則是用來設定經過幾秒後，此設定仍然有效。
freq( )	引數是設定濾波器的頻率。能夠設定的頻率，介於10Hz ~ 22050 Hz。之後的引數，同樣是用來設定經過幾秒後，此設定仍然有效。
res( )	lowpass/highpass時，是設定共振頻率。若是bandpass的情況，則是設定通過帶域的寬度。之後的引數，同樣是用來設定經過幾秒後，此設定仍然有效。
setType( )	設定濾波器的種類。可選lowpass、highpass、bandpass、lowshelf、highshelf、peaking、notch、allpass等。
amp(vol)	引數 vol 是設定輸出的音量。其後可再設定淡出的時間。之後的引數，同樣是用來設定經過幾秒後，此設定仍然有效。
connect(unit)	引數unit是用來設定濾波器輸出目標的聲音物件、或是Web Audio 物件。
disconnect( )	斷開所有與濾波器輸出目標物件的關聯。

表 16-3：p5.Filter 所提供的相關函式

16-2 電腦內部聲音的利用與處理

以上所敘述的聲音，均是來自既存的檔案或外在的麥克風，本節將完全拋開那些，單純從電腦或程式本身所發出聲音著手，看看此類聲音應當如何產生？又怎麼利用與處理呢？

■ 聲音的產生

其實 p5.sound 本身就可產生各式各樣的聲音。藉著 p5.Oscillator 物件，就能夠產生任意頻率的聲音。

範例 p-11：示波器 (Oscillator)

本範例是由電腦產生聲音，最基本的使用方法。當圓越往右邊移動，聲音的頻率就會越高。

```
var osc; // 宣告變數 osc
var freq = 20; // 宣告變數 freq 並代入 20


function setup() {
  createCanvas(700, 200);
  noStroke(); // 無邊線
  fill(50, 100, 250); // 填塗藍色

  osc = new p5.Oscillator(); // 產生新的示波器
  osc.start(); // 示波器開始
}


function draw() {
  osc.freq(freq); // 設定產生的頻率
  //freq 小於 15000，逐次遞增 10，返回 20( 即由 20 開始 )
  freq = freq < 15000 ? freq + 10 : 20;

  background(220); // 淺灰背景
  var x = map(freq, 10, 15000, 0, width); // 映射函式
  ellipse(x, height/2, 50, 50); // 畫圓
}
```

程式當中首見 "freq = freq < 15000 ? freq + 10：20;" 這樣的表達方式，有點類似 for 迴圈。意涵是 freq 逐次遞增 10，若 freq 大於 15000，則返回 20。注意其中的 ? 是不能省略的。

範例 p-12：波形的選擇

p5.js 這個 p5.Oscillator 物件，並非只是頻率，連產生波形的種類也能夠設定。範例中紅色是波形；黑色是頻率的成份。有四種波形可選。滑鼠左右移動是聲音頻率的變化；上下移動則是音量的變化。

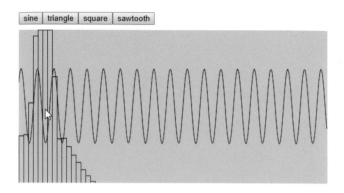

```
var osc; // 宣告變數 osc
var fft_spec, fft_wave; // 宣告兩個變數

function setup() {
  var cnv = createCanvas(512, 256);
  cnv.position(0, 30);
  noFill();

  osc = new p5.Oscillator(); // 產生新的示波器

  // 各種波形的切換按鈕
  var sin_osc = createButton('sine'); // 正弦波按鈕
  sin_osc.mousePressed(function () {
    osc.setType('sine');
  });
  var tri_osc = createButton('triangle'); // 三角波按鈕
  tri_osc.mousePressed(function () {
    osc.setType('triangle');
  });
  var squ_osc = createButton('square'); // 方波按鈕
  squ_osc.mousePressed(function () {
    osc.setType('square');
  });
  var saw_osc = createButton('sawtooth'); // 鋸齒波按鈕
  saw_osc.mousePressed(function () {
    osc.setType('sawtooth');
  });

  fft_spec = new p5.FFT(0.8, 64);  // 產生頻率解析用的 FFT 新物件
  fft_spec.setInput(osc);
  fft_wave = new p5.FFT(0.8, 512); // 產生波形解析用的 FFT 新物件
  fft_wave.setInput(osc);
```

```
  osc.start(); // 示波器開始
}

function draw() {
  var i, x, y, h; // 宣告四個變數

  // 藉由滑鼠的 X 座標使頻率產生變化
  var freq = map(mouseX, 0, width, 20, 20000);
  osc.freq(freq);

  // 藉由滑鼠的 Y 座標使音量產生變化
  var amp = map(mouseY, 0, height, 1, 0.01);
  osc.amp(amp);

  background(220);
  // 繪製波形
  var waveform = fft_wave.waveform(); // 宣告變數 waveform 並代入
  stroke(255, 0, 0);
  beginShape(); // 開始繪製形狀
  for (i = 0; i < waveform.length; i++) {
    x = map(i, 0, waveform.length, 0, width);   // 映射函式
    y = map(waveform[i], -1.0, 1.0, height, 0); // 映射函式
    vertex(x, y); // 各頂點
  }
  endShape(); // 結束繪製形狀

  // 繪製頻率的成份
  var spectrum = fft_spec.analyze(); // 宣告變數 spectrum 並代入
  stroke(0);
  for (i = 0; i < spectrum.length; i++) {
    x = map(i, 0, spectrum.length, 0, width); // 映射函式
    h = map(spectrum[i], 0, 255, 0, height);  // 映射函式
    rect(x, height, width/spectrum.length, -h); // 繪製矩形
  }
}
```

本範例的編程中，為了用波形與頻率的成份來改變分割數，所以各自分別產生 FFT 物件。再藉由滑鼠的 X 座標位置使頻率產生變化；同時也靠著滑鼠的 Y 座標位置，利用 amp() 函式，使從示波器輸出的音量產生變化。誠如範例所聽到的，p5.Oscillator 僅是發出單純聲音的物件。

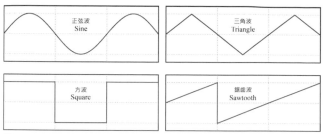

圖 16-1：波形的種類

● **p5.Oscillator()** → 可設定產生頻率的示波器。這只是基本音源。有上列四種波形可設定，預設是正弦波。

範例 p-13：聲音的合成

本範例雖然是使用兩個示波器的合成，但主要是「利用 Modulator 使 Carrier 變調」的方法。

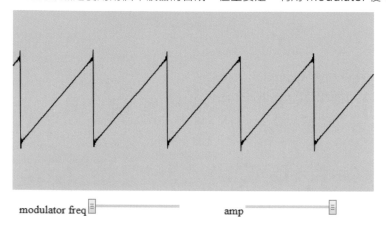

258

```
var carrier, modulator; // 宣告兩個變數
var fft; // 宣告變數 fft
var mod_freq_slider, mod_amp_slider; // 宣告兩個變數

var music = [57, 59, 61, 57, 57, 59, 61, 57,
             61, 62, 64, 0, 61, 62, 64, 0]; // 曲子的資料
var note = 0; // 宣告變數 note 並代入 0

function setup() {
  createCanvas(512, 256);
  noFill();

  // 調整參數用的滑桿
  mod_freq_div = createDiv('modulator freq'); //modulator freq 滑桿
  mod_freq_div.position(10, height + 10);
  mod_freq_slider = createSlider(0, 20, 0);
  mod_freq_div.child(mod_freq_slider);
```

```
mod_amp_div = createDiv('amp'); //amp 滑桿
mod_amp_div.position(300, height + 10);
mod_amp_slider = createSlider(-10, 10, 10);
mod_amp_div.child(mod_amp_slider);

carrier = new p5.Oscillator('sawtooth'); // 產生新的 Carrier 示波器
carrier.amp(0); // 音量為 0
carrier.freq(1); // 頻率為 1
carrier.start(); // 開始

modulator = new p5.Oscillator(); // 產生新的 Modulator 示波器
modulator.disconnect();
modulator.amp(0); // 音量為 0
modulator.freq(2); // 頻率為 2
modulator.start(); // 開始
// 用 modulator 使 carrier 變調
carrier.freq(modulator.mult(10).add(11));

fft = new p5.FFT(); // 產生新的 p5.FFT 物件
}

function draw() {
  var x, y, freq; // 宣告三個變數

  // 改變 modulator 的頻率
  var mod_freq = mod_freq_slider.value();
  modulator.freq(mod_freq);

  // 改變 modulator 輸出的大小
  var mod_amp = mod_amp_slider.value()/10;
  modulator.amp(mod_amp);

  // 演奏 music[] 陣列之中的音符
  if (frameCount % 30 == 0) {
    carrier.amp(0.8);
    if (music[note] > 0) {
      freq = midiToFreq(music[note]);
      carrier.freq(freq);
    } else {
      carrier.amp(0);
    }
    note = (note+1) % music.length;
  }
```

259

```
// 繪製輸出的波形
var wave = fft.waveform();
background(220);
beginShape();
for (var i = 0; i < wave.length; i++) {
 x = map(i, 0, wave.length, 0, width);
 y = map(wave[i], -1, 1, height, 0);
 vertex(x, y);
}
endShape();
}
```

本範例的編程有些複雜，似乎想要完全理解確實需要花點工夫。雖然已經盡力以註釋方式來說明，但這裡畢竟涉及相當專業的聲音處理概念與知識。必要時，還得參考相關的資料才行。Modulator 與 Carrier 的處理關係如下圖所示。

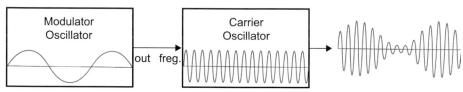

260

圖 16-2：Modulator 與 Carrier 的關係

範例 p-14：使聲音更細緻地改變

當然 p5.sound 的聲音處理功能，並非僅如上面的範例這麼單純而已，還備有能更加細緻來設定處理聲音的專業用 Envelope 功能。本範例是延續上面的編程，僅添加三處有★號標註的 Envelope 功能。

```
var carrier, modulator; // 宣告兩個變數
var fft; // 宣告變數 fft
var mod_freq_slider, mod_amp_slider; // 宣告兩個變數
var envelope; // 宣告變數 envelope ★

var music = [57, 59, 61, 57, 57, 59, 61, 57,
             61, 62, 64, 0, 61, 62, 64, 0]; // 曲子的資料
var note = 0; // 宣告變數 note 並代入 0

function setup() {
................................................................
// 用 modulator 使 carrier 變調
carrier.freq(modulator.mult(10).add(11));
//envelope 的設定
envelope = new p5.Env(0.01, 0.5, 0.0, 0.5, 1.0, 0.5, 0.2, 0.0); // ★
```

```
fft = new p5.FFT(); // 產生新的 p5.FFT 物件
}


function draw() {
var x, y, freq; // 宣告三個變數

......................................................................................................................

// 演奏 music[] 陣列之中的音符
if (frameCount % 30 == 0) {
 carrier.amp(0.2);
 if (music[note] > 0) {
  freq = midiToFreq(music[note]);
  carrier.freq(freq);
  envelope.play(carrier); //envelope 的播放適用 carrier 的音量 ★
 } else {
  carrier.amp(0);
 }
 note = (note+1) % music.length;
}


// 繪製輸出的波形
......................................................................................................................
```

注意以上所列的編程，已經大量縮減省略了。請聚焦有★號標註的三處即可。範例所增加的就是 Envelope 功能。依時間的進程來看，聲音不外可區分四個階段 (即 ADSR) 來處理。而 Envelope 就是專門用來處理這四個區段的時間問題，其概念與說明如下所列的圖表。

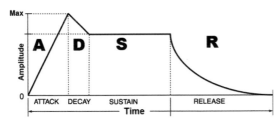

圖 16-3：Envelope 的示意圖

參數	說明
ATTACK	表示發出聲音後到達最大音量的時間(秒)。鋼琴、吉他或打擊樂器較短。
DECAY	表示從最大音量到SUSTAIN平均值的時間(秒)。
SUSTAIN	表示聲音的持續時間(秒)。像小提琴之類的樂器，發出聲音後持續有聲音到平靜的音量。吉他或打擊樂器通常設定0。
RELEASE	表示鬆開鍵盤等之後，一直到聲音消失的餘韻時間(秒)。

表 16-4：Envelope 的參數

261

第 1 個有★號標註的，只是宣告變數 envelope 而已。而第 2 個有★號標註的，才是真正 Envelope
功能的設定。最後 1 個有★號標註的，就是播放已經設定了 Envelope 功能處理過的聲音資訊。整個
Envelope 功能的核心就是這樣。聲音合成處理上，各物件的關係圖示如下所列。

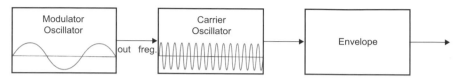

圖 16-4：聲音合成處理各物件的關係圖

● **p5.Env()** →設定產生施加 Envelope 效果的物件。通常是按 Time、Level，依據 ADSR 順序來設定
8 個引數。例如 aTime、aLevel、dTime、dLevel、sTime、sLevel、rTime、rLevel 設定。

本章就敘述到此。

第 17 章 DOM 處理

所謂 DOM，即 Document Object Model 的簡稱。這是為了操作 HTML 或 XML 文件的一種 API。亦即使用 DOM，就能夠利用 JavaScript 來讀取 Web 瀏覽器上的 HTML 資料，並加以改變。p5.js 正是利用 p5.dom.js 來處理 DOM。利用 p5.js 線上版的文本編輯器，因為早已搭載標準的 p5.dom.js，所以使用者根本可在毫無意識它是否存在的狀態下，即能輕鬆使用 DOM 相關的函式。本章將區分成 DOM 本身的功能與讀取或鏈結其它外部提供的服務這兩個部份，來進行比較有系統性的解說。

17-1 DOM 本身的功能

提到 DOM 本身的功能，本書的「第 5 章 文字與圖片」裡，利用 createImg 函式來顯示圖片 (p.78) 時，就曾說明過這跟在 index.html 使用 <img> 標籤，其意義與作用完全相同。「第 11 章 介面配件」中，介紹使用 createButton 與 createInput 函式時，也曾表達過這等同於在 index.html 使用 <button> 或 <input> 標籤。這些都是函式本身，使用了 DOM 的功能，而能在 HTML 內增加必要的標籤。除此之外，p5.js 還能夠處理 HTML 的 <div> 或 <a> 等基本的標籤。若使用這些功能，便可以不用在 HTML 所屬的 index.html 檔案上直接編寫，就能夠添加在 HTML 的作用了。

■ 附加 HTML 的元素
範例 q-01：創建 <div> 標籤
這個簡單的範例，特別是用來彰顯 createDiv(html) 函式的作用。截圖是放大 150% 的顯示效果。

```
function setup() {
  noCanvas(); // 無畫布。下一行則是創建 <div> 標籤。在 <strong> 與 </strong> 間的字串會加粗強調。
  createDiv("Hey Hey, My My, <strong>Rock and roll can never die.</strong>");
}

function draw() {

}
```

本範例等同於在 index.html 檔案之內，於 <body> 與 </body> 之間，插入 <div> 與 </div> 這組元素。

```
10    </head>
11    <body>
12      <div>
13        Hey Hey, My My, <strong>Rock and roll can never die.</strong>
14      </div>
15    </body>
16  </html>
```

並非是在 project-folder 的 index.html 檔案之內，自行輸入上述的那行代碼。而是當範例 q-01 執行後，如果想要確認 HTML 在 Web 瀏覽器之中，實際上所產生的作用究竟是怎麼一回事時，可以先下載 (Download) 再將 index.html 檔案拖拉至網頁顯示出來，然後在網頁視窗的右上方按著「⋮」圖像，

263

選擇「更多工具」內的「開發人員工具」指令（備註：這是使用 Windows 10 系統的狀態）。

如此，就會顯示出類似如下的頁面內容。請在中間上方點選「Elements」之後，再逐一點選各標籤朝右的小三角形，使之朝下而顯示各屬性的內容。這裡最重要的是，<body> 標籤底下，夾在 <div> 與 </div> 標籤之間，應當會顯現出原本在文本編輯區所輸入的屬性內容。確認後，點擊 index.html 右邊的 × 關閉即可。

圖 17-1：由「開發人員工具」來確認 HTML 實際改變的狀態

● **createDiv(html)** → 在 index.html 裡創建 <div> 與 </div> 這組標籤元素。所創建的 div 元素是 body 元素的子要素。可再使用 child() 或 parent() 函式，來變更與其它標籤的關係。

p5.Element 是管理所有的 HTML 元素最基本的物件。當然此物件不僅管理所有 HTML 元素而已，連本書開頭就出現的 createCanvas() 函式、上一章已介紹過的 createGraphics() 函式、之前就已提過的 createImg 函式都是透過 p5.Element 來處理。而 p5.dom.js 程式庫內的 createDiv() 函式，僅是創建 HTML 元素 ---<div> 標籤的一員。
類似處理 <div> 標籤這類泛用性頗高的元素，還有底下所列的這兩個函式。

● **createP(html)** → 在 index.html 裡創建 <p> 與 </p> 這組標籤元素。所創建的 p 元素是 body 元素的子元素。可再使用 child() 或 parent() 函式，來變更與其它標籤的關係。

● **createSpan(html)** → 在 index.html 裡創建 <span> 與 </ span > 這組標籤元素。所創建的 span 元素是 body 元素的子元素。可再用 child() 或 parent() 函式，來變更與其它標籤的關係。

上列的兩個分別是創建其個別標籤元素的專屬函式。其它例如 createImg、createGraphics 或

createVideo 等函式，如果跟定義在 HTML 的元素做個比較，這類專屬的創建函式顯然僅佔少數。因此，p5.Element 還準備了也能夠創建的泛用函式如下：

● createElement (tag) →可使用 tag 引數來創建元素。可再使用字串來表示是哪種元素的子元素。

■ 處理標籤的屬性
範例 q-02：附加屬性
上個範例僅是單純創建標籤，在 HTML 的標籤裡，若能附加 id 或 class 等屬性應當會更好。p5.dom.js 其實也備有附加這類屬性的函式。本範例不僅是創建標籤，同時還附加了幾個屬性。截圖是放大的狀態。

```
function setup() {
  noCanvas();
  var msg1 = createDiv(" 木心的俳句 "); // 宣告變數 msg1 並代入標籤內的字串
  msg1.style("color", "#ff0000"); // 附加 style 屬性


  var msg2 = createDiv(" 孤獨是神性 寂寞是自然 "); // 宣告變數 msg2 並代入標籤內的字串
  msg2.class("message"); // 指定 class
}


function draw() {

}
```

265

本範例的編程，因為新增 style，所以在 index.html 檔案的 head 部份 (<head> ~ </head> 之間)，請自行輸入下列的這行代碼。

```
<style> .message {font-size: 20pt;} </style>
```

範例是顯示兩行文字，在第 1 組 div 標籤元素所附加的是 style 屬性，該屬性的實際內容，是 "color", "#ff0000" 表示顏色是紅。接下來的第 2 組 div 標籤元素所附加的是名為 message 的 class 屬性，而 message class 的實質內容，就是剛剛輸入在 index.html 檔案的東西，這表示字體大小是 20pt 的樣式。

範例 q-03：增加屬性的泛用函式

```
function setup() {
  noCanvas();
  var msg1 = createDiv(" 因為喜歡樸素，所以喜歡華麗 ");
  msg1.style("color", "#ff0000"); // 附加 style 屬性

  var msg2 = createDiv("--- 木心的俳句 ");
  msg2.attribute("align", "right"); // 附加 align 的屬性

  var style = msg1.attribute("style"); // 宣告變數 style 並代入 msg1 的 style 屬性
  msg2.attribute("style", style); // 附加 style 屬性
}
```

本範例雖然替換了文字，但前面的幾行基本上同前一個範例。請聚焦後面有代碼的三行即可。第 7 行是將 align 屬性設定為 right，因此 "--- 木心的俳句 " 這行字就會靠在網頁的右邊顯示。第 9 行是 attribute() 函式另一種使用方法 --- 僅設定屬性名。這一行就是宣告套用第 4 行 msg1.style 的屬性值之意。因此，第 10 行就代表以該值作為 msg2 的 style 屬性。所以顏色全都是紅色。正如這樣，若使用 attribute() 函式，就能夠隨意取得某屬性的值、或隨意附加某個屬性了。

函式名	作用說明
style(prop, val)	以prop當style的屬性；用val當屬性之值來設定
attribute(attr, val)	以attr當屬性來設定；用val當屬性之值來設定
value(val)	若設定數值或字串時，即元素之值。若無設定時，即表示取得元素既有之值
show()	顯示元素。跟設定display：block相同
hide()	隱藏元素。跟設定display：none相同
size(w, h)	用w, h設定元素的大小。可用w或h的一邊當基準，再設定AUTO自動調整另一邊的大小。無設定時，即元素的大小
id(id)	用id指定字串來增加當作標籤的ID。跟 <tag id="..."> 相同
class(class)	用class指定字串來增加當作標籤的class
addClass(class)	用class指定字串來增加當作標籤的class
removeClass(class)	用class來指定class，從元素中刪除
position(x, y)	用x, y設定位置來編排物件。跟css設定position:absolute來指定座標相同。無引數時，則依物件原本的x, y座標
translate(x, y, z)	用x, y, z設定位置位移。若指定x, y就跟css設定transform：translate所指定的相同。可再設透視視點，預設1000px
rotate(x, y, z)	可用x, y, z來設定度數，依各軸分別旋轉

表 17-1：處理屬性的函式一覽表

■ HTML 的操作
範例 q-04：再附加元素或變更其屬性

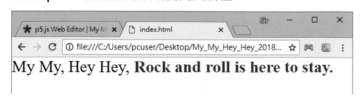

```
function setup() {
  noCanvas();
  var msg = createDiv(""); // 創建空白的 div 元素
```

266

```
msg.id("greeting"); // 以 greeting 當作標籤的 id

var mymy = createSpan("My My, Hey Hey, "); // 創建 span 元素
msg.child(mymy); // 設定 mymy 為 msg 的子元素

var roc = createSpan("<strong>Rock and roll is here to stay.</strong>"); // 創建 span 元素
roc.style("color", "#ff0000"); // 設定 color 屬性
roc.parent("greeting"); // 設定 msg 為 roc 的父元素
}
```

本範例跟本章第 1 個範例相似，但為了將整行字串改成兩色，所以把 "My My, Hey Hey, Rock and roll is here to stay. " 整個句子分成兩個 span 元素。第 4 行就是使用 id() 函式，將第 3 行所創建 <div> 標籤賦予 id 的屬性。這跟在 index.html 檔案上編寫 <div id=" greeting" > 這樣的代碼，其意義與作用是相同的。

其次第 6 行是宣告變數 mymy 並代入創建 span 元素，內容為 "My My, Hey Hey, "。而第 7 行則是使用 child() 函式，將剛創建的 span 元素，當成第 3 行所創建 div 元素的子元素。亦即在 <div> 與 </div> 之間，會夾入「<span> My My, Hey Hey, </span>」。第 9 行是宣告變數 roc 並代入另創建的一個 span 元素。其內容就是 "<strong>Rock and roll is here to stay.</strong>"。而 <strong> 與 </strong> 這個元素，前面已說明過有加粗強調的意思。第 10 行則是使用 style() 函式，將顏色設定為紅。第 11 行就是採用跟第 7 行相反的設定方法，這裡有認定 msg 為父元素之意。

這裡花了比較多篇幅來敘述代碼的意涵，主要目的就是凸顯兩種設定親子關係的方法。通常採用容易明瞭的其中一種設定方法即可。無論使用哪一種，其結果都是一樣。此外這裡還刻意要強調：元素設定方法的不同。第 7 行是設定使用元素物件的變數名；而第 11 行則是設定採用已冠上元素的 id 名。

那麼，這範例在 Web 瀏覽器之中，其 HTML 實際上所產生的作用，究竟又是怎麼一回事呢？不妨回到本章第 1 個範例的解說部份，參看一下如何確認 HTML 狀態內容的操作問題。

圖 17-2：由「開發人員工具」來確認 HTML 實際改變的狀態 (此為局部圖)

函式名	作用說明
remove( )	刪除物件
child(child)	用child引數將指定的元素設定成某物件的子元素
parent(parent)	用parent引數將指定的元素設定成某物件的父元素。可設定的引數包括ID、其它p5.Element物件、DOM Node等

表 17-2：可操作 HTML 結構，屬於 p5.Element 的函式

刪除元素還有另一個函式，如下所列。

● removeElements ( ) →可以刪除使用 p5.js 創建的所有元素。但 canvas 與 graphics 元素除外。

■ 設定畫布（繪圖範圍）在 HTML 上的顯示位置

在此附帶說明的是，利用 p5.js 所創建的畫布（繪圖範圍），應如何設定才能顯示在 HTML 之內，我們想要擺放位置的方法。正如前面已經表示過的，畫布是因為由 <canvas> 標籤來決定，所以在 HTML 裡編寫 <canvas> 標籤的地方，就等同於設定了配置畫布的顯示位置。

範例 q-05：利用 ID 來設定畫布的顯示位置

268

```
<!DOCTYPE html>
<html>
 //...........................中間省略
 <body>
  <h1> 以下是 p5.js 的執行結果 </h1>
  <div id="p5Sketch">
  <p>
  在這之下才是 p5.js 的畫布顯示位置（繪圖範圍）
  </p>
  </div>
  這是一個簡單利用 ellipse 函式來製作動畫之例
 </body>
</html>
```

不過這僅是在 index.html 檔案內，設定了 ID ("p5Sketch") 的名稱而已，還得在 sketch.js 檔案裡，編寫如下所示相互對應的代碼才行。

```
var x = 0, t = 0;

function setup() {
 var canvas = createCanvas(400, 200); // 宣告變數 canvas 並代入創建畫布的大小
 canvas.parent("p5Sketch"); // 輸入 id 作為引數。將畫布設定為父元素
```

```
}

function draw() {
  background(220);
  ellipse(-185*cos(t)+200, 100, 30, 30);
  x++;
  t += 0.01;
}
```

這裡主要是宣告一個變數 canvas，再代入創建畫布的大小，然後將剛才已經命名的 ID，輸入到 parent() 函式的小括號內當成引數。parent() 函式因為擁有依引數的 ID，設定成父元素的功能。這就是利用 DOM 的操作來改變畫布顯示位置的方法。但請留意：index.html 檔案裡，原本在 <body> 與 </body> 的 <script src="sketch.js"></script> 那一行代碼，則須位移至上方才可。

範例 q-06：HTML 元素動態的操作

本範例是將網頁上元素的內容，依序逐一顯示出來。這是屬於動態的表現方式。截圖是放大 150% 的狀態。

269

```
var titles; // 宣告變數 titles
var no, mo; // 宣告兩個變數

function setup() {
  noCanvas();
  createDiv(" 木心說 ").class("title").hide(); // 創建 div 元素，附加 class、隱藏屬性
  createDiv(" 生活是什麼呢 ").class("title").hide();
  createDiv(" 生活是這樣的 ").class("title").hide();
  createDiv(" 有些事情還沒有做 ").class("title").hide();
  createDiv(" 一定要做的 ...").class("title").hide();
  createDiv(" 另有些事做了 ").class("title").hide();
  createDiv(" 沒有做好 ").class("title").hide();
  createDiv(" 生命是什麼呢 ").class("title").hide();
  createDiv(" 生命是時時刻刻 ").class("title").hide();
  createDiv(" 不知如何是好 ").class("title").hide();

  titles = selectAll(".title"); // 選擇已設定 class 元素的所有全部
  no = 0; //no 代入 0
  mo = 0; //mo 代入 0
```

```
    frameRate(0.6); // 影格播放速率設定
}

function draw() {
    titles[mo].hide(); // 隱藏元素
    titles[no].show();  // 顯示元素
    mo = no; // 將 no 代入 mo
    no = (no + 1) % titles.length; // 除後取其餘數
}
```

本範例的編程，前兩行僅宣告變數 (共 3 個)。第 6 行首度出現「createDiv(" 木心說 ").class("title").hide();」這種縮寫方式。整行是創建 div 元素、附加 class 屬性、用 hide() 函式附加隱藏屬性。這相當於把下列三行的代碼，濃縮改成一行的編寫方法。

```
var div1 = createDiv(" 木心說 ");
div1.class("title");
div1. hide();
```

這種濃縮改寫成一行的方式，並非經常適用於所有的情況。而是恰好 createDiv() 與 class() 這兩個函式，都是回傳值給 p5.Element 物件，而且當 class() 函式回傳值給 p5.Element 物件時，才又適用 hide() 函式。這裡總共有 10 行都是同樣的情況。

其次，變數 titles 所代入的是 selectAll() 函式，而此函式小括號內的引數，已設定為 ".title"，意味著選擇所有已冠上 .title、擁有同樣 class 屬性的全部元素。將 selectAll 所取得的結果轉化為 p5.Element 物件陣列。由於引數 title 名稱前有個「.」(點符號)，就代表是 class 名稱，而非標籤名。無點時才會是標籤名。10 行都是相同的情況。因此，若改成下列的編寫方式，也會得到同樣的結果。

```
titles = selectAll("div");
```

接下來的兩行，是為了在 draw() 主函式內操作 titles 陣列，則必須事先將變數代入 0，亦即統稱的初始化工作。下一行則是影格的播放速率，刻意改成 0.6，就是希望不要播放太快，而造成閱讀上的困難。本範例的編程到此階段，因為都設定為隱藏，所以在 setup() 主函式之內，什麼東西也不會出現。接下來就是 draw() 主函式內的重要工作，有代碼的這四行，是這個範例中，文字之所以能夠逐一顯示的核心所在。一個隱藏被另一個顯示代入，而顯示的是逐次遞增 1，又除以陣列的長度總數取其餘數，才會有周而復始的顯示效果。像這樣使用 p5.js 的 DOM 函式，就能夠將 HTML 的元素操作成具有動態顯示的效果了。

● **selectAll (name)** →可使用 name 引數來取得標籤名，或是具有同樣 class 名等全部所有的元素。

● **select (name)** →可使用 name 引數來取得標籤名、ID 名或是具有同樣 class 名等其中之一的元素。若選取數個具有一致性名稱時，則會返回最初的狀態。

17-2 讀取或鏈結其它外部提供的服務

一提到讀取或鏈結其它外部提供的服務，馬上會讓人聯想到 Google Map API，這是把其它外部所提供的服務，亦即透過程式將 Google Map 鏈結到自身網頁的一種應用功能。但本單元並非僅限於說明如何在網路上取得 APIs。而是採取比較廣義的解釋，以便於將其它應用程式所取得的資料，也納入在這個單元來進行解說。換句話說，從單純簡易的表格資料讀取，到龐大複雜的網站資料鏈結，都是本單元所要探討的重點。

範例 q-07：將表格的資料視覺化
本範例主要是瞭解如何讀取表格的資料，並將這些資料以可視化的元素重新展現出來。

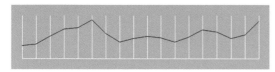

```
var x, y, file; // 宣告三個變數
var SVs = []; // 宣告變數 SVs 為陣列

function preload() { // 預先載入檔案的函式
  file = loadTable("SalesVol.csv"); // 載入檔案
}

function setup() {
  createCanvas(480, 120);
  var rowCount = file.getRowCount(); // 宣告變數並代入 getRowCount() 函式
  for(var i = 0; i < rowCount; i++) { // 利用 for 迴圈處理
    SVs[i] = file.getNum(i, 1); //SVs[i] 陣列代入 getNum() 函式
  }
}

function draw() {
  background(200); // 灰色背景
  // 為資料繪製背景的格線
  stroke(255); // 線條白色
  line(20, 100, 460, 100); // 底線
  for (var i = 0; i < SVs.length; i++) { // 利用 for 迴圈處理
    x = map(i, 0, SVs.length-1, 20, 460); //X 座標使用映射函式
    line(x, 20, x, 100); // 畫線
  }
  // 為銷售量資料繪製線段
  noFill(); // 無填塗
  stroke(255, 0, 0); // 紅色線條
  beginShape(); // 開始繪製形狀
  for(i = 0; i < SVs.length; i++) { // 利用 for 迴圈處理
    x = map(i, 0, SVs.length-1, 20, 460); //X 座標使用映射函式
    y = map(SVs[i], 0, 60, 100, 20); //Y 座標使用映射函式
    vertex(x, y); // 頂點
```

```
  }
  endShape(); // 結束繪製形狀
}
```

本範例是讀取由 Excel 所取得的 CSV 表格資料，然後將這些數值資料以視覺元素再現的方式。其中比較重要的幾個關鍵，getRowCount() 函式是用來獲取總共有 18 行的資料；再由 getNum(i, 1) 函式取得陣列中的第 1 列的數值，透過兩個映射函式分別將 X, Y 座標對應到各垂直白色線段的適當位置，特別是 Y 座標原本是介於 0 ～ 60 之間的數值，為了適切配置於各垂直白色線段，編寫了 map(SVs[i], 0, 60, 100, 20)，這個值得冷靜思考推敲一下。

範例 q-08：酷炫的 29,740 個城市

本範例直接引用自「Getting Started with p5.js」乙書的 p.186，作者是 L. McCarthy, C. Reas & B. Fry。Copyright 2015 Maker Media, ISBN: 978-1-4571-8677-6。這個範例真的很酷炫，確實讓人感受 p5.js 編程的威力。

```
var cities; // 宣告變數 cities

function preload() { // 預先載入檔案的函式
  cities = loadTable("cities.csv", "header"); // 載入檔案
}

function setup() {
  createCanvas(480, 240);
  fill(255, 150); // 填塗白色設有透明度
  noStroke(); // 無邊線
}

function draw() {
  background(0); // 黑色背景
  var xoffset = map(mouseX, 0, width, -width*3, -width); // 映射函式
  translate(xoffset, -600); // 位移原點座標
  scale(10); // 放大 10 倍
  for(var i = 0; i < cities.getRowCount(); i++) { // 利用 for 迴圈處理
    var latitude = cities.getNum(i, "lat"); // 獲取各列的資料
    var longitude = cities.getNum(i, "lng"); // 獲取各行的資料
    setXY(latitude, longitude); // 呼叫 ( 調用 )setXY() 函式
  }
```

```
}

function setXY(lat, lng) { // 自定的 setXY() 函式
  var x = map(lng, -180, 180, 0, width); // 利用映射函式
  var y = map(lat, 90, -90, 0, height); // 利用映射函式
  ellipse(x, y, 0.25, 0.25); // 畫圖
}
```

本範例所使用的資料以行數來計，就高達 29,740 筆，的確令人嘆為觀止。若想確認一下，是可以將載入的 cities.csv 檔案，拷貝出來再利用 Excel 開啟，瞧一瞧便知。編程中值得注意的是，載入檔案時，特別是利用 loadTable() 函式，除了檔名之外，還編寫第 2 個 "header"(標題) 作為引數，這是為了將第一列的數值 (原本是美國各城市的郵遞區號)，僅是當成標題而非表格的資料。附帶一提的是，除了以逗點作為資料區隔的 CSV 格式 (副檔名為 .csv) 之外，另用 Tab 鍵作為資料區隔的 TSV 格式 (副檔名為 .tsv) 的檔案也能利用。當然後面即將說明的 JSON、甚至連本章無實際範例的純文字 (text)、XML、PDF 檔案資料，都是 p5.js 能夠讀取與處理的格式。

● **loadTable ()** → 可將檔案或 URL 的內容設定成表格來讀取。預設是以 CSV 格式讀取。設定 "header" 作為引數時，僅找具有雷同標題行數的資料。
● **getRowCount ()** → 計數表格的行。
● **getNum()** → 可由設定的行數裡取得 ID 編號。

■ JSON

除了上述的 CSV 格式之外，還有另一種儲存資料的格式 --- JSON(JavaScript Object Notation) 也是不容我們忽視。如同 HTML 或 XML 格式，每個元素都會賦予一個標籤。而標籤與資料需要配對出現。例如：

```
{
  "album"  :  "Houses of the Holy" ,
  "artist" :  "Led Zeppelin" ,
  "year"   : 1973,
  "rating" : 5
}
```

標籤與元素之間通常是用冒號 : 隔開；每一筆標籤與另一筆標籤是以逗號隔開。而且所有資料均擺在一對大括號 { } 之內。這就構成一個有效的 JSON 物件。
其中最值得注意的細節，前兩個標籤裡的兩個元素，是被一對雙引號圍住，這代表是字串 (String) 資料；而後兩個標籤裡的兩個元素，卻沒有被包含在雙引號之內，這意味著它們是數值。如果還想加入更多的專輯，則須將一對中括號 [ ] 分置上下，亦即擺放頭尾兩端，以此表示該資料是由 JSON 物件所構成的陣列。而每一個物件之間還是要以逗號隔開。結果就如下列的樣子。

```
[
  {
    "album"  :  "Houses of the Holy" ,
    "artist" :  "Led Zeppelin" ,
```

273

```
    "year" : 1969,
    "rating" : 5
  },
  {
  "album" : "In Through the Out Door",
    "artist" : "Led Zeppelin",
    "year" : 1979,
    "rating" : 3.9
  }
]
```

以上是 JSON 資料格式的基本概念。如果完全沒有這種格式的製作經驗，下列的官網及另一個線上版網址：http://www.json.org 及 http://jsoneditoronline.org/
方便提供給我們理解或製作資料來儲存 JSON 格式。若想要開啟 JSON 資料格式，則可使用 Sublime Text 2 或是 Brackets 編輯器。

範例 q-09：將 JSON 檔案的資料視覺化

截圖是透過 p5.js 線下版執行的結果。請注意：本範例在線上版則無法正常顯示（可惜僅有背景色）。

```
var rocks = []; // 宣告變數 rocks 並代入陣列
var rockData; // 宣告變數 rockData

function preload() {
  rockData = loadJSON("rock.json"); // 載入檔案資料
}

function setup() {
  createCanvas(400, 180);
  for(var i = 0; i < rockData.length; i++) { // 利用 for 迴圈處理
    var j = rockData[i]; // 宣告變數 j 並代入陣列
    rocks[i] = new Rock(j); // 陣列 rocks[i] 代入新陣列 Rock(j)
  }
  noStroke();// 無邊線
}

function draw() {
```

```
background(0); // 背景為黑色
for(var i = 0; i < rocks.length; i++) { // 利用 for 迴圈處理
  var x = i*32 + 32; // 宣告變數 x 並代入計算
  rocks[i].display(x, 150); // 顯示陣列 rocks[i]
  }
}


function Rock(r) { // 自定 Rock(r) 函式
  this.album = r.album; // 專輯
  this.artist = r.artist; // 藝術家
  this.year = r.year; // 年度
  this.rating = r.rating; // 評價


  this.display = function(x, y) {
    var ratingVal = map(this.rating, 3.5, 5.0, 128, 255); // 宣告變數並代入映射函式
    push();// 暫存座標
    translate(x, y); // 位移座標
    rotate(-QUARTER_PI); // 旋轉座標
    fill(ratingVal, ratingVal, 0); // 填塗顏色
    text(this.album, 0, 0); // 文字顯示
    pop(); // 恢復座標
  };
}
```

本範例主要是將英國的 Led Zeppelin 搖滾樂團,解散前所發行的 10 張專輯,簡化公認的評價,製作成 JSON 格式的檔案。編程是將檔案裡的評價變換成顏色的數值,以顏色的明暗來表示對各專輯評價的高低。

■ API 與網路資料
前面已說明過,p5.dom.js 是為了操作 HTML 與 XML 文件的一種 API。因此,p5.js 就不僅能夠讀取 CSV、TSV 或 JSON 格式的檔案資料,甚至網路目前較為流傳的 JSONP(JSON with Padding) 格式,也能非常順暢地處理。不過若要透過 p5.dom.js 取得網路的資料,首先需要知道有哪些機構單位或公司企業,提供哪些內容的服務。下面這個位址的網頁,有一份詳盡列出提供公共 API 服務的單位或企業名單。

https://github.com/toddmotto/public-apis
在這份為數不算少,提供有 API 服務的一覽表裡,少數不需要驗證 (Auth),絕大部份都需要透過先註冊一個帳號,以便取得 API 金鑰。甚至有些 API 需要比 API 金鑰更深級別的身分驗證,例如 OAuth 就是其中的一種。從另一個角度來說,某些 API 不僅提供數據的服務,還允許你查詢或索取特定格式數據的服務。甚至查詢某個經緯度位置的當前天氣資訊或歷史訊息的數據。而這份 API 服務的一覽表裡,每個 API 都設有 URL 鏈結的功能,以便於我們前去造訪該網址。以下就選擇其中一家,來看看如何取得網路資料。

範例 q-10:透過 Giphy API 來獲取網路資料
這裡是以 Giphy 為例,截圖則是程式執行後所獲取的 GIFs 檔的資料。

var api = "https://api.giphy.com/v1/gifs/search? api_key=ggdEUVizVsjkS0N2cXuV76KeGluAAkjW&q=rainb
ow&limit=25&offset=0&rating=G&lang=en "; // 宣告變數 api 並代入位址

function setup() {

　noCanvas(); // 無須畫布

　var url = api; // 宣告變數 url 並代入 api 位址

　loadJSON(url, gotData); // 載入 JSON(位址 , 獲取資料)

}

function gotData(giphy) { // 自定 gotData 函式 (giphy)

　for (var i = 0; i < giphy.data.length; i++) { // 利用 for 迴圈處理

　　createImg(giphy.data[i].images.original.url); // 創建影像

　}

}

1. 這個範例要鏈結成功，首先必須自行至 GIPHY Developers 網站，註冊一個免費使用的帳號。有了專屬的帳號之後，再點擊網頁上方的「API Explorer」標籤。

2. 然後在顯現的頁面上，自動顯示出你已註冊的帳號與密碼，此際你只要單擊「Log in」即可。

276

3. 接著，就會出現一組你個人專屬的紅色 Api Key 代碼。拷貝這組代碼，貼至編程當中 apikey 的位置。

Your Apps

Giphy API

Api Key:
ggdEUVizVsjkS0N2cXuV76KeG1uAAkjW

Request a production key

4. 執行程式後，就會在預覽區顯示出你所搜尋關鍵字的結果 (如上圖)。底下的截圖是下載 (Download) 上列的程式後，解壓縮再由 Google 瀏覽器開啟 index.html 檔案，顯示下方其它三個 GIF 檔的狀態。

■ p5.js 檔案資料的分享
p5.js 提供三種 --- 崁入 (Embed)、全螢幕 (Fullscreen) 及編輯 (Edit) 方式，以便於我們將製作好的檔案，提供與他人一起分享 (Share) 的功能。製作方法極為簡單，只要在 p5.js 線上版執行 <File> 的 <Share> 指令，在顯現的工作板選擇拷貝其中一種分享方式的位址，然後貼至網頁或文件上，需要顯示的位置即可。

範例 q-11：透過 QR Code 來分享 p5.js 檔案的資料
本範例主要是說明如何透過製作 QR Code，來展示 p5.js 檔案資料與他人分享作品的方法。編程省略。

1. 首先準備好想與他人分享的作品後，直接執行 <File> 的 <Share> 指令，在對話框上選擇 Fullscreen 內的位址，再按《Ctrl+C》鍵拷貝下來。

2. 接下來，開啟「PsQREdit 中文版」這個應用小程式。

3. 在 Psytec QR Code Editor 工作板上，將拷貝的位址貼入 URL(U) 的框內，其它設定則一如圖例即可。設定完畢後，由 < 檔案 > 執行 < 另存新檔 > 指令。就按照一般存檔的方式，隨意選擇其中的一種檔案格式，將 QR Code 儲存下來。

4. 開啟儲存下來的檔案，將手機對準 QR Code 掃瞄一下，應當就會顯示出上列的動畫作品。

備註：本範例所製作的僅適用 Android 手機。若你手上使用的手機是 iPhone，請掃瞄上面右邊的 QR Code，同樣是可以顯示出上列的動畫作品。這是另外利用 InDesign CC 版，所製作的 QR Code。

本章就解說到此，接下來下一章將繼續探討「利用手機」相關的問題。

第 18 章 利用手機

p5.js 製作的應用程式，因為可在瀏覽器上執行，所以同樣也能夠在手機或平板電腦上運作。但另一方面，手機或平板電腦 (之後統稱手機)，跟一般的電腦有所不同，由於操作觸控面板、或藉著手持方向的改變，原本手機是直立的畫面，卻能自動旋轉成橫向的畫面、或者利用各感測器來控制應用程式的動作等，就是手機跟一般電腦最大差別之所在。因此，如何善加利用這些手機的特性，來進行程式設計也是一件值得關注的焦點。本章主要集中說明 p5.js 提供給手機專用的相關功能。接下來就從手機執行程式的方法開始談起。

18-1 手機執行應用程式的方法

使用手機要執行 p5.js 的程式，並不像之前利用 p5.js 線上版，按一下「執行」鈕就能夠動起來，或是先下載檔案，然後解壓縮再將 index.html 檔案，拖拉放至瀏覽器上，這種方式也是行不通，因為手機是藉由 Web 伺服器來執行的。因此，必須將程式擺放在 Web 伺服器管理的檔案夾內，再由 Web 伺服器啟動才可。

■ 簡易的 Web 伺服器架設方式

本單元主要是介紹一種較簡易的 Web 伺服器架設方式 ---XAMPP。如果你已有這方面的知識與經驗，本節的解說，就可以略過不用看。由於這裡是利用 XAMPP 來進行測試，若完全沒有架設網站概念的人，下列這個網址的資料，值得事先參閱並同時進行安裝軟體的準備工作。否則底下後續的說明，將會難以理解。

https://briian.com/18718/

279

1. 如果 XAMPP 的安裝已經就緒，其實這裡主要是利用已安裝在 XAMPP 之內的 Web 伺服器 ---Apache。不過在尚未啟動 Apache 之前，事先必須將手機所要執行的程式，複製再貼入 htdocs 檔案夾之內。XAMPP 預設是在 C:/xampp/htdocs/ 這個根目錄。而這裡準備有一個手機測試用的檔案。
2. 請將測試用檔案夾內的「TouchTextsTest」檔案夾，整個複製並貼入到 C:/xampp/htdocs 檔案夾內。
3. 檔案複製完畢後，由個人電腦端開啟 XAMPP Control Panel。如圖例選按 Apache 這行的「Start」鈕即可。

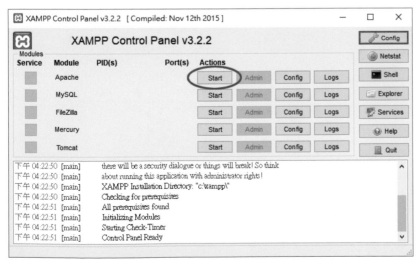

圖 18-1：由 XAMPP 控制面板來啟動 Apache

4. 調查電腦的 IP 位址。開啟「命令提示字元」，在 C:\User\pcuser> 後面輸入「ipconfig」指令，再按《Enter》鍵即可。在顯示的畫面裡，找到「IPv4 位址」這個項目。

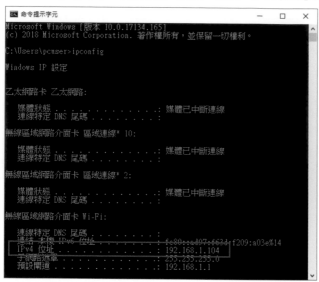

圖 18-2：開啟「命令提示字元」輸入「ipconfig」後所顯示的畫面

5. 利用這方法來測試網頁，手機必須使用跟電腦相同的 WiFi 切入點。亦即手機必須透過「設定」→「Wi-Fi」事先設定好。然後再將這個「IPv4 位址」的數字，輸入在手機的瀏覽器上。例如：
http://192.168.1.104/TouchTextsTest/
如此，手機的瀏覽器就會去執行已拷貝在 TouchTextsTest 檔案夾內的 index.html 檔案。而手機應該會很快出現一片灰色背景的畫面，利用手指去碰觸這個灰色畫面，若能顯示出紅色的「Hello 你好」，那就代表手機已經測試成功了。

範例 r-01：手機測試用檔案 ---TouchTextsTest

本範例若想自行測試，成功與否的關鍵，除了前面所提的 XAMPP 要正確安裝之外，尚有一項不可或忘的工作，那就是下載程式經解壓縮後的整個文件夾，必須先複製再貼入 C:/xampp/htdocs/ 檔案夾之內。當然輸入在手機或平板電腦瀏覽器上的網址 (是你自己的 IP 位址喔)，也必須是正確無誤才可以。

備註：本圖例下方已經裁減掉。

```
function setup() {
  createCanvas(1280, 1280);
  background(220); // 設定背景為淺灰
```

```
}

function draw() {
}

function touchStarted() {
  stroke(255, 0, 0);
  fill(255, 0, 0);
  textSize(48);
  text("Hello 你好 ", mouseX, mouseY);
  return false;
}
```

測試用的 TouchTextsTest 檔案夾內的 sketch.js 檔案,其編程的最後一行,return false; 是為了抑止手機瀏覽器所預設的觸控操作動作才需要編寫。例如:手機的瀏覽器,當單指在觸控面移動時,預設是畫面的滑動;若雙指捏放預設是影像的縮放等。因此抑止手機所對應的預設動作,才能達成 p5.js 的程式需求。否則當單指在觸控面移動時,就不是繪圖而是畫面的滑動了。

18-2 觸控面板的處理

觸控面板所具有的功能,其實跟滑鼠類似。因此,程式的處理方式也跟滑鼠事件雷同。測試用的 TouchTextsTest 檔案夾內的 sketch.js 檔案,實質上跟範例 h-05 沒太大的差別。只是這裡已經將原本單擊滑鼠事件,修改成開始碰觸事件這個系統函式;而系統變數的 mouseX, mouseY,根本也不用更改。以下所列的表格,就是 p5.js 所提供給觸控面板操作專用的三個系統函式。

系統函式名	適用時機的說明
touchStarted( )	一碰觸到面板時。若未定義touchStarted( )函式的情況,則是執行mousePressed( )函式。碰觸的位置,則是由touchX與touchY等系統變數取得。傳回 false 之時,則會抑止瀏覽器所預設的動作。
touchMoved( )	碰觸到面板後移動手指期間。若未定義 touchMoved( )函式的情況,則是執行mouseDragged( )函式。碰觸的位置,則是由touchX與touchY等系統變數取得。傳回 false 之時,則會抑止瀏覽器所預設的動作。
touchEnded( )	由觸控面板鬆開手指時。若未定義 touchEnded( )函式的情況,則是執行 mouseReleased( ) 函式。鬆開手指的位置,則是由touchX與touchY等系統變數取得。傳回 false 之時,則會抑止瀏覽器所預設的動作。

表 18-1:跟觸控面板操作相關的系統函式

這三個系統函式,其對應手指觸控的操作順序,如下列圖示的樣子。

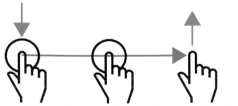

touchStarted()   touchMoved()   touchEnded()   圖 18-3:觸控面板相關函式的操作順序

除此，還有六個跟觸控面板操作有關的系統變數。

系統變數名	說明
touchX	碰觸位置x座標
touchY	碰觸位置y座標
ptouchX	前一個(前一個影格)的touchX
ptouchY	前一個(前一個影格)的touchY
touches[ ]	數個被碰觸位置的座標群
touchIsPressed	面板是否被碰觸。true是已被碰觸

表 18-2：跟觸控面板操作相關的系統變數

範例 r-02：利用碰觸來畫圖 --TouchMoved

本範例跟剛才測試用的 TouchTextsTest 檔案，幾乎完全一模一樣。僅替換顏色與 touchMoved() 函式。

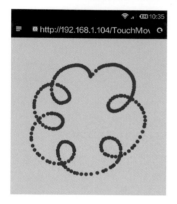

備註：本圖例下方已經裁減掉。

```
function setup() {
  createCanvas(1280, 1280);
  noStroke(); // 無邊線
  fill(0, 100, 255); // 填塗藍色
  background(220);
}

function touchMoved() {
  ellipse(mouseX, mouseY, 30, 30);
  return false;
}
```

範例 r-03：充滿整個螢幕的畫面 -- -TouchDraw

上個範例基本是圓點的構成，手指移動的速度太快，一顆顆圓點就會很明顯。本範例是由前個及當前的碰觸點所形成的線條，所以理應不會造成有虛線的感覺。而本範例的編程另一個重點則是充滿整個螢幕的畫面設定。本截圖是已經修改手機螢幕解析度的狀態。

```
function setup() {
  createCanvas(displayWidth, displayHeight); // 畫布是螢幕的寬高
  background(220); // 設定背景為淺灰
  stroke(200, 0, 255); // 紫色線條
  strokeWeight(20); // 線寬是 20
}

function touchMoved() {
  line(mouseX, mouseY, pmouseX, pmouseY); // 畫連續線條
  return false;
}
```

283

備註：由於各手機螢幕解析度的不同，可惜僅設 (displayWidth, displayHeight) 未必是充滿整個螢幕。以目前大多數超高解析度的手機而言，請注意極可能僅佔手機螢幕的一部份。

18-3 手機裝置動作的處理

手機因為內建有感應器，所以能測得手機的方向，以此資訊為基準，而可實現畫面切換顯示的功能。就像這樣若能夠理解手機方向的概念，利用 p5.js 來編寫程式時，妥善轉化成對設計有所助益的創意，也就更能充分發揮手機固有的特性。而在此即將解說的是，手機最基本的座標概念。

■ 手機的座標與裝置的動作
手機正如下列的圖例所示，擁有 x、y、z 等三個方向軸。x 軸是指手機畫面左右的方向；y 軸是指手機畫面上下的方向；z 軸則是指手機畫面前後的方向。

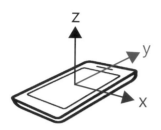

圖 18-4：手機的座標概念

因此，可以定義手機的平行移動。例如將手機往上面的方向移動的話，就是朝 y 軸正方向的移動。而手機的畫面若由後向前趨近的情況，就是 z 軸正方向的移動。像這樣的動作，利用手機內的感應器就可以捕捉得到 y 軸方向或 z 軸方向的加速度。單位是 m/s²。

手機的方向，就是以 x、y、z 三個軸為中心軸，來決定其旋轉的角度 (單位為度)。這些角度如下圖所示，分別是 α、β、γ 三種。α 是以 z 軸為中心時的角度 (與畫面同個方向旋轉時的角度)、β 是以 x 軸為中心時的角度 (前後方向傾斜時的角度)、γ 是以 y 軸為中心時的角度 (左右方向傾斜時的角度)。三個數值均為 0 時，就是手機背對著地面，而且是水平的狀態、上方 (y 軸) 並且是朝北的方向。

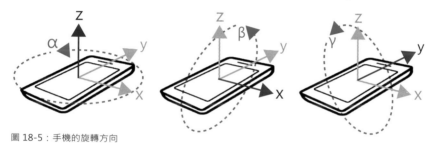

圖 18-5：手機的旋轉方向

像這樣利用前述 x、y、z 三個軸的概念，就可以定義手機裝置的動作與方向等。為了處理這類的動作，p5.js 就提供了三個系統函式、與兩個設定門檻值的函式、以及十幾個的系統變數。

系統函式名	適用時機的說明
deviceMoved( )	手機移動若超過其門檻值(預設是0.5)以上時。門檻值則可由 setMoveThreshold( )函式來設定。
deviceTurned( )	手機旋轉若超過90度以上時。旋轉軸是由系統變數turnAxis 取得。參看後面的表格。
deviceShaken( )	手機振動時。x軸(水平)方向的振動量與 y軸(垂直)方向的振動量相加，若超過其門檻值(預設是30)以上時。而門檻值則可由setShakeThreshold( )函式來設定。

表 18-3：跟手機裝置操作相關的系統函式

函式名	說明
setMoveThreshold( )	用來設定手機移動若超過多少以上時，則deviceMove( ) 函式必須執行。預設是0.5。
setShakeThreshold( )	用來設定手機旋轉若超過多少以上時，則deviceShaken ( )函式必須執行。預設是30。

表 18-4：跟設定門檻值相關的函式

系統變數名	作用說明
accelerationX	x軸方向的加速度(m/s²)
accelerationY	y軸方向的加速度(m/s²)
accelerationZ	z軸方向的加速度(m/s²)
pAccelerationX	前一個(影格)的accelerationX(m/s²)
pAccelerationY	前一個(影格)的accelerationY(m/s²)
pAccelerationZ	前一個(影格)的accelerationZ(m/s²)
rotationX	α值(度)
rotationY	β值(度)
rotationZ	γ值(度)
pRotationX	前一個(影格)的rotationX(度)
pRotationY	前一個(影格)的rotationY(度)
pRotationZ	前一個(影格)的rotationZ(度)
deviceOrientation	手機的方向。landscape(橫)或portrait(直)
turnAxis	旋轉軸。X, Y, Z 任選其一

表 18-5：跟感應器相關的系統變數

以下我們就來測試一下，這些系統函式與系統變數應該如何來搭配使用。

範例 r-04：查核直方向或橫方向 --Orientation

285

```
function setup() {
  createCanvas(displayWidth, displayHeight); // 畫布是螢幕的寬高
  textSize(80); // 設定文字的大小
}

function draw() {
  background(255); // 背景為白色

  if(deviceOrientation == "portrait") { // 條件判斷。若是直式
    text(" 直方向 ", 10, 100); // 顯示文字
  } else if (deviceOrientation == "landscape") { // 若是橫式
    text(" 橫方向 ", 10, 100); // 顯示文字
  } else { // 否則
```

```
    text(" 無定義 ", 10, 100); // 顯示文字
  }
}
```

本範例只要將手機擺直的情況，螢幕畫面就會顯現「直方向」的文字；擺橫的情況，螢幕畫面則會顯現「橫方向」的文字。這裡主要利用的是 deviceOrientation 這個系統變數。如果能將這項功能使用在地圖等應用程式上，應該會非常地貼切。

範例 r-05：轉動藍色球 --DeviceMoved

286

```
var x, y; // 宣告兩個變數

function setup() {
  createCanvas(displayWidth, displayHeight); // 畫布是螢幕的寬高
  x = width/2; y = height/2; // 顯示在正中央
  noStroke(); // 無邊線
  fill("blue"); // 藍色
  setMoveThreshold(0.05); // 門檻值設定為 0.05
}

function draw() {
  x += rotationY; // 逐次往 x 軸方向遞增
  y += rotationX; // 逐次往 y 軸方向遞增
  if (x < 0) { // 條件判斷。若 x 小於 0
    x = 0; // 則 x 歸 0
  } else if (x > displayWidth) { // 條件判斷。若 x 大於螢幕的寬
    x = displayWidth; // 則 x 歸回螢幕的寬
  }
  if (y < 0) { // 條件判斷。若 y 小於 0
    y = 0; // 則 y 歸 0
  } else if (y > displayHeight) { // 條件判斷。若 y 大於螢幕的高
    y = displayHeight; // 則 y 歸回螢幕的高
```

```
  }
  background(220); // 背景為淺灰色
  ellipse(x, y, 80, 80); // 畫圓
}
```

本範例當手機傾斜時，藍色球會傾向往較低的位置移動；例如上低下高時，藍色球是偏在螢幕畫面的上方；上高下低時，藍色球是偏在螢幕畫面的下方。這裡主要是利用 setMoveThreshold() 這個函式，以及 rotationY、rotationX 這兩個系統變數。截圖因太長的關係，下方已經裁剪掉。

範例 r-06：晃動手機 --DeviceShaken

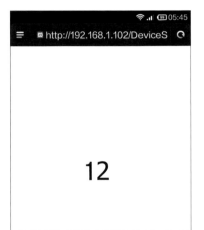 

```
var count = 0; // 宣告變數 count 並代入 0

function setup() {
  createCanvas(displayWidth, displayHeight); // 畫布是螢幕的寬高
  textSize(width/4); // 文字的大小
  text(count, (width-textWidth(count))/2, height/2); // 文字的顯示
}

function draw() {
}

function deviceShaken() {
  background(255); // 背景為白色
  text(count, (width-textWidth(count))/2, height/2); // 文字的顯示
  count++;
}
```

本範例必須晃動手機，才能看到數字的變化。晃動得越大，數值也就會越增加。這裡主要是利用 deviceShaken() 這個系統函式。此函式不僅針對 y 軸方向，連 x 軸方向的動作變化也能偵測得到而增加其數值。但太老舊的手機，特別是使用 Android 0.4.2 之前版本的手機，本範例可能無法正常顯示。

範例 r-07：晃動的彩球—ShakeBallBounce

本範例也必須晃動手機，才能看到彩球急速的移動變化。當手機逐漸平靜下來不再晃動時，彩球也逐漸歸於所預設的速度移動。截圖是已經改變畫布寬高的顯示狀態。

```
var balls = []; // 宣告變數 balls 為陣列

var threshold = 30; // 宣告變數 threshold 並賦值 30
var accChangeX = 0; // 宣告變數 accChangeX 並賦值
var accChangeY = 0; // 宣告變數 accChangeY 並賦值
var accChangeT = 0; // 宣告變數 accChangeT 並賦值

function setup() {
  createCanvas(displayWidth, displayHeight);
  colorMode(HSB); // 設定 HSB 色彩模式
  for(var i = 0; i < 50; i++) { //for 迴圈處理
    balls.push(new Ball());
  }
}

function draw() {
  background(0); // 黑色背景

  for(var i = 0; i < balls.length; i++) { //for 迴圈處理
    balls[i].move(); // 陣列的移動方法
    balls[i].display(); // 陣列的顯示方法
```

```
  }
  checkForShake(); // 呼叫（調用）自定函式

}


//Ball 的類別
function Ball() {
  this.x = random(width); //x 座標
  this.y = random(height); //y 座標
  this.h = random(360), // 色相由亂數 (360) 決定
  this.dia = random(10, 50); // 直徑由亂數 (10, 50) 決定
  this.xspeed = random(-3, 3); //x 方向的速度由亂數 (-3, 3) 決定
  this.yspeed = random(-3, 3); //y 方向的速度由亂數 (-3, 3) 決定
  this.oxspeed = this.xspeed;
  this.oyspeed = this.yspeed;
  this.dir = 0.6;

  this.move = function() { // 移動用的無名函式
    this.x += this.xspeed * this.dir; //x 座標逐次遞增
    this.y += this.yspeed * this.dir; //y 座標逐次遞增
  };

  this.turn = function() { // 當碰觸到邊緣時的處理
    if (this.x < 0) { // 條件判斷
      this.x = 0;
      this.dir = -this.dir; // 方向逆轉
    }
    else if (this.y < 0) { // 條件判斷
      this.y = 0;
      this.dir = -this.dir; // 方向逆轉
    }
    else if (this.x > width - 25) { // 條件判斷
      this.x = width - 25;
      this.dir = -this.dir; // 方向逆轉
    }
    else if (this.y > height - 25) { // 條件判斷
      this.y = height - 25;
      this.dir = -this.dir; // 方向逆轉
    }
  };

  this.shake = function() { // 晃動時的無名函式
    this.xspeed += random(5, accChangeX/3);
    this.yspeed += random(5, accChangeX/3);
  };
```

289

```
  this.stopShake = function() { // 逐漸減速的無名函式
    if (this.xspeed > this.oxspeed) { // 條件判斷
      this.xspeed -= 0.6; //xspeed 逐次遞減 0.6
    } else { // 否則
      this.xspeed = this.oxspeed;
    }
    if (this.yspeed > this.oyspeed) { // 條件判斷
      this.yspeed -= 0.6; //yspeed 逐次遞減 0.6
    } else { // 否則
      this.yspeed = this.oyspeed;
    }
  };


  this.display = function() { // 顯示用的無名函式
    noStroke(); // 無邊線
    fill(this.h, 100, 100); // 依色相填塗
    ellipse(this.x, this.y, this.dia, this.dia);
  };
}


function checkForShake() { // 自定函式
  // 計算 accelerationX 與 accelerationY 的總變化
  accChangeX = abs(accelerationX - pAccelerationX);
  accChangeY = abs(accelerationY - pAccelerationY);
  accChangeT = accChangeX + accChangeY;
  if (accChangeT >= threshold) { // 條件判斷
    for (var i = 0; i < balls.length; i++) { //for 迴圈處理
      balls[i].shake();
      balls[i].turn();
    }
  } else { // 否則
    for(var i = 0; i < balls.length; i++) { //for 迴圈處理
      balls[i].stopShake();
      balls[i].turn();
      balls[i].move();
    }
  }
}
```

本範例的編程稍微長了一些,但請同時參閱比對第 15 章的範例 o-12:五彩繽紛物件的編寫方式,必然能夠更加理解整個代碼的涵義與作用。

第 19 章 3D 電腦繪圖

三次元的電腦繪圖，一直都是頗受數位藝術創作者所重視的一項研究領域。只是長久以來，因為硬體設備的條件要求與應用軟體的操作難度等因素，除了專業人士之外，其實並未形成非常普及的狀態。當然這也受到業界是否殷切需求的影響，客觀來看，3DCG 的領域目前僅能說是持續穩健地增長，並不像早期有突飛猛進的開拓與創新的局面。p5.js 也隨著版本更新而逐步導入 3DCG 的功能，讓程式本身更增添表現的威力。

19-1 3DCG 的功能

程式語言的 3DCG 功能，跟 3dMax、Maya 等類的套裝應用軟體相比，有著大不同的操作體驗。如果學過上述套裝應用軟體的人，或許會感覺利用編程來製作 3D 圖形，未免太過於抽象，缺乏直覺的操作介面讓我們去做調整與控制。這種的批評或怨言，對任何程式語言來說，都只有坦然接受的份。畢竟利用編程要掌控 3D 圖形，是在使用者的腦海中而非視窗的畫面上。因此，首先就讓我們從 3D 座標開始談起。

■ 3D 座標的概念

先前學習過的單元，絕大部份均是 2D 的座標概念，亦即只有 x, y 軸的方向。其實 3D 座標也只不過多增加 z 軸方向的概念而已。但 p5.js 三次元座標的原點 (0, 0, 0) 位置，是在畫布 (繪圖範圍) 的正中央。

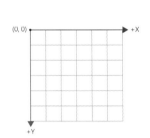

圖 19-1：p5.js 的二次元與三次元座標概念示意圖

291

概念示意圖中，比較值得注意的是，z 軸方向的概念，正值 (+z) 是代表越靠近觀看者，而負值 (-z) 則意味者離觀看者越遠的位置。由於 z 軸方向的觀念，僅存在螢幕的抽象空間裡，影響著圖形顯示的大小，而並非實際有遠近的空間距離。因此，才造成我們理解 3D 空間的困難度。

範例 s-01：實際體驗繪製 3D 立方體

本範例在創建畫布時，寬高之後明白標示 WEBGL，這是 p5.js 預設 3D 必須使用的渲染 (renderer) 方式。

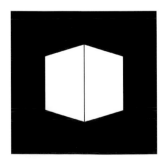

```
function setup() {
  createCanvas(400, 400, WEBGL); // 明白標示使用 WEBGL 渲染 (renderer) 方式
}

function draw() {
  background(0); // 黑色背景
  rotateY(PI/4); // 依 Y 軸旋轉 45 度 (180/4=45)
  box(150, 150, 150); // 繪製 150x150x150px 的立方體
}
```

編程裡，rotateY(PI/4) 是以 Y 軸為基準旋轉 45 度之意；box(150, 150, 150) 則是表示寬、高、深度各 150 個像素。由此範例可以得知，顏色或線條的設定，均適用 3D 圖形。預設是黑色的邊線、填塗則是白色。

範例 s-02：體驗一下 z 軸的遠近感

本範例僅增加一行代碼，主要是將立方體往 z 軸方向推遠一些，所以所看到的圖形會變得小一些。

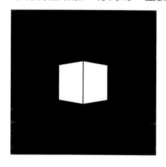

```
function setup() {
  createCanvas(400, 400, WEBGL); // 明白標示使用 WEBGL 渲染 (renderer) 方式
}

function draw() {
  background(0); // 黑色背景
  translate(0, 0, -200); // 將原點座標位移至 Z 軸 -200 的位置
  rotateY(PI/4); // 依 Y 軸旋轉 45 度 (180/4=45)
  box(150, 150, 150); // 繪製 150x150x150px 的立方體
}
```

當試一下變更 Z 軸的數值，若改成正值的話，立方體又會呈現出什麼樣子呢？

■ 3D 座標變換

所有曾經在「第 7 章 座標變換」學過的函式，都適用於 3D 圖形。而且還多增加一個 Z 軸的參數可以利用。首先就從座標的位移 (translate) 開始探討吧！

範例 s-03：座標的位移 (translate)

本範例並非單純只是一個立方體的座標位移，除了座標位移之外，同時還具有複製多個形體的功能。

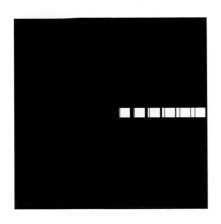

```
function setup() {
  createCanvas(400, 400, WEBGL); // 明白標示使用 WEBGL 渲染 (renderer) 方式
}

function draw() {
  background(0); // 黑色背景

  for(var i = 0; i < 6; i++) { //for 迴圈處理。產生 6 個立方體
    translate(30, 0); // 往右位移 30 個像素
    box(20, 20, 20); // 繪製 20x20x20px 的立方體
  }
}
```

293

範例 s-04：座標的旋轉 (rotate)

3D 圖形的旋轉，並非像 2D 單純僅以旋轉的基準點為主，而是擁有三個方向軸可供選擇與設定。

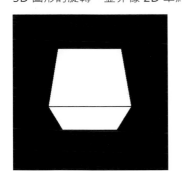

以 rotateX 為基準的旋轉

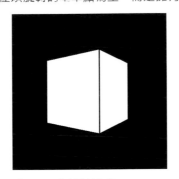

以 rotateY 為基準的旋轉

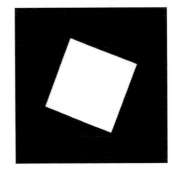

以 rotateZ 為基準的旋轉

```
var angle = 0.0; // 宣告變數 angle( 角度 ) 並賦值為 0.0
var rad = 0.05; // 宣告變數 rad 並賦值為 0.05

function setup() {
  createCanvas(400, 400, WEBGL); // 明白標示使用 WEBGL 渲染 (renderer) 方式
  frameRate(30); // 播放速率。1 秒 30 個影格
```

```
}

function draw() {
  background(0); // 黑色背景
  rotateX(angle); // 以 X 軸為基準旋轉
  //rotateY(angle); // 以 Y 軸為基準旋轉
  //rotateZ(angle); // 以 Z 軸為基準旋轉。省略 Z，簡寫成 rotate 亦可
  box(150, 150, 150); // 繪製 150x150x150px 的立方體

  angle += rad; // 角度逐次遞增 0.05
  if(angle > TWO_PI) angle = 0.0; // 條件判斷。若角度大於 360，則歸 0
}
```

本範例提供三種旋轉軸可以隨意選擇設定，以便於深刻體會三種旋轉軸確實的意涵與作用。若是理解了各旋轉軸的意義之後，其實也可以嘗試同時利用兩個軸（或三個軸）來旋轉立方體。而 Z 軸可簡寫成 rotate()。

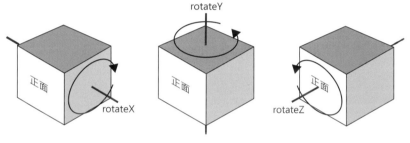

圖 19-2：三個旋轉軸的概念示意圖

範例 s-05：座標的縮放 (scale)

當然座標的縮放也能夠執行。本範例同時利用兩個軸 (Y 與 Z 軸) 的旋轉，縮放因為加上 1.0，所以就變成是 0.0 ~ 2.0，而代碼首次出現 normalMaterial() 函式，就是具有七彩的普通材質。

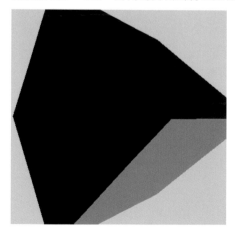

```
var angle = 0.0; // 宣告變數 angle( 角度 ) 並賦值為 0.0
var rad = 0.05; // 宣告變數 rad 並賦值為 0.05
```

```
function setup() {
  createCanvas(400, 400, WEBGL); // 明白標示使用 WEBGL 渲染 (renderer) 方式
  frameRate(30); // 播放速率。1 秒 30 個影格
}

function draw() {
  background(220); // 設定背景為淺灰色
  rotateY(angle); // 以 Y 軸為基準旋轉
  rotateZ(angle); // 以 Z 軸為基準旋轉
  scale(sin(angle) + 1.0); // 縮放 ( 原是 -1.0 ~ 1.0，+1.0 的結果為 0.0 ~ 2.0)
  normalMaterial(); // 七彩的普通材質
  box(150, 150, 150); // 繪製 150x150x150px 的立方體

  angle += rad; // 角度逐次遞增 0.05
  if(angle > TWO_PI) angle = 0.0; // 條件判斷。若角度大於 360，則歸 0
}
```

範例 s-06：座標的暫存與恢復 (push 與 pop)

本範例是承繼「s-03：座標的位移」而來。關鍵是在每個行列均各有六個 30×30×30 個像素的立方體，而每個立方體的間距各有 40 個像素，因此，如何事先計算出 Y, X 方向的位移座標數值是個重點。

```
function setup() {
  createCanvas(400, 400, WEBGL); // 明白標示使用 WEBGL 渲染 (renderer) 方式
}

function draw() {
  background(220); // 設定背景為淺灰色
  rotateY(radians(mouseX)); //Y 軸的旋轉是以滑鼠的 X 座標為基準
  rotateX(radians(mouseY)); //X 軸的旋轉是以滑鼠的 Y 座標為基準

  for(var y = 0; y < 6; y++) { //for 迴圈處理。Y 軸有 6 個
    for(var x = 0; x < 6; x++) { //for 迴圈處理。X 軸有 6 個
```

```
        push(); // 暫存座標
        normalMaterial(); // 七彩的普通材質
        translate(x*40-half, y*40-half, 0); // 位移座標
        box(30, 30, 30); // 繪製 30x30x30px 的立方體
        pop(); // 恢復座標
    }
  }
}
```

範例 s-07：若 Z 軸也同時位移又將會如何呢

若同時位移 X、Y、Z 座標，就像是製作魔術方塊一般。因僅多增加位移 Z 座標的引數，當然也還需增加一行 Z 軸的 for 迴圈處理 (含 { }) 才行。故本範例的編程全省略了。

範例 s-08：各個立方體各自翻轉的情況

若想要讓立方體自動各自翻轉，而非隨著滑鼠移動而旋轉的話，則可使用設定毫秒的方式來達成。

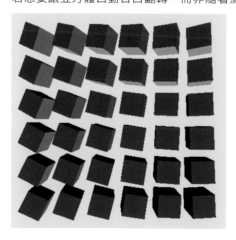

```
var half = 150; // 宣告變數 half 並代入 150


function setup() {
```

```
createCanvas(400, 400, WEBGL); // 明白標示使用 WEBGL 渲染 (renderer) 方式
}

function draw() {
  background(255, 255, 0); // 設定背景為黃色

  for(var y = 0; y < 6; y++) { //for 迴圈處理。Y 軸有 6 個
    for(var x = 0; x < 6; x++) { //for 迴圈處理。X 軸有 6 個
      push(); // 暫存座標
      normalMaterial(); // 七彩的普通材質
      translate(x*60-half, y*60-half); // 同時位移 X、Y 座標
      rotateY(millis()/1000.0+y*0.1);  //Y 軸的旋轉是以設定的毫秒為基準 (millis 即毫秒 = 千分之一秒 )
      rotateX(millis()/1000.0+x*0.1);  //X 軸的旋轉是以設定的毫秒為基準
      box(40, 40, 40); // 繪製 40x40x40px 的立方體
      pop(); // 恢復座標
    }
  }
}
```

以上所探討的就是 3D 座標概念與 3D 座標變換等相關的功能。特別為了突顯座標旋轉的功能，刻意選擇以立方體作為表現的物件圖形。請別誤會 p5.js 只提供立方體這個基本形，讓我們回頭看看還有哪些基本形。

297

■ p5.js 所提供的 3D 基本形
範例 s-09：3D 的基本形

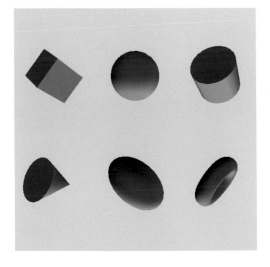
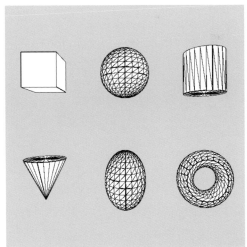

```
function setup() {
  createCanvas(600, 600, WEBGL); // 創建畫布並設定 WEBGL 渲染方式
}
```

```
function draw() {
  background(220);  // 背景淺灰色
  normalMaterial(); // 七彩的普通材質

  push(); // 暫存座標
  translateTo(0, 0); // 呼叫（調用）自定函式
  box(80); // 立方體（寬度、高度、深度。僅 1 個數值時，即寬高深都一樣）
  pop(); // 恢復座標

  push(); // 暫存座標
  translateTo(1, 0); // 呼叫（調用）自定函式
  sphere(60); // 圓球體（圓球的半徑）
  pop(); // 恢復座標

  push(); // 暫存座標
  translateTo(2, 0); // 呼叫（調用）自定函式
  cylinder(50, 100); // 圓柱體（表面的半徑、柱體的高度）
  pop(); // 恢復座標

  push(); // 暫存座標
  translateTo(0, 1); // 呼叫（調用）自定函式
  cone(50, 100); // 圓錐體（底部的半徑、錐體的高度）
  pop(); // 恢復座標

  push(); // 暫存座標
  translateTo(1, 1); // 呼叫（調用）自定函式
  ellipsoid(50, 70, 80); // 橢圓體 (x, y, z 的半徑)
  pop(); // 恢復座標

  push(); // 暫存座標
  translateTo(2, 1); // 呼叫（調用）自定函式
  torus(50, 20); // 圓環體（圓的半徑、環的半徑）
  pop(); // 恢復座標
}

function translateTo(x, y) { // 自定函式本身
  translate((x-2/2)*200, (y-1/2)*260); // 位移至 x, y 座標
  rotateX(frameCount*0.01); // 以 X 軸為基準旋轉（畫面計數器 *0.01）
  rotateY(frameCount*0.01); // 以 Y 軸為基準旋轉
  rotateZ(frameCount*0.01); // 以 Z 軸為基準旋轉
}
```

若想看一般 3D 法線所構成的形體，可在第 7 行的 normalMaterial(); 前面，利用雙斜線註釋掉即可。依據官網的參考文獻，實際上應該有 7 種基本形。獨留下 plane() 這個平面形，將會在後面介紹說明。

3D形狀函式的名稱	使用說明
plane(w, h, dX, dY)	平面形(寬、高)。dX, dY是X、Y軸三角形的分割數
box(size) box(w, h, d, dX, dY)	立方體(大小)。可設定寬、高、深度同等大小的立方體 立方體(寬、高、深)。dX, dY是X、Y軸三角形的分割數
sphere(r, dX, dY)	圓球體(半徑)。dX, dY是X(預設24)、Y(預設16)軸三角形的分割數。分割數越多越平順
cylinder(r, h, dX, dY, 　　　　　botCap, topCap)	圓柱體(半徑、高度)。dX, dY是X(預設24)、Y(預設1)軸三角形的分割數。分割數越多越平順。botCap, topCap 則是分別用來設定圓柱體底部、頂部的有無
cone(r, h, dX, dY, Cap)	圓錐體(半徑、高度)。dX, dY是X(預設24)、Y(預設1)軸三角形的分割數。分割數越多越平順。Cap則是用來設定圓柱體底部的有無
ellipsoid(rX, rY, rZ, dX, dY)	橢圓體(X, Y, Z的半徑)。dX, dY是X(預設24)、Y(預設16)軸三角形的分割數。分割數越多越平順,但均不可高於150
torus(r, tubeR, dX, dY)	圓環體(整個圓的半徑、環的半徑)。dX, dY是X(預設24)、Y(預設16)軸三角形的分割數。分割數越多越平順

表 19-1：七種 3D 形狀函式及其使用說明

19-2 光源與相機的功能

3DCG 另一項非常重要的功能,那就是光源與相機的設定。3DCG 若缺乏足夠的光源或相機 (或稱視點) 可以選擇或設定的話,就猶如生活在現代的環境裡,只能點著蠟燭、煤油燈,或如同受限的青蛙,僅能坐井觀天。還好 p5.js 所提供的光源與相機的種類,雖不能說已經很完備,但起碼尚有選擇的餘地。

■ 光源的設定

從官網的參考文獻裡可以查閱到,p5.js 所提供的光源總共有環境光 (ambientLight)、方向光 (directionalLight) 及點光源 (pointLight) 等三種。我們就逐一來理解其涵義,並測試應有的效果。

光源函式名	使用說明
ambientLight(r, g, b, a) 環境光	基本上跟圖形設定顏色(fill)相同。一個數值是灰階;兩個數值是灰階及a;連顏色陣列[r, g, b, a]亦可使用
directionalLight(r, g, b, x, y, z) 方向光(即平行光)	基本上跟圖形設定顏色(fill)相同。x, y, z是指X, Y, Z軸的方向。設定(color, x, y, z) 或 (color, position)亦可
pointLight(r, g, b, x, y, z) 點光源	基本上跟圖形設定顏色(fill)相同。x, y, z 是指X, Y, Z軸的方向。簡化的(r, g, b, position)或者設定(color, x, y, z) 或 (color, position)亦可

表 19-2 三種光源的設定方式

範例 s-10：環境光 (ambientLight) 的設定

由於環境光不具有方向性,而是對著整體均勻遍佈照射,因此,不會給任何形狀的物件添加陰影。

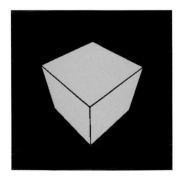

```
var angle = 0.0; // 宣告變數 angle( 角度 ) 並賦值為 0.0
var rad = 0.05; // 宣告變數 rad 並賦值為 0.05

function setup() {
  createCanvas(400, 400, WEBGL); // 明白標示使用 WEBGL 渲染 (renderer) 方式
  frameRate(30); // 播放速率。1 秒 30 個影格
}

function draw() {
  background(0); // 黑色背景
  ambientLight(250, 220, 0); // 黃色的環境光
  rotateX(angle); // 以 X 軸為基準旋轉
  rotateZ(angle); // 以 Z 軸為基準旋轉
  box(150, 150, 150); // 繪製 150x150x150px 的立方體

  angle += rad; // 角度逐次遞增 0.05
  if(angle > TWO_PI) angle = 0.0; // 條件判斷。若角度大於 360，則歸 0
}
```

範例 s-11：方向光 (directionalLight) 的設定

方向光是具有一定方向性的光源，最適合用來模擬太陽光均勻照射物體的一種光源。也稱平行光。

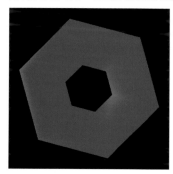

```
var angle = 0.0; // 宣告變數 angle( 角度 ) 並賦值為 0.0
var rad = 0.05; // 宣告變數 rad 並賦值為 0.05

function setup() {
  createCanvas(400, 400, WEBGL); // 明白標示使用 WEBGL 渲染 (renderer) 方式
  frameRate(30); // 播放速率。1 秒 30 個影格
  noStroke(); // 無邊線
}

function draw() {
  background(0); // 背景為黑色
  ambientLight(0, 100, 250); // 藍色環境光
```

```
if (keyIsPressed) { // 條件判斷。若按下鍵盤
  if (keyCode == RIGHT_ARROW) {  // 若按向右 → 鍵
  // 方向光 (r, g, b, x 軸方向 , y 軸方向 , z 軸方向 );
  directionalLight(255, 0, 255, 1, 0, 0); // 光源在左
  }
  if (keyCode == LEFT_ARROW) {  // 若按向左 ← 鍵
  // 方向光 (r, g, b, x 軸方向 , y 軸方向 , z 軸方向 );
  directionalLight(255, 0, 255, -1, 0, 0); // 光源在右
  }
  if (keyCode == UP_ARROW) { // 若按向上 ↑ 鍵
  // 方向光 (r, g, b, x 軸方向 , y 軸方向 , z 軸方向 );
  directionalLight(255, 0, 255, 0, -1, 0); // 光源在下
  }
  if (keyCode == DOWN_ARROW) { // 若按向下 ↓ 鍵
  // 方向光 (r, g, b, x 軸方向 , y 軸方向 , z 軸方向 );
  directionalLight(255, 0, 255, 0, 1, 0); // 光源在上
  }
}
  rotate(angle); // 以 Z 軸為基準來旋轉
  torus(120, 60, 6, 4); // 圓環體 ( 圓的半徑、環的半徑、分割 X=6、Y=4)
  angle += rad; // 角度逐次遞增 0.05
  if (angle > TWO_PI) angle = 0.0; // 條件判斷。若角度大於 360，則歸 0
}
```

本範例一開始整個形狀是藍色環境光的狀態，必須按上、下、左、右鍵，才會有洋紅色的方向光效果。

範例 s-12：點光源 (pointLight) 的設定

點光源就像燈泡一般，是由一個地方擴散開來的光源。

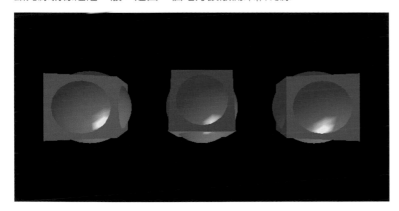

```
var angle = 0.0; // 宣告變數 angle( 角度 ) 並賦值為 0.0
var rad = 0.05; // 宣告變數 rad 並賦值為 0.05


function setup() {
```

```
    createCanvas(700, 350, WEBGL); // 明白標示使用 WEBGL 渲染 (renderer) 方式
    noStroke(); // 無邊線
}

function draw() {
    background(0); // 背景為黑色
    ambientLight(0, 80, 150); // 深藍色環境光
    pointLight(255, 255, 0, 300, 500, 300); // 黃色點光源
    specularMaterial(255, 255, 255); // 鏡面材質（有設這個，點光源會更加明顯）

    push(); // 暫存座標
    translate(-200, 0, 0); // 位移座標
    rotateY(angle); // 以 Y 軸為基準來旋轉
    sphere(65); // 圓球體
    box(100); // 立方體
    pop(); // 恢復座標

    push(); // 暫存座標
    translate(0, 0, 0); // 位移座標
    rotateX(angle); // 以 X 軸為基準來旋轉
    sphere(65); // 圓球體
    box(100); // 立方體
    pop(); // 恢復座標

    push(); // 暫存座標
    translate(200, 0, 0); // 位移座標
    rotateY(-angle); // 以 Y 軸為基準來旋轉
    sphere(65); // 圓球體
    box(100); // 立方體
    pop(); // 恢復座標

    angle += rad; // 角度逐次遞增 0.05
    if (angle > TWO_PI) angle = 0.0; // 條件判斷，若角度大於 360，則歸 0
}
```

302

■ 材質 (Materials) 的設定

p5.js 支援五種類型的材質，而各種材質對光的反應各有不同。

範例 s-13：各種材質 (materials) 的設定

本範例的編程裡，已列舉其中的四種，讀者可利用雙斜線註釋方式逐一測試。至於影像貼圖的材質 (texture)，將於後面再說明。這裡僅提供最後的兩種截圖，即 specularMaterial(左圖) 與 ambientMaterial(右圖)，其它兩種則省略。

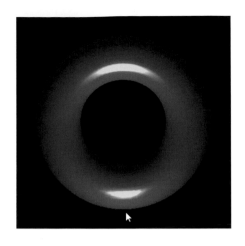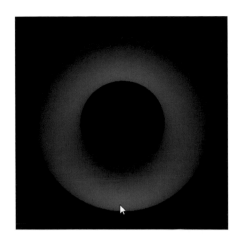

```
var angle = 0.0; // 宣告變數 angle( 角度 ) 並賦值為 0.0
var rad = 0.05; // 宣告變數 rad 並賦值為 0.05

function setup() {
  createCanvas(400, 400, WEBGL); // 明白標示使用 WEBGL 渲染 (renderer) 方式
  frameRate(30); // 播放速率。1 秒 30 個影格
  noStroke(); // 無邊線
}

function draw() {
  background(0); // 背景為黑色
  var locX = mouseX-width/2; // 宣告變數 locX 並代入 mouseX-width/2
  var locY = mouseY-height/2; // 宣告變數 locY 並代入 mouseY-height/2

  ambientLight(50, 50, 50); // 環境光
  // 點光源 (r, g, b, x 軸方向 , y 軸方向 , z 軸方向 );
  pointLight(255, 255, 0, locX, locY, 150);
  rotateY(angle); // 以 Y 軸為基準來旋轉
  rotateX(angle); // 以 X 軸為基準來旋轉
  rotateZ(angle); // 以 Z 軸為基準來旋轉
  //fill(255, 255, 0); // 一般的填塗顏色★材質 1
  //normalMaterial(); // 七彩的普通材質★材質 2
  //ambientMaterial(255, 255, 0); // 環境材質★材質 3
  specularMaterial(255); // 鏡面材質★材質 4
  torus(120, 40, 72, 48); // 圓環體 ( 圓的半徑、環的半徑、X 及 Y 的分割數 )

  angle += rad; // 角度逐次遞增 0.05
  if (angle > TWO_PI) angle = 0.0; // 條件判斷。若角度大於 360，則歸 0
}
```

在畫面上移動滑鼠指標，就會對應到光源的位置。四種材質當中，後兩種對光的反應尤其明顯。

範例 s-14：各種材質與光源的多重應用

上述的材質與光源，均可多重應用。這裡再舉一個範例，看看在其它 3D 形體上的視覺效果。

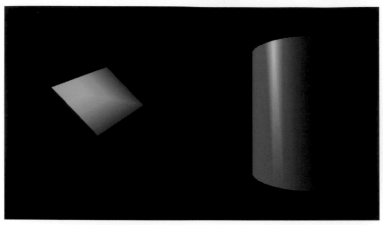

```
function setup() {
  createCanvas(700, 400, WEBGL); // 設定畫布的大小並指定 WEBGL 渲染方式
}

function draw() {
  background(0); // 背景為黑色
  noStroke(); // 無邊線

  var locX = mouseX-height/2; // 宣告變數 locX 並代入滑鼠的 X 座標減高的一半
  var locY = mouseY-width/2; // 宣告變數 locY 並代入滑鼠的 Y 座標減寬的一半

  ambientLight(30); // 環境光 (30)
  directionalLight(255, 0, 255, 0.25, 0.25, 0); // 方向光
  pointLight(0, 255, 255, locX, locY, 250); // 點光源

  push(); // 暫存座標
  translate(-width/4, 0, 0); // 位移座標
  rotateZ(frameCount * 0.02); // 以 Z 軸為基準來旋轉
  rotateX(frameCount * 0.02); // 以 X 軸為基準來旋轉
  specularMaterial(250); // 鏡面材質
  box(100); // 立方體
  pop(); // 恢復座標

  translate(width/4, 0, 0); // 位移座標
  ambientMaterial(250); // 環境材質
  specularMaterial(250); // 鏡面材質
  cylinder(60, 240); // 圓柱體（表面的半徑、柱體的高度）
}
```

範例 s-15：綜合應用的實例

本範例是根據 Daniel Shiffman 的 Coding Challenge #86: Cube Wave by Bees and Bombs 修改。
網址在 https://www.youtube.com/watch?v=H81Tdrmz2LA。

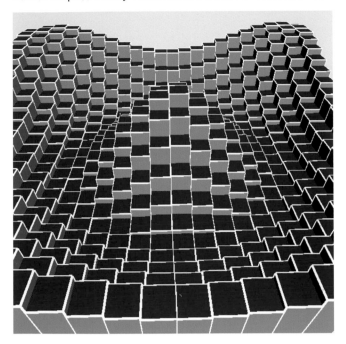

```
/*
This program has been arranged by Ling Te.
Original Code was created by Daniel Shiffman.
*/

var angle = 0; // 宣告變數 angle 並代入 0
var w = 28; // 宣告變數 w 並代入 28
var ma; // 宣告變數 ma
var maxD; // 宣告變數 maxD

function setup() {
  createCanvas(600, 600, WEBGL); // 設定畫布的大小並指定 WEBGL 渲染方式
  ma = atan(cos(PI/6)); // 變數 ma 代入 atan(cos(PI/6))
  maxD = dist(0, 0, width/2, height/2); // 變數 maxD 代入距離函式
}

function draw() {
  background(230); // 背景為淺灰
  rotateX(-ma); // 以 X 軸為基準旋轉 (-ma)
  rotateY(-PI/6+frameCount*0.01); // 以 Y 軸為基準旋轉

  for(var z = 0; z < height; z += w) { // 利用 for 迴圈處理
```

```
for(var x = 0; x < width; x += w) { // 利用 for 迴圈處理
    push(); // 暫存座標
    var d = dist(x, z, width/2, height/2); // 宣告變數 d 並代入距離函式
    var offset = map(d, 0, maxD, -PI, PI); // 宣告變數 offset 並代入映射函式
    var a = angle + offset; // 宣告變數 a 並代入 angle + offset
    var h = floor(map(sin(a), -1, 1, 60, 360)); // 宣告變數 h 並代入整數的映射函式
    translate(x-width/2, 0, z-height/2); // 位移座標
    normalMaterial(); // 七彩的普通材質
    stroke(255);// 白色邊線
    box(w, h, w); // 立方體
    pop(); // 恢復座標
  }
}
angle -= 0.02; // 角度逐次遞減 0.02
}
```

■ 相機 (camera) 的設定
相機是用來設定在 3D 空間中視點的位置。雖然沒有設定相機 (即採用預設的)，也有不錯的視點，但利用 camera() 函式則可以選擇不同的角度來看空間中的圖形物體。camera() 函式擁有九個參數。

```
camera(x, y, z, cX, cY, cZ, upX, upY, upZ);
```
前三個是相機在 x, y, z 軸的位置，亦即相機的所在位置；中間三個為畫布中心點的 x, y, z 座標，亦即相機所注視的座標；後三個則表示相機朝上傾斜的份量，相機無傾斜時，後三個參數通常設定 (0, 1, 0)。

範例 s-16：相機 (camera) 的設定
本範例必須按著鍵盤的上、下、左、右鍵，才會有相機移動的視點效果。

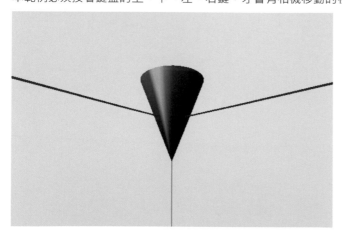

```
var camX = 0, camY = 0; // 宣告兩個變數並賦值為 0
var speed = 3; // 宣告變數 speed 並賦值為 3

function setup() {
  createCanvas(600, 400, WEBGL); // 明白標示使用 WEBGL 渲染 (renderer) 方式
```

```
}

function draw() {
  background(230); // 背景為淺灰

  // 相機設定 ( 相機的 x, y, z 座標、畫布的中心座標、相機朝上傾斜的份量 )
  camera(camX, camY, 200, 0, 0, 0, 0, 1, 0);

  noStroke(); // 無邊線
  ambientLight(50, 50, 50); // 環境光
  // 點光源 (r, g, b, x 軸方向 , y 軸方向 , z 軸方向 );
  pointLight(0, 255, 255, 0, 0, 300);
  specularMaterial(255); // 鏡面材質
  cone(50, 125); // 圓錐體 ( 底部的半徑、錐體的高度 )

  stroke(255, 0, 0); // 紅色
  line(0, 0, 0, 500, 0, 0); // 畫線
  stroke(0, 255, 0); // 綠色
  line(0, 0, 0, 0, 500, 0); // 畫線
  stroke(0, 0, 255); // 藍色
  line(0, 0, 0, 0, 0, 500); // 畫線

  // 相機移動
  if(keyIsPressed) { // 若按下鍵盤
    if(keyCode == LEFT_ARROW) camX -= speed; // 向左鍵
    if(keyCode == RIGHT_ARROW) camX += speed;// 向右鍵
    if(keyCode == UP_ARROW) camY -= speed;  // 向上鍵
    if(keyCode == DOWN_ARROW) camY += speed; // 向下鍵
  }
}
```

若無設定相機，p5.js 所預設的是 camera(0, 0, (height/2.0) / tan(PI*30.0 /180.0), 0, 0, 0, 0, 1, 0)。

此外 p5.js 也提供 perspective() 及 ortho() 這兩種相機功能。perspective() 函式是具有透視感的視點，簡稱透視相機。ortho() 函式則是全無遠近感的視點，又稱正射相機。若需要使用到這兩個函式時，請參閱官網。

19-3 在 3D 空間中的平面圖形

前兩節的單元中，在 3D 基本形的解說裡，刻意保留了 plane() 這個平面形，另在各種材質的說明裡，也將影像貼圖的材質 (texture)，特別留待本節再一起探討。理由是這些功能，基本上均屬 2D 平面的範疇，只不過是在 3D 空間中，也能展現出特殊的表現效果。因此，特闢本單元概括集中一起討論。

範例 s-17：在 3D 空間中翻轉的五個平面形

p5.js 特別提供一個平面形的 plane() 函式，本範例就嘗試繪製這樣的五個平面形，使之在 3D 空間中翻轉。

```
function setup() {
  createCanvas(400, 400, WEBGL); // 創建畫布及設定使用 WEBGL 渲染方式
}

function draw() {
  background(220);
  normalMaterial(); // 七彩的普通材質

  push(); // 暫存座標
  translate(100, 0, 0); // 位移至 x 軸 100 的座標位置
  rotateY(HALF_PI); // 以 Y 軸為基準旋轉 90 度
  rotateZ(frameCount * 0.01);
  rotateX(frameCount * 0.01);
  rotateY(frameCount * 0.01);
  plane(120, 120); // 畫平面形
  pop(); // 恢復座標

  push(); // 暫存座標
  translate(-100, 0, 0); // 位移至 x 軸 -100 的座標位置
  rotateY(HALF_PI); // 以 Y 軸基準旋轉 90 度
  rotateZ(frameCount * 0.01);
  rotateX(frameCount * 0.01);
  rotateY(frameCount * 0.01);
  plane(120, 120); // 畫平面形
  pop(); // 恢復座標

  push(); // 暫存座標
```

```
translate(0, 100, 0); // 位移至 y 軸 100 的位置
rotateX(HALF_PI); // 以 X 軸為基準旋轉 90 度
rotateZ(frameCount * 0.01);
rotateX(frameCount * 0.01);
rotateY(frameCount * 0.01);
plane(120, 120); // 畫平面形
pop(); // 恢復座標

push(); // 暫存座標
translate(0, -100, 0); // 位移至 y 軸 -100 的位置
rotateX(HALF_PI); // 以 X 軸為基準旋轉 90 度
rotateZ(frameCount * 0.01);
rotateX(frameCount * 0.01);
rotateY(frameCount * 0.01);
plane(120, 120); // 畫平面形
pop(); // 恢復座標

push(); // 暫存座標
translate(0, 0, 100); // 位移至 z 軸 100 的座標位置
rotateZ(frameCount * 0.01);
rotateX(frameCount * 0.01);
rotateY(frameCount * 0.01);
plane(120, 120); // 畫平面形
pop(); // 恢復座標
}
```

本範例在 p5.js 線上版執行的結果，無法顯現七彩普通材質的效果（五片全黑）。截圖是拷貝編程貼至線下版後執行的結果。

範例 s-18：在 3D 空間中的六個圓形

其實一般 2D 的圓形或矩形等，也能繪製在 3D 空間中，然後利用滑鼠翻轉，而顯示出應有的視覺效果。

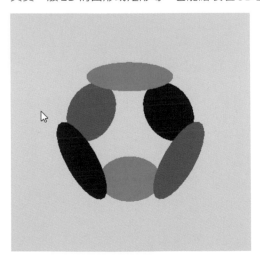

```
function setup() {
  createCanvas(400, 400, WEBGL); // 創建畫布及設定使用 WEBGL 渲染方式
}

function draw() {
  background(220);
  normalMaterial(); // 七彩的普通材質
  // 利用映射函式將滑鼠的 X、Y 座標由原本的 0 ~ 寬及 0 ~ 高對應至 -180 ~ 180 之間
  var rotationX = map(mouseY, 0, height, -PI, PI);
  var rotationY = map(mouseX, 0, width, -PI, PI);
  rotateX(rotationX); // 以 X 軸為基準旋轉 rotationX 的角度
  rotateY(rotationY); // 以 Y 軸為基準旋轉 rotationY 的角度

  push(); // 暫存座標
  translate(100, 0, 0); //x 軸位移至 100 的座標位置
  rotateY(HALF_PI); // 以 Y 軸為基準旋轉 90 度
  ellipse(0, 0, 120, 120); // 畫圓
  pop(); // 恢復座標

  push(); // 暫存座標
  translate(-100, 0, 0); // 位移至 x 軸 -100 的座標位置
  rotateY(HALF_PI); // 以 Y 軸基準旋轉 90 度
  ellipse(0, 0, 120, 120); // 畫圓
  pop(); // 恢復座標

  push(); // 暫存座標
  translate(0, 100, 0); // 位移至 y 軸 100 的位置
  rotateX(HALF_PI); // 以 X 軸為基準旋轉 90 度
  ellipse(0, 0, 120, 120); // 畫圓
  pop(); // 恢復座標

  push(); // 暫存座標
  translate(0, -100, 0); // 位移至 y 軸 -100 的位置
  rotateX(HALF_PI); // 以 X 軸為基準旋轉 90 度
  ellipse(0, 0, 120, 120); // 畫圓
  pop(); // 恢復座標

  push(); // 暫存座標
  translate(0, 0, 100); // 位移至 z 軸 100 的座標位置
  ellipse(0, 0, 120, 120); // 畫圓
  pop(); // 恢復座標

  push(); // 暫存座標
  translate(0, 0, -100); // 位移至 z 軸 -100 的座標位置
```

```
  ellipse(0, 0, 120, 120); // 畫圓
  pop(); // 恢復座標
}
```

範例 s-19：影像貼圖的材質 (texture)

p5.js 的影像貼圖，不限於使用圖片，連影片 (含聲音) 也都能當成材質來貼。而且可貼的物件圖形，也不只限定在 3D 的形狀 (含自行載入的 .obj 檔模型)，連創建圖形 (createGraphics)，參閱 p.251 ～ 252 或自定 2D 形狀 (Custom Shape)，參閱 p.39 ～ 41，均能夠順暢地貼圖。本範例所使用的影片，擷取自 Queen - Innuendo (Official Video) 的片段。編程首行已列出該影片的網址。

311

```
//video source: https://www.youtube.com/watch?v=g2N0TkfrQhY


var img; // 宣告變數 img
var vid; // 宣告變數 vid
var angle = 0; // 宣告變數 angle 並代入 0


function setup(){
  createCanvas(700, 400, WEBGL);

  img = loadImage("Parrot.jpg"); // 載入圖片
  vid = createVideo(["Queen.webm"]); // 創建影片
  vid.loop(); // 影片循環
  vid.hide(); // 影片隱藏
}


function draw(){
  background(230); // 背景為淺灰
  translate(-150,0,0); // 位移座標
  push(); // 暫存座標
  rotateZ(angle * mouseX * 0.001);
```

```
    rotateX(angle * mouseX * 0.001);
    rotateY(angle * mouseX * 0.001);
    texture(vid); // 影片材質
    plane(320, 240); // 平面形
    pop(); // 恢復座標
    translate(300,0,0); // 位移座標
    push(); // 暫存座標
    rotateZ(angle * 0.1);
    rotateX(angle * 0.1);
    rotateY(angle * 0.1);
    texture(img); // 影像材質
    box(120, 120, 120); // 立方體
    pop(); // 恢復座標
    angle += 0.05; // 角度逐次遞增 0.05
}
```

編程當中 texture(vid) 或 texture(img) 就是設定影像貼圖的關鍵,無論是影像或影片,均須透過以前所學過的方式先行創建或載入。

範例 s-20:空中迴旋的桂冠

本範例類似載在頭上的桂冠,持續緩慢在空間中旋轉著。這裡主要是透過平面形的影像貼圖,而紙風車正中央還附加一個小圓球,添增了些許的立體感。

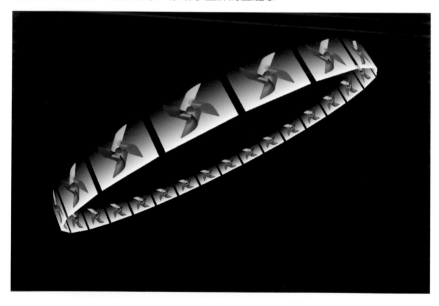

```
var img; // 宣告變數 img

function preload() {
  img = loadImage('paperWindmills.jpg'); // 載入影像
}
```

```
function setup() {
  createCanvas(960, 640, WEBGL); // 創建畫布的大小並設定使用 WEBGL 渲染的方式
}

function draw() {
  background(0); // 背景為黑色
  translate(0, 0, -300); // 位移座標
  rotateY(frameCount*0.005); // 以 Y 軸為基準旋轉 ( 影格計數 *0.005)
  rotateX(map(sin(frameCount*0.005), -1, 1, -PI/2-PI/6, -PI/2+PI/6)); // 以 X 軸為基準旋轉
  var r = 500; // 宣告變數 r 並代入 500
  for(var angle = 0; angle < 360; angle += 15) { // 利用 for 迴圈處理
    var theta = radians(angle); // 宣告變數 theta 並代入 radians(angle)
    var x = cos(theta) * r; // 宣告變數 x 並代入三角函數的 cos(theta)*r
    var y = sin(theta) * r; // 宣告變數 y 並代入三角函數的 sin(theta)*r
    push(); // 暫存座標
      translate(x, y); // 位移座標。注意：這裡已經是三角函數的圓心
      rotateZ(theta); // 以 Z 軸為基準旋轉
      rotateX(PI/2); // 以 X 軸為基準 (90 度 )
      rotateY(PI/2); // 以 Y 軸為基準 (90 度 )
      normalMaterial(); // 七彩的普通材質
      sphere(6); // 圓球體 ( 圓球的半徑 )
      texture(img); // 影像材質
      plane(120, 80); // 平面形
    pop(); // 恢復座標
  }
}
```

範例 s-21：載入 obj 檔案的 3D 模型

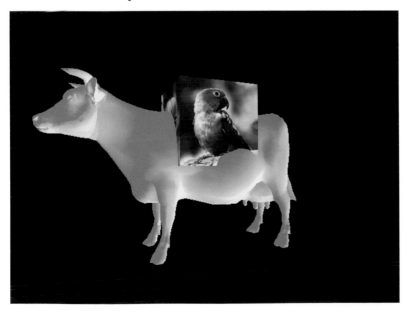

```
var angle = 0; // 宣告變數 angle 並代入 0
var parrot; // 宣告變數 parrot
var cow; // 宣告變數 cow

function preload() {
  parrot = loadImage('parrot_2.jpg'); // 載入影像
  cow = loadModel('cow-nonormals.obj'); // 載入模型
}

function setup() {
  createCanvas(640, 480, WEBGL); // 畫布的大小並設定 WEBGL 的渲染方式
}

function draw() {
  background(0); // 背景為黑色
  noStroke(); // 無邊線
  ambientLight(255, 180, 30); // 環境光
  directionalLight(255, 200, 255, -1, -1, 0); // 方向光
  rotateX(PI); // 以 X 軸為基準旋轉 180 度
  rotateY(angle); // 以 Y 軸為基準旋轉
  translate(0, 50, 0); // 位移座標
  texture(parrot); // 影像材質
  box(120); // 立方體
  translate(0, -50, 0); // 位移座標
  scale(40); // 放大 40 倍
  model(cow); // 模型
  angle += 0.01; // 角度逐次遞 0.01
}
```

本範例已非全是 2D 的圖形，卻又回到 3D 的形體了，只是這 3D 的形體已經利用其它程式或軟體所製作的檔案資料。而 3D 電腦繪圖界，赫赫有名的就屬 Shader 這個程式。儘管 p5.js 已經能夠跟 Shader 搭上關係，內行的專業人士早就知道，Shader 在 3DCG 的表現威力了。但由於 Shader 也是另一種程式語言，作為一本 p5.js 的入門書，或許不必牽扯太多過於專業的技術問題，只好將 p5.js 所提供與 Shader 相關的功能全部割捨。留待有興趣的讀者再去探尋摸索。以下所列的網址就是 Shadertoy 的官網。從中你應可體會領略到 Shader 的魅力。

https://www.shadertoy.com/

此外，另一個網址還有學習 Shader 程式的線上書籍，目前部份章節的內容，已有簡體字的中文版。

https://thebookofshaders.com/

這是想要學習 Shader 程式者，非常值得持續密切關注的位址。本章 p5.js 的 3DCG 就敘述到此。

第 20 章 遊戲製作

遊戲製作可以說是 p5.js 功能的一種綜和運用。雖然官網可以查閱到，有 p5.play 這個專為遊戲製作所研發的程式庫。但本章所舉的範例，卻完全沒有使用到該程式庫的任何函式，這意味著只要藉著 p5.js 本身的功能，也能夠進行所謂的遊戲製作。也許利用 p5.play 程式庫來開發遊戲製作，會比較方便或容易些。但這並非代表 p5.js 的遊戲製作，只能藉著 p5.play 該程式庫才能進行。

20-1 簡易的 Pong 遊戲製作

本單元所舉的範例，是復古型的單人版 Pong 遊戲。相信很多人都玩過這類的遊戲，只是未必親自以程式語言來撰寫，使其具體實現罷了。就讓我們從最簡易的 Pong 遊戲製作入手吧！

範例 t-01：單人版的 Pong 遊戲
本範例的遊戲製作，其最大特色是小球的速度能越加越快，而板子卻會越來越短。

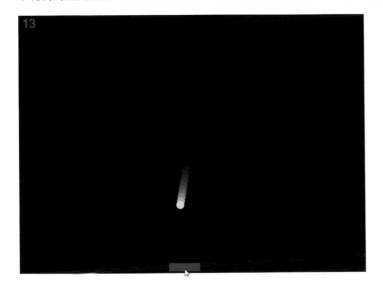

```
var barSize; // 宣告變數 barSize( 板子的大小 )
var barPos; // 宣告變數 barPos( 板子的位置 )
var score; // 宣告變數 score( 計分器 )
var ballVel; // 宣告變數 ballVel( 球的速度 )
var ballPos; // 宣告變數 ballPos( 球的位置 )

function preload() { // 預先載入檔案的函式
  sound = loadSound("blip.wav"); // 載入聲音檔案
}

function startGame(){
  barSize = 150; // 板子大小的初始值為 150
  ballPos = createVector(width/2, height/2); // 球位置的初始值在中央
  ballVel = createVector(random(-3, 3), random(1, 6)); // 小球的速度代入創建向量 ( 亂數 )
```

```
  barPos = createVector(mouseX, height-25); // 板子的位置代入創建向量（滑鼠的 X 座標，高減 25）
  score = 0; // 計分器代入 0
}

function setup() {
  createCanvas(860, 640); // 畫布的大小
  background(0); // 背景為黑色
  startGame(); // 遊戲開始
}

function draw() {
  // 板子的 x 座標代入限制函式（滑鼠 X 座標，板子的大小 /2, 寬減板子的大小 /2）
  barPos.x = constrain(mouseX, barSize/2, width-barSize/2);
  ballPos.add(ballVel); // 小球的位置（增加速度）

  if(ballPos.x < 0 || ballPos.x > width) ballVel.x *= -1; // 條件判斷．折返
  if(ballPos.y < 0) ballVel.y *= -1; // 條件判斷．折返

  if(ballPos.y > barPos.y) { // 條件判斷．若小球 y 座標的位置大於板子 y 座標的位置
    // 條件判斷．若小球的 x 座標位置大於板子的位置而且小於板子的 x 座標位置（有碰觸時）
    if(ballPos.x > barPos.x - barSize/2 && ballPos.x < barPos.x + barSize/2) {
      sound.play(); // 聲音播放
      ballVel.y *= -1; // 小球 y 座標的速度逆轉
      // 小球 x 座標的速度逐次遞增映射函式（映射對象，原在正負 barSize/2, 對應到正負 2 之間）
      ballVel.x += map(ballPos.x-barPos.x, -barSize/2, barSize/2, -2, 2);
      barSize *= 0.95; // 板子逐次遞減大小 (*0.95)
      ballVel.mult(1.1); // 小球的速度乘以 1.1
      score++; // 計分器逐次遞增 1
    } else { // 否則
      startGame(); // 遊戲重新開始（相當於遊戲結束）
    }
  }

  noStroke(); // 無邊線．這三行是小球移動的軌跡殘影
  fill(0, 50); // 填塗黑色（有透明度）
  rect(0, 0, width, height); // 繪製同畫布大小的矩形

  noStroke(); // 無邊線
  fill(80, 0, 255); // 板子的顏色
  rect(barPos.x-barSize/2, barPos.y, barSize, 20); // 繪製板子

  fill(255, 255, 0); // 小球的顏色
  ellipse(ballPos.x, ballPos.y, 20, 20); // 小球
```

316

```
    fill(255, 0, 150); // 計分器的顏色
    textSize(30); // 文字的大小
    text(score, 10, 30); // 顯示文字
}
```

本範例主要是利用 p5. Vector 編寫代碼的方式來完成。本書一直都未曾出現過 p5. Vector 的編程方式，藉此遊戲製作的機會，也做一些簡單的介紹。這裡所謂的向量 (vector)，是指歐氏幾何的向量，這是專門用來表示一個既有大小又有方向的幾何對象。向量通常是用帶有箭頭的線段來表示，線段的長度表示向量的大小，而箭頭所指的方位就是向量的方向。

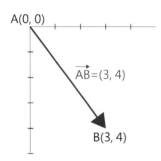

圖 20-1：向量的表示方法　　● **createVector()** →用來創建向量的函式。

先前為了製作圓球的動畫效果，編寫程式時都必須宣告 x, y 座標的位置以及 x, y 軸方向的速度。例如：

var posX, posY; // 一般變數其 x, y 座標位置的宣告方式

var speedX, speedY; // 一般變數其 x, y 軸方向速度的宣告方式

如果改用向量的編寫方式，宣告變數的代碼則可改成：

var position; //p5.js.Vector 宣告變數 position 的方式

var speed; //p5.js.Vector 宣告變數 speed 的方式

而之前為了設定各種變數的初始值，就必須像這麼編寫：

posX = 300; //x 座標位置的賦值方式

posY = 200; //y 座標位置的賦值方式

speedX = 1; //x 軸方向之速度的賦值方式

speedY = 2.5; //y 軸方向之速度的賦值方式

改用向量的編寫方式，來設定各種變數的初始值時，p5.js 的代碼則需改成：

position = createVector(300, 200); //p5.js.Vector 其位置的賦值方式

speed = createVector(1, 2.5) ; //p5.js.Vector 其速度的賦值方式

若要在某座標位置上畫圓，之前就必須這麼編寫：

ellipse(posX, posY, 20, 20); // 在 x 與 y 座標的位置上畫圓

改用向量的編寫方式，則變成是這樣：

ellipse(position.x, position.y, 20, 20); // 在 x 與 y 座標的位置上畫圓

之前的寫法，為了實現圓球移動的效果，通常是採用「新位置 = 原位置 + 速度」的概念來編寫。例如：

posX = posX + speedX; // posX 逐次遞增 speedX。亦可改寫成 posX += speedX;

posY = posY + speedY; // posY 逐次遞增 speedY。亦可改寫成 posY += speedY;

若採用向量的編寫方式，這部分則採用了跟之前完全不同的函式表示方法。例如：

position. add(speed); // 向量的加法（速度）

position. sub(speed); // 向量的減法（速度）

speed.mult(1.1); // 速度向量的乘法 (1.1)

317

由上面的解說，我們逐步可以來瞭解向量的加法 (add)，究竟是怎麼一回事？

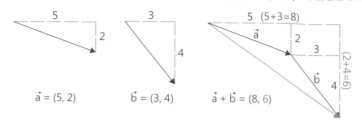

圖 20-2：向量的加法

假設 a 是某位置 (position) 的速度 (speed) 向量、b 是接續位置 (position) 的速度 (speed) 向量，經過速度向量相加後，則新位置的向量應當是 (8, 6)。

如果是向量的減法 (sub)，那將又是怎麼一回事呢？由下列的圖示就可以得知其結果是 (2, 2)。

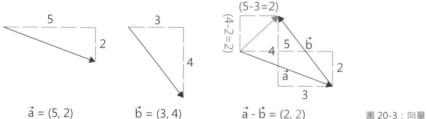

圖 20-3：向量的減法

透過以上的解說，本範例所有的代碼大致上應當能夠理解了。否則某些代碼的含意與作用，則會完全摸不著頭緒。當然向量還能利用更多不同的運算功能，甚至 p5.Vector 也適用於三次元的空間，亦即變數可以增加 Z 軸的座標。不過這些功能，似乎已經超出一本「編程入門」的範圍太多了，因此，向量的部份就敘述到此。有興趣的讀者，可參閱 Daniel Shiffman 著「代碼本色 (The Nature of Code)」一書的第一章。

範例 t-02：雙人版的 Pong 遊戲

本範例依然是 Pong 遊戲製作，只是將單人修改成雙人可以一起玩的版本。俗話說：獨樂樂，不如眾樂樂。但編寫程式的方法，則已捨棄上個範例的 p5.Vector，完全是採用一般的 p5.js 編寫模式。

```
/*This program has been arranged by Ling Te.
  Original Code was created by Eason Chang.*/

var BallSize = 20;        // 宣告變數 BallSize 並代入 20
var BallSpeed = 10;       // 宣告變數 BallSpeed 並代入 10
var BarWidth = 10;        // 宣告變數 BarWidth 並代入 10
var BarHeight = 120;       // 宣告變數 BarHeight 並代入 120
var BarSpeed = 5;          // 宣告變數 BarSpeed 並代入 5
var dis_Width = 800;       // 宣告變數 dis_Width 並代入 800
var dis_Height = 600;      // 宣告變數 dis_Height 並代入 600
var p1_y = dis_Height/2;  // 宣告變數 p1_y 並代入 dis_Height/2
var p2_y = dis_Height/2;  // 宣告變數 p2_y 並代入 dis_Height/2
var p1_score = 0;          // 宣告變數 p1_score 並代入 0
var p2_score = 0;          // 宣告變數 p2_score 並代入 0
var ball_x;               // 宣告變數 ball_x
var ball_y;               // 宣告變數 ball_y
var ballX_vel = BallSpeed; // 宣告變數 ballX_vel 並代入 BallSpeed
var ballY_vel = BallSpeed; // 宣告變數 ballY_vel 並代入 BallSpeed
var gamePaused = false;    // 宣告變數 gamePaused 並代入假
var gameStarted = false;   // 宣告變數 gameStarted 並代入假

function preload() { // 預先載入檔案的函式
  sound = loadSound("blip.wav"); // 載入聲音檔案
}

function setup() {
  dis_Width = windowWidth;  //dis_Width 代入視窗的寬
  dis_Height = windowHeight; //dis_HEIGHT 代入視窗的高
  createCanvas(dis_Width, dis_Height); // 創建畫布的寬高
  rectMode(CENTER); // 矩形的繪製模式 ( 中間 )
  ball_x = dis_Width/2;    // 小圓球的 x 座標代入寬的一半
  ball_y = dis_Height/2+60; // 小圓球的 y 座標代入寬的一半 +60
}

function draw() {
  if(!gamePaused && gameStarted) { // 條件判斷。如果 ( 非遊戲暫停而且是遊戲開始 )
    playerControl();   // 呼叫 ( 調用 )playerControl() 函式
    ballMove();        // 呼叫 ( 調用 )ballMove() 函式
    ballImpact();      // 呼叫 ( 調用 )ballImpact() 函式
    checkOutsideBall();// 呼叫 ( 調用 )checkOutsideBall() 函式
  }
  displayGame(); // 呼叫 ( 調用 )displayGame() 函式
  displayGUI(); // 呼叫 ( 調用 )displayGUI() 函式
}
```

```
function keyPressed() { // 當按下鍵盤事件的函式
  if(keyCode == ENTER) { // 條件判斷。如果（按下 ENTER 鍵）
    if(!gameStarted) {  // 條件判斷。如果（非遊戲開始）
      gameStarted = true;// 遊戲開始代入真
    } else { // 否則
      gamePaused = !gamePaused; // 遊戲開始代入非遊戲開始
    }
  }
}


function playerControl() { // 自定 playerControl() 函式
  if(keyIsDown(65) || keyIsDown(119)) { // 條件判斷。如果（按下 a 鍵或 ↑ 鍵）
    if(p1_y-BarHeight/2 > 0) { // 條件判斷。如果（板子 1 的 y 座標大於 0）
      p1_y -= BarSpeed; // 板子 1 的 y 座標逐次遞減板子的速度
    }
  } else if (keyIsDown(90) || keyIsDown(115)) { // 條件判斷。如果（按下 z 鍵或 ↓ 鍵）
    if(p1_y+BarHeight/2 < dis_Height) { // 條件判斷。如果（板子 1 的 y 座標小於高）
      p1_y += BarSpeed; // 板子 1 的 y 座標逐次遞增板子的速度
    }
  }
```

```
  if(keyIsDown(UP_ARROW)) { // 條件判斷。如果按下（向上鍵）
    if(p2_y-BarHeight/2 > 0) { // 條件判斷。如果（板子 2 的 y 座標大於 0）
      p2_y -= BarSpeed; // 板子 2 的 y 座標逐次遞減板子的速度
    }
  } else if (keyIsDown(DOWN_ARROW)) { // 條件判斷。如果按下（向下鍵）
    if(p2_y+BarHeight/2 < dis_Height) { // 條件判斷。如果（板子 2 的 y 座標小於高）
      p2_y += BarSpeed; // 板子 2 的 y 座標逐次遞增板子的速度
    }
  }
}


function ballMove() {  // 自定 ballMove() 函式
  ball_x += ballX_vel; // 小圓球的 x 座標逐次遞增小圓球 x 的加速度
  ball_y += ballY_vel; // 小圓球的 y 座標逐次遞增小圓球 y 的加速度
}


function ballImpact() { // 自定 ballImpact() 函式
  if(ball_y+BallSize/2 > dis_Height || ball_y-BallSize/2 < 0) { // 條件判斷。如果（小圓球 y 座標大於高或小於 0）
    ballY_vel = -ballY_vel; // 小圓球的加速度逆轉方向
  }

  // 條件判斷。如果符合下列的條件時，這裡主要是用來判斷小圓球是否跟玩家 1 的板子碰撞到
```

```
    if(ball_x <= 30+BarWidth/2 && ball_x >= 30-BarWidth/2 && ball_y >= p1_y-BarHeight/2 && ball_y <=
p1_y+BarHeight/2) {
      sound.play(); // 聲音播放
      ballX_vel = -ballX_vel; // 逆轉小圓球的加速度的方向
      ballY_vel += (ball_y-p1_y)*12/(BarHeight/2); // 根據撞擊的位置稍微改變小圓球 y 軸的加速度
      if(ballY_vel > BallSpeed) // 條件判斷。如果 ( 小圓球 y 軸的加速度大於小圓球的速度 )
        ballY_vel = BallSpeed; // 小圓球 y 軸的加速度則代入小圓球的速度
        else if(ballY_vel < -BallSpeed) // 否則如果 ( 小圓球 y 軸的加速度小於負的小圓球速度 )
            ballY_vel = -BallSpeed; // 小圓球 y 軸的加速度代入負的小圓球速度
    }


    // 條件判斷。如果符合下列的條件時，這裡主要是用來判斷小圓球是否跟玩家 2 的板子碰撞到
    if(ball_x >= dis_Width-30-BarWidth/2 && ball_x <= dis_Width-30+BarWidth/2 && ball_y >= p2_
y-BarHeight/2 && ball_y <= p2_y+BarHeight/2) {
      sound.play(); // 聲音播放
      ballX_vel = -ballX_vel; // 逆轉小圓球的加速度的方向
      ballY_vel += (ball_y-p2_y)*12/(BarHeight/2); // 根據撞擊的位置稍微改變小圓球 y 軸的加速度
      if(ballY_vel > BallSpeed) // 條件判斷。如果 ( 小圓球 y 軸的加速度大於小圓球的速度 )
        ballY_vel = BallSpeed; // 小圓球 y 軸的加速度則代入小圓球的速度
        else if(ballY_vel < -BallSpeed) // 否則如果 ( 小圓球 y 軸的加速度小於負的小圓球速度 )
            ballY_vel = -BallSpeed; // 小圓球 y 軸的加速度代入負的小圓球速度
    }
}


function checkOutsideBall() { // 自定 checkOutsideBall() 函式
  if(ball_x > dis_Width) { // 條件判斷。如果 ( 小圓球的 x 座標大於寬 )
    ball_x = dis_Width/2; // 小圓球的 x 座標等於寬 /2
    ball_y = dis_Height/2;// 小圓球的 y 座標等於高 /2
    p1_score++; // 玩家 1 的計分逐次遞增 1
  } else if(ball_x < 0) { // 否則如果 ( 小圓球小於 0 )
    ball_x = dis_Width/2; // 小圓球的 x 座標等於寬 /2
    ball_y = dis_Height/2;// 小圓球的 y 座標等於高 /2
    p2_score++; // 玩家 2 的計分逐次遞增 1
  }
}


function displayGame() { // 自定 displayGame() 函式
  background(0); // 背景為黑色
  stroke(100); // 線條暗灰
  line(width/2, 0, width/2, height); // 中間隔線
  noStroke(); // 無邊線
  fill(255, 0, 0); // 填塗紅色
  rect(30, p1_y, BarWidth, BarHeight); // 玩家 1 的板子
  fill(0, 255, 0); // 填塗綠色
```

321

```
    rect(dis_Width-30, p2_y, BarWidth, BarHeight); // 玩家 2 的板子

    fill(255, 255, 0); // 填塗黃色

    ellipse(ball_x, ball_y, BallSize, BallSize); // 小圓球

}


function displayGUI() { // 自定 displayGUI() 函式

    if(gamePaused) { // 條件判斷。如果（遊戲暫停）

    textSize(100); // 文字的大小

    fill(255); // 填塗白色

    textAlign(CENTER); // 文字編排（居中）

    text("Paused", dis_Width/2, dis_Height/2); // 顯示文字

    }


    if(!gameStarted) { // 條件判斷。如果（非遊戲開始）

    textAlign(CENTER); // 文字編排（居中）

    textSize(100); // 文字的大小

    fill(255, 255, 0); // 填塗黃色

    text("Pong!", dis_Width/2, 150); // 顯示文字

    fill(200); // 填塗淺灰色

    textSize(60); // 文字的大小

    text("Press ENTER to Start", dis_Width/2, dis_Height/2); // 顯示文字

    textSize(32); // 文字的大小以及顯示文字

    text("Left player: A, Z to move\nRight player: UP, DOWN to move\nPress ENTER to Pause", dis_Width/2,
dis_Height/2+150);

    }

    textSize(30); // 文字的大小

    textAlign(LEFT); // 文字編排（靠左）

    fill(255, 0, 0); // 填塗紅色

    text(p1_score, 30, 30); // 顯示文字

    textAlign(RIGHT); // 文字編排（靠右）

    fill(0, 255, 0); // 填塗綠色

    text(p2_score, dis_Width-30, 30); // 顯示文字

}
```

這個遊戲是藉著甲方未順利碰觸到或攔住小圓球，才能夠讓乙方得分，反過來說，若自己每次都能夠順利撞擊到或擋住小圓球，對方就無法得分。因此，整個編程裡最核心的重點，是如何確認小圓球是否碰觸到玩家 1 或玩家 2 的板子呢？這個條件判斷的編寫方式，非常值得冷靜去思考一下。怎麼判斷小圓球是否已跟雙方板子碰觸的問題，亦即如何累計雙方的得分，就變成是整個遊戲製作專案編程的關鍵所在。原編程刊載發表於 https://www.easonchang.com/2016/03/19/100sites-007-pong/。改編自「Eason's Playground」，原作者是 Eason Chang。

此外，本範例的編程裡，一般鍵盤各按鍵的代碼數值，可由網路搜尋一下，就能查閱到相關的資料。下列這個網址就是其中的解說之一。

http://web.tnu.edu.tw/me/study/moodle/tutor/vb6/tutor/r03/index.htm

20-2 較複雜的躲避遊戲製作

遊戲製作所牽扯的層面，原本就比一般的問題來得廣泛，因此，可能需要使用到較複雜的解決方法或手段，此時就必須仰賴更高階的編程技術。本單元僅列舉一個範例，看看究竟使用到哪些技術來解決哪些問題？

範例 t-03：躲避魚群攻擊的遊戲

本範例的編程有點難度，特別是時間的計數與魚群倍數的增生部份，如果沒有 p5.js 編程方面相當經驗的累積，想要完成此類專案的遊戲製作，的確是一件不容易之事。

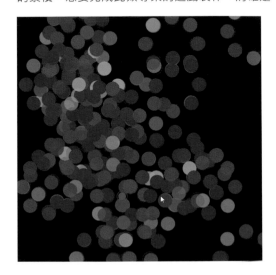

```
/*This program has been arranged by Ling Te.
  Original Code was created by Katsumi Shibata.*/

const sharkCount = 1; // 宣告常數 sharkCount 並賦值為 1
const maxSharks = 128; // 宣告常數 maxSharks 並賦值為 128
var sharks, me; // 宣告兩個變數 sharks, me
var startTime, nowMinStr, nowSecStr, nowMilSecStr; // 宣告四個變數
var tmpLvupTime = 0, lvupTime = false; // 宣告兩個變數並分別賦值
var so = 200; // 宣告變數 so 並代入 200
var sound; // 宣告變數 sound

function preload() { // 預先載入檔案的函式
  sound = loadSound('Scream.wav'); // 載入聲音檔案
}

function setup() {
  createCanvas(640, 640); // 創建畫布的大小
  background(0); // 背景為黑色
  colorMode(HSB); // 設定 HSB 色彩模式
  // 變數 sharks 代入陣列從新的陣列 (shark 計數 1 開始 ) 填塗 ( 新的 Shark( 亂數位置 ( 寬 ), 亂數位置 ( 高 ))))
```

```
sharks = Array.from(new Array(sharkCount).fill(new Shark(random(width), random(height))));
me = new Me(); //me 代入新的 Me 函式
startTime = Date.now(); // 開始的時間代入 Date.now() 函式
}


function draw() {
  noStroke(); // 無邊線。此三行為小圓球移動的軌跡殘留
  fill(0, 0.2); // 填塗黑色但設有透明度
  rect(0, 0, width, height); // 繪製同畫布大小的矩形

  if(me.isAlive) { // 條件判斷。若 (me 是存活時 )
   for(var i = 0; i < sharks.length; i++) { // 利用 for 迴圈處理
     sharks[i].update(); //sharks 陣列的更新
     sharks[i].checkEdges(i); //sharks 陣列的查核邊緣
     sharks[i].disp(225, 22, 100); //sharks 陣列的顯示 ( 顏色 )
   }
     me.checkEdges(); //me 的查核邊緣
     me.disp(50, 90, 100); //me 的顯示顏色
     checkLocs(); // 查核位置用的函式
     getTime(); // 獲取時間的函式
   if(lvupTime) { lvup(); } // 條件判斷。如果 (lvupTime) 則執行 lvup() 函式
  }
  if(!me.isAlive) { // 條件判斷。如果 ( 非 me.isAlive)
   if (so >= 0) { // 條件判斷。若 (so 大於等於 0)
     sharks.forEach(meteo => { meteo.endSq(so); });
     so -= 2; //so 逐次遞減 2
     }
     me.disp(150, 50, 50); //me 顯示 ( 顏色 )
   if (so < 0) { // 條件判斷。若 (so 小於 0)
     noStroke(); // 無邊線
     fill(0, 0, 80, 1); // 填塗淺灰色
     textSize(80); // 文字的大小
     text(nowMinStr, 185, height/2-250); // 顯示文字
     text(':' + nowSecStr, 275, height/2-250); // 顯示文字
     text(':' + nowMilSecStr, 375, height/2-250); // 顯示文字
     text('GAME OVER', 75, height/2+40); // 顯示文字
     textSize(40); // 文字的大小
     text('Reload to Try Again', 150, height/2+300); // 顯示文字
     noLoop(); // 不循環處理
     }
   }
}


function checkLocs() { // 查核位置用的函式
```

```
  for(var i = 0; i < sharks.length; i++) { // 利用 for 迴圈處理

    // 條件判斷 ( 測距函式 ( 兩點的距離 ) 小於 me. 半徑 /4)

    if(dist(me.loc.x, me.loc.y, sharks[i].loc.x, sharks[i].loc.y) < me.rad/4) {

      me.isAlive = false; //me. 存活為假

      sound.play(); // 播放聲音

    }

  }

}


function lvup() { // 自定的 lvup() 函式 ( 時間進位用 )

  var nowLength = sharks.length; // 宣告變數 nowLength 並代入 sharks 的長度

  for(var i = 0; i < nowLength; i++) { // 利用 for 迴圈處理

    sharks.push(new Shark(sharks[i].loc.x, sharks[i].loc.y)) // 推出新 sharks( 陣列 )

  }

  lvupTime = false; //lvupTime 代入假

}


class Shark { //Shark 類別

  constructor(ex, ey) { // 構造函式

    this.loc = createVector(ex, ey); // 位置

    this.vel = createVector(0, 0); // 加速度

    this.rad = 8; // 半徑

  }

  update() { // 更新用的函式

    var mouse = createVector(mouseX, mouseY); // 宣告變數 mouse 並代入創建向量

    var dir = p5.Vector.sub(mouse, this.loc); // 宣告變數 dir 並代入 p5 向量減法

    var magn = p5.Vector.mag(dir); // 宣告變數 magn 並代入 p5 向量的長度 ( 方向 )

    dir.normalize(); // 方向向量的單位化向量函式

    dir.mult(10/magn); // 方向向量的乘法 (10/magn)

    this.acc = dir; // 重力代入方向

    this.vel.add(this.acc); // 速度的加法 ( 重力 )

    this.vel.limit(4.0); // 限制向量的長度 (4.0)

    this.loc.add(this.vel); // 位置的加法 ( 速度 )

  }

  disp(h, s, b) { // 顯示用的函式

    noStroke(); // 無邊線

    fill(h, s, b, 1); // 填塗顏色

    ellipse(this.loc.x, this.loc.y, this.rad); // 畫圓

  }

  checkEdges(i) { // 查核邊緣用的函式

    if (i < 64) { // 如果 (i 小於 64)

      if (this.loc.x > width) { // 如果 (x 座標大於寬 )

        this.loc.x = 0; // 則 x 座標代入 0

      } else if (this.loc.x < 0) { // 否則如果 (x 座標小於 0)
```

325

```
        this.loc.x = width; // 則 x 座標代入寬
      }
      if (this.loc.y > height) { // 如果 (y 座標大於高 )
        this.loc.y = 0; // 則 y 座標代入 0
      } else if (this.loc.y < 0) { // 否則如果 (y 座標小於 0)
        this.loc.y = height; // 則 y 座標代入高
      }
    } else { // 否則
      if (this.loc.x > width) { // 如果 (x 座標大於寬 )
        this.loc.x = width; // 則 x 座標代入寬
      } else if (this.loc.x < 0) { // 否則如果 (x 座標小於 0)
        this.loc.x = 0; // 則 x 座標代入 0
      }
      if (this.loc.y > height) { // 如果 (y 座標大於高 )
        this.loc.y = height; // 則 y 座標代入高
      } else if (this.loc.y < 0) { // 否則如果 (y 座標小於 0)
        this.loc.y = 0; // 則 y 座標代入 0
      }
    }
  }
  endSq(so) { // 遊戲結束的處理函式
    for(var rotAngle = 0; rotAngle < 360; rotAngle += 45) { // 利用 for 迴圈處理
      push(); // 暫存座標
      translate(this.loc.x, this.loc.y); // 位移原點座標
      rotate(radians(rotAngle)); // 旋轉座標
      noStroke(); // 無邊線
      fill(random(180, 320), 100, 100, so/100); // 填塗顏色
      ellipse(0, 110-so/2, this.rad*map(so, 200, 0, 10, 1)); // 畫圓
      pop(); // 恢復座標
    }
  }
}


class Me { //Me 類別
  constructor() { // 構造函式
    this.loc = createVector(0, 0); // 位置代入創建向量 (0, 0)
    this.rad = 20; // 半徑代入 20
    this.isAlive = true; // 存活為真
  }
  checkEdges() { // 查核邊緣的函式
    var mX = mouseX, mY = mouseY; // 宣告兩個變數 mX, mY 並分別代入 mouseX, mouseY
    if (mX > width) { // 如果 (mX 大於寬 )
      mX = width; // 則 mX 代入寬
    } else if (mX < 0) { // 否則如果 (mX 小於 0)
```

```
            mX = 0; // 則 mX 代入 0
        }
        if (mY > height) { // 如果 (mY 大於高 )
            mY = height; // 則 mY 代入高
        } else if (mY < 0) { // 否則如果 (mY 小於 0)
            mY = 0; // 則 mY 代入 0
        }
        this.loc = createVector(mX, mY); // 位置代入創建向量 (mX, mY)
    }
    disp(h, s, b) { // 顯示用的函式
        fill(h, s, b, 1); // 填塗顏色
        noStroke(); // 無邊線
        ellipse(me.loc.x, me.loc.y, this.rad); // 畫圓
        noFill(); // 無填塗顏色
        stroke(h, s, b, 1); // 線條顏色
        strokeWeight(1); // 線寬
        ellipse(me.loc.x, me.loc.y, this.rad+7); // 畫圓
    }
}


function getTime() { // 獲取時間用的函式
    var justNow = Date.now()-startTime; // 宣告變數 justNow 並代入整數
    var nowMin = floor(justNow/1000/60); // 宣告變數 nowMin 並代入整數
    var nowSec = floor(justNow/1000%60); // 宣告變數 nowSec 並代入整數
    var nowMilSec = floor((justNow-nowMin*60000-nowSec*1000)/10);// 宣告變數 nowMilSec
    nowMinStr = setZero(nowMin); // 變數 nowMinStr 代入 setZero(nowMin)
    nowSecStr = setZero(nowSec); // 變數 nowSecStr 代入 setZero(nowSec)
    nowMilSecStr = setZero(nowMilSec); // 變數 nowMilSecStr 代入 setZero(nowMilSec)
    if(nowSec%10 == 0 && nowSec != tmpLvupTime) { // 條件判斷。如果 ( ～ 而且非～ )
        if (sharks.length < maxSharks) { lvupTime = true; } // 若 ( 符合條件 ) 則 lvupTime 為真
        tmpLvupTime = nowSec; // 則 tmpLvupTime 代入 nowSec
    }
    noStroke(); // 無邊線
    fill(0, 0, 100, 0.04); // 填塗顏色
    textSize(80); // 文字的大小
    text(nowMinStr, 185, height/2-250); // 顯示文字
    text(':' + nowSecStr, 275, height/2-250); // 顯示文字
    text(':' + nowMilSecStr, 375, height/2-250); // 顯示文字
}


function setZero(num) { // 自定 setZero() 函式
    var addZero; // 宣告變數 addZero
    if (num < 10) { // 條件判斷。如果 (num 小於 10)
        addZero = "0" + num; //addZero 代入 0+num
```

```
    } else { addZero = num; } // 否則 addZero 代入 num
    return addZero; // 返回 addZero
}
```

原遊戲的編程作者是 K. Shibata，刊載發表於 https://infosmith.biz/blog/it/p5js-game-meteoroids 這網址。

本遊戲製作範例的代碼裡，出現了好幾個陌生的新面孔，諸如第 21 行的「sharks = Array.from(new Array(sharkCount).fill(new Shark(random(width), random(height))));」就是其中之一。僅此一行的語法，連 p5.js 官網的參考文獻，也未必查閱得到相關的使用說明。似乎還須往 ES2015 標準的 Javascript 規範相關書籍或網站，才能看得到較詳細的介紹。此外，本章第 1 個範例的編程說明，已經簡單解說過 p5.Vector 向量的編寫方式，而本範例則是往更加複雜的運算功能推進（詳見第 88 行～98 行），若沒有相當基礎，是很難理解本範例所有代碼的作用。

當然利用這個範例還隱含著另一層深意：雖說 p5.js 很容易入手，但並非代表它的功能與作用就一定很單純或者很陽春。當你越深入去理解、應用它，你就越會發現它比想像中還要複雜，只是何時你需要利用到這些複雜的技術。不過話說回來，再怎麼複雜、困難的事，做久了也會變得簡單。最後，就以此話來跟各位共勉。

328

附錄：撰碼技巧與偵錯

當我們使用 p5.js 撰寫代碼之時，難免會遇上各種語法的編寫錯誤，或程式表面看似無誤，但卻不能正常運作的情形。如果是屬於前者的狀況，p5.js 通常會在控制台顯示出錯誤的訊息。只要稍微具備粗淺的英文能力，大致上都能立即反應而修正過來。若是屬於後者的情況，有時難免就會讓人感到沮喪，甚至導致編程學習心情上的挫折。本附錄旨在瞭解 p5.js 撰寫代碼的技巧以及偵錯方法，在學習編程的路程上，以避免程式經常出錯，或屢遭各種阻礙而造成信心的瓦解。

■ 撰寫代碼的技巧
○ 養成撰寫整齊代碼的良好習慣
編寫整齊統一的編程，不僅對個人而言，是一種美好的習慣，更重要的是，能避免造成錯誤的良方。雖然凌亂的編寫格式，有時程式依然能夠順暢執行。但程式萬一有差錯，無法順利運作時，要找出錯誤之所在，對整齊統一的編程來說，顯然是比較容易一些。

○ 編程一行一行、一個區塊一個區塊慢慢來
不用太急於追求酷炫複雜的表現，再龐大的專案，也都是由沒有錯誤的許多子專案堆積而成。寧可一行一行爬行，一個區塊一個區塊逐步架穩。再華麗的編程殿堂，若由尚有瑕疵的代碼所砌成，就容易導致「樓起、樓塌」的感嘆。相信大家都能瞭解「九層之臺起於累土；千里之行始於足下」的道理。

○ 注意各代碼的顏色或粗細
無論你使用哪種代碼編輯器，原則上系統函式或系統變數，字體本身都會自動標示不同的顏色或粗細。只要仔細留意，就能發現你所鍵入的函式或變數名稱，是否有錯誤，不用 p5.js 來提示，也能及早發現、及早修正。以避免產生過多的錯誤，而造成程式無法順利執行的後果。

○ 留意字母的大小寫的區別
函式或變數的名稱，請留意所使用英文字母的大小寫差別。這都是造成程式無法正常運作的原因之一。糟糕的是，p5.js 並不會提示你有英文字母的大小寫錯誤，僅回報給你的是，什麼東西都不顯現的窘境。所以請務必要格外小心。編程裡所使用的函式或變數名稱，英文字母的大小寫、前後都必須保持一致性才行。

○ 多多利用註釋的方法
萬一編程裡有瑕疵，要查出哪一行有問題，可以利用 // 雙斜線的方式註釋掉。如果想查出哪個區塊有問題，則可利用 /* 與 */ 這組成對的註釋方式，逐漸縮小範圍直到查出真兇為止。雖然註釋正面的用法，主要是給自己或他人註記或提示文字的說明，但轉為當成偵錯來用，也是非常不錯的方法。

由於 p5.js 是以 JavaScript 語言為基底所研發出來的一種程式庫，所以使用時並不怎麼顯示錯誤的訊息。以下就列舉出少數會顯示錯誤訊息，而且經常會看到的幾種狀況例子。

(1) 使用到未宣告的變數

```
print(count);
```

突如其來要印表出 count，所顯示的錯誤訊息是：Uncaught ReferenceError: count is not defined.

329

(2) 函式擺放位置的錯誤

```
function setup() {
}
createCanvas(400, 400);


function draw() {
  background(220);
}
```

顯示的錯誤訊息是：Uncaught ReferenceError: createCanvas is not defined.
即使函式名稱沒錯，但擺放的位置有誤，亦即沒編寫在 setup() 或 draw() 主函式的大括號 { } 之內，也會出現跟 (1) 類似的錯誤訊息。

(3) 搞錯了函式名稱

```
size(400, 400);
```

顯示的錯誤訊息是：Uncaught Error: size() is not a valid p5 function, to set the size of the drawing canvas, please use createCanvas() instead. 因為 p5.js 根本無 size( ) 函式，而是 createCanvas()。

(4) 弄錯了關鍵字

```
ver x;
```

顯示的錯誤訊息是：Uncaught SyntaxError: Unexpected identifier.
ver x; 是 var x; 之誤。另外順帶一提的，若是 let x; 則是 JavaScript 程式語言，經常用來宣告變數的另一種關鍵字。而在 p5.js 的編程裡，let 也是宣告變數之意。

以上幾種就是 p5.js 最常見到的錯誤訊息。諸如此類的代碼錯誤，大致上都還算是有跡可循，稍加留意就能夠順利解決。使用 p5.js 最大的問題是，編程已準備就緒，按下「play」鈕，畫布卻甚麼也沒有，而且也全無任何錯誤訊息。這才讓人垂頭喪氣、捶胸頓足。為了避免造成此類完全無厘頭的錯誤，以下整理最容易導致這類後果的原因，以便日後進行 p5.js 的編程時特別留意一下。

a. 沒設定變數的初始值

```
var angle;

function setup() {
  createCanvas(400, 400);
}


function draw() {
  background(220);
```

```
  translate(200, 200);
  rotate(radians(angle));
  rect(cos(radians(angle)), sin(radians(angle)), 150, 150);
  angle++;
}
```

這是初學者最常發生的錯誤。主要漏了設定 angle = 0; 的初始值，結果畫布上只會出現底色。

b. 搞錯了系統函式或系統變數名稱

```
function setup() {
  createCanvas(400, 400);
  background(220);
}

function draw() {
}

function mouseClick() {
  ellipse(mouseX, mouseY, 30, 30);
}
```

這是誤將 mouseClick() 當成系統函式 mouseClicked() 來使用之例。

c. 誤置了函式的位置（目的與手段背離）

```
function setup() {
  createCanvas(400, 400);
}

function draw() {
  background(220);
}

function mouseClicked() {
  ellipse(mouseX, mouseY, 30, 30);
}
```

這編程沒有問題，只是 background(220); 擺放到 draw() 主函式之內，單擊滑鼠什麼圖形也不會顯示。

d. 將系統變數宣告成一般變數

```
function setup() {
  createCanvas(400, 400);
```

```
  var mouseX;
  print(mouseX);
}
```

這是誤將系統變數當成一般變數來宣告之例。控制台僅顯示 Object {@t: "[[undefined]]", data: ""}。

e. 搞錯屬性名稱

```
var score = [5, 10, 15];

function setup() {
  createCanvas(400, 400);
  print(score.rength);
}
```

這是誤將 score.rength 當成 score.length 來使用之例。因此，在控制台僅會顯示出 Object {@t: "[[undefined]]", data: ""}。

以下的幾個範例，某些代碼僅屬多餘或缺漏，但並不影響整個編程的執行結果。

f. 自定函式時所設定的參數數量，與利用時所設定的引數數量不符

```
上面省略.................................
function draw() {
  drawEye(150, 80, 100); // 實際多了 1 個引數，程式僅在 (150, 80) 位置畫眼睛 ( 右上 )，忽略第 3 個引數
  drawEye(50, 120, 150); // 實際多了 1 個引數，程式僅在 (50, 120) 位置畫眼睛 ( 左下 )，忽略第 3 個引數
}

function drawEye(x, y) { // 自定函式 ( 設有兩個參數 )
  fill(255); // 白色
  ellipse(x, y, 120, 120); // 畫圓
以下省略.................................
```

本範例節錄自範例 i-08：有引數的自定函式 --- 畫兩顆眼睛 (p.141)。多設了引數，但並不會顯現錯誤。

g. 宣告的變數並未使用

```
var count = 0;

function setup() {
  createCanvas(400, 400);
```

雖然宣告了變數 count 並賦值為 0，但後面的編程卻完全未使用，僅屬多餘，並不會出現錯誤。

h. 漏掉分號；

```
var count = 0

function setup() {
  createCanvas(400, 400)
```

基本上 p5.js 未冠上分號；也能夠執行，並不會出現錯誤。但還是養成冠上分號 (;) 的習慣會比較好。

i. 弄錯 print( ) 函式的位置

```
var score = [5, 10, 15];

function setup() {
  createCanvas(400, 400);
}
print(score.length);
```

這是弄錯了 print(score.length); 函式該擺放位置之例。控制台並不會印表出 3，反而是顯現出列印選項的對話框。通常 print( ) 函式若不在 setup() 或 draw() 主函式的 { } 之內，都會顯現這樣的列印選項對話框。

■ 利用 print( ) 偵錯的方法

若控制台並未顯示出錯誤訊息，而且編程看似也都正確的情況，但按下「play」鈕，畫布上甚麼也沒有，此際，恐怕是藉 print( ) 函式來偵錯的最佳時機。這裡就列舉一個範例，看看 print( ) 函式是如何用來偵錯呢？範例是想要在 50 ～ 350px 之間，利用滑鼠單擊畫出 50×50px 的圓形。整個編程如下：

```
function setup() {
  createCanvas(400, 400);
  background(220);
}

function draw() {
}
```

```
function mouseClick() {
  if(mouseX < 50 && mouseX > 350) {
    ellipse(mouseX, mouseY, 50, 50);
  }
}
```

當執行本範例的程式時，無論我們怎麼在畫布上單擊滑鼠，也都沒有任何反應，更不用說是圓形了。
應當編程有某些問題。或許仔細看這個範例，要找出問題點並非很困難，但若是換成其它比較複雜的
編程，可能就沒那麼容易了。僅以這個範例來說，單擊滑鼠無法正確畫出 50×50px 的圓形，可能會有
下列幾種情形。

(1) 滑鼠單擊事件的函式有錯誤
(2) 條件判斷的 if 語句內有錯誤
(3) 畫圓的函式編寫是否有錯誤

首先，讓我們從 (1) 開始調查起吧！請在 function mouseClick() { 之下輸入 print("OK");。如下：

```
上面省略.....................................
function mouseClick() {
  print("OK");
  if(mouseX < 50 && mouseX > 350) {
    ellipse(mouseX, mouseY, 50, 50);
  }
}
```

輸入後執行的結果，控制台也沒印表出 OK。顯然滑鼠單擊事件的函式有錯誤，查閱一下相關資料，原
來 mouseClicked 這函式名稱才對。立即修正再執行看看。

```
function mouseClicked() {
  print("OK");
```

修正後，每當滑鼠在畫布上單擊時，控制台就會印表出 OK，但圓形還是沒顯現。接下來，再測試一下
(2) 條件判斷的 if 語句內是否有錯誤？請將 print("OK"); 剪下往下一行貼上。如下。

```
function mouseClicked() {
  if(mouseX < 50 && mouseX > 350) {
  print("OK");
  ellipse(mouseX, mouseY, 50, 50);
  }
}
```

貼上後，再執行看看。利用滑鼠在畫布上單擊，控制台還是不顯現 OK，顯然，條件判斷的 if 語句內有
錯誤。請逐一仔細瞧瞧各條件。「mouseX 小於 50，而且 mouseX 大於 350」。這樣的條件根本不存在，
原來這裡也有錯誤。立即修正過來。如下。

```
上面省略.....................................
function mouseClicked() {
  if(mouseX > 50 && mouseX < 350) {
  print("OK");
  ellipse(mouseX, mouseY, 50, 50);
  }
}
```

修正過後，再執行看看。利用滑鼠在畫布上（約在 50 ～ 350px 之間）單擊，就會顯現出 50×50px 的圓形，而且每次單擊滑鼠，控制台也都會印表出 OK。到此終於把這個編程的錯誤問題解決了。第 (3) 畫圓的函式是否編寫有錯誤，根本也就不用再測試了。

以上僅舉例說明如何利用 print( ) 函式來偵錯的方法。但這並非意味所有 p5.js 的問題，藉著 print( ) 函式都能夠克服。萬一不幸遇上了連利用 print( ) 函式，都無法解決的難題時，請稍安勿躁，你可以先休息一下，讓腦袋清醒一會兒，或是向朋友、師長求助。也許答案或解決的方法就在燈火闌珊處，只是你先前一直都沒有發現。

參考文獻

1.Lauren McCarthy, Casey Reas & Ben Fry：Make：Getting Started with p5.js：Making Interactive Graphics in JavaScript and Processing, Maker Media, 2016

2.Benediks Gross, Hartmut Bohnacker, Julia Laub, Claudius Lazzeroni：Generative Design: Visualize, Program, and Create with JavaScript in p5.js, Princeton Architectural Press, 2018

3.Engin Arslan：Learn JavaScript with p5.js：Coding for Visual Learners, Apress, 2018

4.Daniel Shiffman：The Coding Train：https://www.youtube.com/user/shiffman/featured

5. 松田 晃一, 由谷 哲夫, 椎野 綾菜：p5.js プログラミングガイド, カットシステム, 2015

6. 田所 淳：Processing クリエイティブ・コーディング入門, 技術評論社, 2017

7. 前川 峻志, 田中 孝太郎：Built with Processing[Ver. 1.x 対応版] -- デザイン / アートのためのプログラミング入門, ビー・エヌ・エヌ新社, 2010

8.Yasushi Noguchi：http://r-dimension.xsrv.jp/classes_j/category/processing/

9.Masateru Yoshimura：http://www.d-improvement.jp/learning/processing/#

10.Katsumi Shibata：https://infosmith.biz/

11.Keita：https://p5codeschool.net/tutorial/

12.Kajiyama：http://monge.tec.fukuoka-u.ac.jp/cg_processing/0_processing.html#Top

13.Daniel Shiffman 著, 李存译：Processing 编程学习指南（原书第 2 版）, 机械工业出版社, 2017

14.Daniel Shiffman 著, 周晗彬译：代码本色：用编程模拟自然系统, 人民邮电出版社, 2015

15.Casey Reas, Ben Fry 著, 张静, 谭亮等译：Processing 语言权威指南, 电子工业出版社, 2013

16.Casey Reas, Ben Fry 著, 蔣大偉譯：Processing 入門 -- 互動式圖形實作介紹, 基峰資訊, 2016

17. 任远 著：Processing 互动编程, 科学出版社, 2015

18. 谭亮 编著：Processing 互动编程艺术, 电子工业出版社, 2012

19.Wenzy 著：写给设计师的 Processing 编程指南：https://wenzy.zcool.com.cn/

20.Snow Liang 著：Oh! Coder：http://ohcoder.com/blog/categories/processing/

功能索引

結構
- **createCanvas(w, h)** →設定畫布的大小。w 是寬；h 是高。單位是像素 (pixels)。p.23
- **//** →雙斜線具有註釋 (Comment) 之意。更重要的在 // 後該行的代碼或文字，均有不被執行的作用。p.24
- **/* 與 */** 分行並用 →意義同上。凡是在 /* 與 */ 之間，多行或整段代碼或文字，均有不被執行的作用。p.24
- **;** →分號 (Semicolon)，通常使用於各函式 ( ) 之後，作為必要的區隔功能。請留意有時不可省略。p.24

圖形繪製（基本形）
- **point(x, y)** →在 (x, y) 座標的位置畫點。p.25
- **line(x1, y1, x2, y2)** →由起點 (x1, y1) 座標, 到終點 (x2, y2) 座標的位置繪製線條。p.25
- **ellipse(x, y, w, h)** →由 (x, y) 圓心座標位置繪製寬 (w)、高 (h) 大小的圓形。p.25
- **ellipseMode()** →指定圓形的繪製模式 (CORNER、CORNERS、CENTER(預設)、RADIUS)。p.28
- **rect(x, y, w, h)** →由 (x, y) 座標位置繪製寬 (w)、高 (h) 大小的矩形。p.25
- **rectMode()** →指定矩形的繪製模式 (CORNER(預設)、CORNERS、CENTER、RADIUS)。p.28
- **rect(x, y, w, h, er)** →前四個參數同上，第五個參數是將矩形 4 個角設定成相同大小的圓角半徑。p.27
- **rect(x, y, w, h, tl, tr, br, bl)** →前四個參數同上，後四個 tl 是左上, tr 是右上, br 是右下, bl 是左下，依順時針方向來設定矩形圓角的半徑數值。p.27
- **triangle(x1, y1, x2, y2, x3, y3)** →由 3 個頂點的座標來畫三角形。p.25
- **quad(x1, y1, x2, y2, x3, y3, x4, y4)** →由 4 個頂點的座標來畫四邊形。p.25
- **arc(x, y, w, h, start, stop)** →預設 () 內的 x, y 是繪製圓弧形的中心座標；w, h 是圓弧的寬、高；start, stop 則是分別代表繪製圓弧的起始與終點。而圓弧的起點 0 度是在三點鐘的位置，依順時針方向旋轉。p.29

屬性
- **strokeWeight(n)** →設定線條的粗細 (即線寬)。預設為 1 個像素的寬度。p.26
- **smooth()** →設定平滑圖形的邊緣；**noSmooth()** →不平滑圖形的邊緣 (有鋸齒狀)。p.26
- **strokeCap()** →設定線端的樣式。在小括號內可選擇輸入：ROUND、PROJECT、SQUARE。p.26
- **strokeJoin()** →設定線條接點 (轉角) 的樣式。在小括號內可選擇輸入：MITER、BEVEL、ROUND。p.27
- **angleMode(DEGREES)** →以角度法來設定繪製的模式。p.30
- **angleMode(RADIANS)** →以弧度法來設定繪製的模式。此為預設。p.30

顏色
- **fill()** →填塗顏色。預設為白色。小括號內 1 個數值是灰階；若有 2 個數值時，第 2 個數值是透明度。若有 3 個數值時，預設是 RGB 色彩，各 256 個階段。若有 4 個數值時，則第 4 個數值是透明度。p.31
- **noFill()** →無填塗顏色。小括號內無須設定任何數值。p.32
- **stroke()** →線條著色。預設為黑色。同前面 fill() 函式的說明。p.32
- **noStroke()** →無邊線。小括號內無須設定任何數值。p.32
- **background()** →設定背景色 (畫布的底色)。預設為完全透明色。同前面 fill() 函式的說明。p.32
- **clear ()** →將畫布上所有像素的顏色 (包含背景色)，清除成百分百的透明。p.32
- **color()** →這是用來設定顏色的函式。可當成 fill()、stroke() 或 background() 小括號內的引數 (Argument) 來使用。或是先將 color() 函式宣告成變數，再當成 fill()、stroke() 或 background() 小括號內的參數 (Parameter) 來使用。p5.js 還能夠利用陣列 [ ] 來替代 color() 函式。p.34
- **colorMode()** →可指定色彩模式。若要使用 HSB 色彩模式時，就必須先設定。設定時請注意透明度的階段數。透明度的預設值為 1.0。若有設定則從其設定。p.36

圖形繪製（直、曲線圖形）

- **beginShape(), vertex(), endShape()** →配合使用多個 vertex()，即可繪製多邊形。p.39
- **beginShape()**... 若 搭 配 POINTS, LINES, TRIANGLES, TRIANGLE_FAN, TRIANGLE_STRIP, QUADS, QUAD_STRIP 及 **endShape()** ... CLOSE →一起使用可繪製點、線或多邊形組合的圖形。p.40 ~ 41

- **beginShape()、vertex()、bezierVertex()、endShape()** →並用此四個函式，可繪製貝茲曲線邊框的自由圖形。vertex(x, y) 是代表繪製自由圖形的起點座標；bezierVertex(cx1, cy1, cx2, cy2, x, y) 有六個參數。cx1, cy1 是畫曲線的第一個控制點座標；cx2, cy2 是畫曲線的第二個控制點座標；x, y 則是指繪製曲線的起點座標。其它函式則同前。p.44
- **beginShape()、多個（至少要四個）curveVertex()、endShape()** →並用這三個函式，可繪製一般曲線邊線的自由圖形。每個 curveVertex(x, y) 函式均有兩個參數，亦即 x, y 座標。但 beginShape() 與 endShape() 函式之間，必須各多增加一組相同的 curveVertex(x, y)，以便作為一般曲線圖形的控制點之用。p.45

- **bezier(x1, y1, cx1, cy1, cx2, cy2, x2, y2)** →繪製貝茲曲線。在小括號 () 內可輸入八個參數。x1, y1 和 x2, y2 →分別代表貝茲曲線的起點和終點；cx1, cy1 和 cx2, cy2 →則分別代表兩個控制點的座標位置。p.42
- **curve (cx1, cy1, x1, y1, x2, y2, cx2, cy2)** →繪製一般曲線。在小括號 () 內可輸入八個參數。x1, y1 和 x2, y2 →分別代表設置一般曲線的起點和終點；而 cx1, cy1 和 cx2, cy2 →則分別代表兩個控制點的座標。跟繪製貝茲曲線雷同，但其參數的位置剛好相反。p.43

變數

- **var** →變數的關鍵字。編程裡使用這個 var，僅代表宣告或定義「變數」之意。p.49。亦可使用 let 關鍵字。p.330 因為變數有全域與區域變數之分。請注意將「變數 (variable)」設置於那個區塊是關鍵。p.57
- **=** →是代入之意。= 左邊是變數名稱；右邊則是數據。這是將變數暫時賦予某個數值 (即賦值) 或數據之意。p.49
- **width, height** →表示畫布的寬、高。屬於系統變數。系統變數是指 p5.js 程式本身所提供的變數名稱。p.51
- **print()** →將運算的結果印表於控制台。p.51。能改用 **console.log()** 函式。編程時可作為偵錯的方法。p.333。
- **運算符號** →請參閱「p5.js 各種運算符號一覽表」。p.53

控制
重覆處理

- **while()** → while 迴圈處理。語法：while(重覆範圍)。在 while 之前要有初始值；在 while 之後要有重覆方式。p.55
- **for()** → for 迴圈處理。語法：for(初始值；重覆範圍；重覆方式) { 編寫需重覆執行的函式 }。p.56

條件判斷

- **if (條件 1) { 函式 1} else { 函式 2}** →若符合條件 1，則執行前一個 {} 內的函式 1；不符合時，就執行下一個 {} 內的函式 2。若條件單純，大括號 {} 本身，可以省略。p.64。尚有多種其它的表達方式。p.65 ~ 67
- **switch ~ case ~ break(~ default)** →屬於分岔型的條件判斷。須先區分成確定的幾種情況，再搭配幾組 case ~ break。若符合某一種情況，則執行該情況下的函式。若有難以分類的情況，則最後可設 default，統一歸成此類。p.69

隨機（亂數與雜訊）

- **random()** →亂數或隨機之意。( ) 內可輸入數值或變數名稱。( ) 內僅一個數值時，即最大值。若有兩個數值時，則表示亂數的 (最小值, 最大值)。預設值為 1，即產生 0~1 有小數點的隨機值。p.54
- **randomSeed()** →設定亂數種子的函式。小括號內可設定不同的數值，會有不同的亂數效果。但一旦設定了數值，其執行的結果均會相同。p.143

- noise() →隨機產生數值的函式。其所產生的數值均介於 0.0 ~ 1.0 之間。通常需乘以應有的倍數,方能在畫布上顯示出該有的效果。或利用 map() 函式將原本的數值,映射對應到某數值之間。p.96
- noiseSeed() →設定隨機產生雜訊種子的函式。小括號內可設定各種不同的數值,若設定了數值,其每次執行的結果均會相同。p.96

文字

- text(str, x, y) →文字函式。str 表示要顯示的字串,需用 " " 圍住;x, y 是座標位置。座標後面尚可再增加 w, h 兩個參數,這表示文字是要以設定的寬、高來顯示。p.73
- textSize(n) →文字的大小。n 代表文字的大小。單位是像素。p.73
- textAlign() →文字的編排。有 RIGHT(右)、CENTER(中)、LEFT(左) 可選用。p.73
- textLeading() →文字的行距。可使用「\n」來換行,行距預設為文字的大小。此函式可用來設定行距大小,若參數設定比文字的大小還少,上下文字就會靠近甚至重疊,請留意。p.73
- textFont() →指定字型。參數是直接使用字體的名稱即可,但需使用雙逗號 " " 圍住。p.74
- loadFont() →載入字型。可將字型檔名或 URL 當成參數,載入字型來使用,同樣是利用雙逗號 " " 圍住。此函式一般都是編寫在 preload() 函式的區塊之內。p.75

影像

- createImg() →僅輸入圖片的檔名 (含副檔名) 即可,但必須以雙逗號 " " 圍住。p.78
- preload () →用來預先載入檔案。通常編寫在 setup() 函式前面,而且還加上 function 這個關鍵字。p.78
- loadImage() →同樣是僅輸入圖片的檔名 (含副檔名) 即可,但必須以雙逗號 " " 圍住。p.78
- image(img, x, y) →這是專為顯示圖片的函式。( ) 內至少要有變數名稱及 x, y 座標,但座標是以圖片的左上角為基準。若再設定第 4、5 個參數,則表示是圖片顯示的寬、高。p.78
- tint() →用來改變圖片的色調。參數設定跟 fill() 函式一樣。p.80; ● noTint() →用來恢復圖片原本的色調。p.80
- imageMode() →用來設定影像模式。小括號 () 內可輸入:
  CORNER ... image (左上角的 x 座標,左上角的 y 座標,寬,高) ※ 此為預設。
  CORNERS ... image (左上角的 x 座標,左上角的 y 座標,右下角的 x 座標,右下角的 y 座標)。
  CENTER ... image (中心的 x 座標,中心的 y 座標,寬,高)。p.81

- frameRate() →用來設定動畫的播放速率。預設每秒 60 個影格,要加快可增加;欲減慢則降低數值。p.87
- frameCount →單純僅用來計數 (即俗稱的計數器)。至於計數的快慢,是由 frameRate() 函式決定。p.92
- year() →表示年份的函式。如 2018、2019 等。p.94; ● month() →表示月份的函式。如 1 ~ 12 等。p.94
- day() →表示日期的函式。如 1 ~ 31 等。p.94; ● hour() →表示時點的函式。如 1 ~ 23 等。p.94
- minute() →表示分鐘的函式。如 1 ~ 59 等。p.94; ● second() →表示秒數的函式。如 1 ~ 59 等。p.94
- millis() →表示毫秒的函式。即千分之一秒。p.94

座標變換

- translate(x, y) →將原點座標 (0, 0) 位移至所設定的 (x, y) 座標的位置。p.97
- rotate() →小括號內通常是以弧度法 (π = 180°) 來表示,而 π 的代碼是 PI。這跟畫圓弧形一樣。p.101
- scale() →小括號內通常是以倍率來表示。可以針對寬、高設定不同的縮放倍率。例如:2.0 是放大兩倍;0.5 是縮小 50% 之意。p.103
- shearX() →傾斜 X 座標之意,小括號內通常是以弧度法來表示。可跟 shearY() 搭配使用。p.106
- shearY() →傾斜 Y 座標之意,小括號內通常是以弧度法來表示。可跟 shearX() 搭配使用。p.106
- **各種座標變換的組合** →座標變換的各函式可搭配一起使用,使用的先後其效果通常是不一樣。p.107
- push () ~ pop () →繪圖屬性或座標的暫存與恢復。這組函式需配對使用,而且能夠多重利用。p.108

互動作用（滑鼠、鍵盤事件）

滑鼠事件

- **mousePressed( ) {...}** →當按下滑鼠按鈕時，僅執行 1 次 {...} 當中的所有函式。p.113
- **mouseReleased( ) {...}** →放開滑鼠按鈕時，僅執行 1 次 {...} 當中的所有函式。p.113
- **mouseMoved( ) {...}** →當滑鼠移動時，持續執行在 {...} 當中的所有函式。p.114
- **mouseDragged( ) {...}** →按著滑鼠拖移時，持續執行在 {...} 當中的所有函式。p.115
- **mouseClicked( ) {...}** →單擊滑鼠按鈕時，僅執行 1 次 {...} 當中的所有函式。p.116
- **mouseWheel(event) {...}** →當撥動滑鼠的滾輪時，持續執行 {...} 當中的所有函式。p.117
- **mouseX, mouseY** →滑鼠指標的座標位置（由畫布即繪圖範圍的原點計算）。p.118
- **pmouseX, pmouseY** →是指前一個滑鼠指標的座標位置。p.118
- **mouseIsPressed** →按下滑鼠按鈕（== true）、未按的話（== false）。p.118
- **winMouseX, winMouseY** →滑鼠指標的座標位置（由視窗的原點來計算）。p.118
- **pwinMouseX, pwinMouseY** →是指前一個滑鼠指標的座標位置（由視窗的原點來計算）。p.118
- **mouseButton** →按下或鬆開滑鼠按鈕（== true）、未按按鈕（== false）。這裡又區分 LEFT(左鍵)、RIGHT (右鍵) 及 CENTER(中鍵) 可用。p.119
- **cursor(type)** →設定滑鼠指標的圖像。可設定的類型有 ARROW、CROSS、HAND、MOVE、TEXT 或 WAIT 等六種。p.120
- **noCursor()** →則是不顯示滑鼠指標的任何圖像。p.120

鍵盤事件

- **keyPressed( ) {...}** →當按下按鍵時，僅執行 1 次 {...} 當中的所有函式。無大小寫字母之分。p.122
- **keyReleased( ) {...}** →當放開按鍵時，僅執行 1 次 {...} 當中的所有函式。無大小寫字母之分。p.122
- **keyType( ) {...}** →當按下某按鍵時，僅執行 1 次 {...} 當中的所有函式。有大小寫字母之別，而且完全忽略 Shift、Ctrl 或 Alt 等特殊鍵的操作。p.123
- **keyIsPressed** →按下鍵盤的某按鍵時（== true）、未按時（== false）。p.124
- **key** →接收字母或數字、符號鍵時的變數。p.124
- **keyCode** →接收某些特殊按鍵的變數。特殊鍵有方向鍵、Shift、Ctrl、Alt(Option) 或 Caps Lock 等。p.125

函式

系統函式

- **function** →屬於設定函式的一個專用關鍵字。若有此關鍵字卻無函式名者，則為無名函式。p.176
- **setup( ) {...}** →僅執行一次的主函式區塊。一般用來設定畫布大小、動畫執行速率等初始化的函式。p.14
- **draw( ) {...}** →會持續重複執行的主函式區塊。通常用來設定顏色、圖形或動畫所遵循條件等的函式。p.14
- **noLoop()** →不執行 draw 主函式的重覆處理（意即僅執行 1 次）。p.133
- **loop()** →重新啟動 draw 主函式的重覆處理功能。p.133
- **redraw()** →僅執行一次 draw 主函式的處理功能。p.134

常用的預設函式

- **map()** →映射函式。這是表示針對某一個對象，將原本的數值映射對應到某個數值之意。小括號之內 () 通常有五個參數，例如 map(mouseX, 0, width, 100, 300)，第 1 個參數是需要映射的對象；第 2 及第 3 個參數是指對象原本的數值；而第 4 及第 5 個參數是希望映射對應的數值。p.135
- **dist()** →距離函式。用來計算兩點間的距離。通常小括號內有兩組點座標，例如 dist(x1, y1, x2, y2) 是表示 (x1, y1) 到 (x2, y2) 的距離。屬於 3d 空間上的兩點可寫成 dist(x1, y1, z1, y2, y2, z2)。p.137
- **constrain()** →限制函式。用來限定某對象的使用範圍之意。通常小括號內會有限制對象及最小範圍與最大範圍等三個參數，例如 constrain(mouseX, low, high) 即表示 mouseX 這個對象，將受限在最小值與最大值內。而限制對象若有低於最小值或高於最大值，均會以最小值或最大值來顯示。p.138

●**其它常用的預設函式** →請參閱「一般計算常用的預設函式」。p.139-140

自定函式

● **function 自定函式名稱 () { }** →基本式小括號內無參數；而一般泛用式，則會有一個或數個參數。p.140 ~ 141

●**自定函式名稱 ();** →呼叫（調用）自定函式之意。通常設定於系統函式 function draw( ) 的大括號 { } 之內。若自定函式本身設有幾個參數，通常也須對應設定有幾個引數。p.141

● **「有傳回值」的自定函式**，僅須在 { } 的最後一行編寫「**return** 變數名稱；」即可。p.147

●**遞迴（或遞歸）函數** →遞迴函數的核心概念，是在有限定的條件之下，調用其函數本身。p.147 ~ 148

數學

●**三角函數** →請記住 $x = R * \cos(\theta)$ 與 $y = R * \sin(\theta)$ 這一組公式。其中 x, y 是圓周上之點的座標；R 是圓的半徑；θ 是圓周上之點連接到圓心與 x 軸所形成的夾角。由公式可以得知，$\sin(\theta)$ 與 $\cos(\theta)$ 原本僅介於 -1.0 ~ 1.0 之間 x, y 的數值，必須乘上 R(半徑) 與指定在 x, y 的座標位置繪製，才能符合實際圖形的需要或看到效果。僅 x 或 y 座標套入上述其中的某一個公式，是左右或上下的反覆運動；若 x 與 y 同時套入相同的三角函數，即斜方向運動；若 x 與 y 同時套入不同的三角函數，即圓周運動。→ p.149 ~ 152

介面配件

● **createButton ()** →創建或製作按鈕的函式。其引數就是顯示於上面的字串標籤。p.165
● **createInput ()** →創建文字專用輸入區的函式。其引數就是顯示於該區內的字串。p.169
● **createSlider (min, max)** →創建滑桿的函式。其引數就是所設定的最小值與最大值。p.170
● **createSelect(mult)** →創建下拉式選單的函式。若 mult 為真時，就可以多重選擇。p.171
● **createCheckbox()** →創建勾選小方格的函式。小括號可以有兩個引數，通常第 1 個引數是標籤的名稱，第 2 個引數為布林值（即真假值）。若第 2 個引數為真時，就是準備作為預設的選項。p.172
● **createFileInput()** →創建檔案按鈕的函式。p.174

陣列 (Array)

● **var a = [ ];** →宣告變數 a 為陣列之意。p.177
● **var a = [6];** →表示代入陣列的長度（範圍）為 6 之意。亦可用變數替代，如 var num = 6; var a = [num]; p.178
●**可逐一標示所有陣列長度（範圍）的數值或內容**。（例）a[0] = 12; a[1] = 8; a[2] = 16;.... a[n] = 32; 等。或直接使用 var a = [12, 8, 16, ...32]; 詳細列出亦可。但注意若使用字串時，需用雙逗號 " " 圍住。p.178
●**若搭配使用 for(初始值；重覆範圍；重覆方式) 時**，可將其中的重覆範圍改寫成 a. **length** 來表示。p.178
● **append ()** →可增加陣列數量（或長度）的函式。是從陣列最後的要素增加起。p.191
● **shorten ()** →可刪減陣列數量（或長度）的函式。是從陣列最後的要素刪減起。p.191
● **a [y] = [ ];** →則表示已是陣列的變數 a，再次宣告為陣列之意。亦即變成利用二次元陣列 **a [y] [x];**。p.193

影像處理

● **filter()** →濾鏡特效函式。總共有 INVERT、THRESHOLD、GRAY、BLUR、DILATE、ERODE、POSTERIZE 及 OPAQUE 八種。其中的 THRESHOLD、BLUR、POSTERIZE 等三種可再輸入引數。p.198
● **blendMode()** →顏色混合模式。適用於所有的顏色設定 (包含背景色、文字、圖形所設定的顏色或是圖片或影像本身所具有的顏色)。共有 14 種選項可以設定。p.199
● **blend()** →影像合成函式。共有 10 個 (img, sx, sy, sw, sh, dx, dy, dw, dh, blendMode) 參數，img 是原影像的

341

變數名稱；sx, sy, sw, sh 為原影像的 (x, y) 座標、sw, sh 為寬、高；dx, dy, dw, dh 為合成目標影像的 (x, y) 座標、sw, sh 為寬、高；最後的 blendMode 則是合成模式的名稱。p.201

像素操作

● **get()** →獲取影像像素資訊的函式。若小括號 () 內設定 (x, y)，僅獲取一個像素的資訊；如設定 (x, y, w, h)，是表示獲取局部影像的像素資訊。若無設定引數時，則表示獲取影像所有像素的資訊。p.202

● **set(x, y, c)** →設置影像像素資訊的函式。小括號 () 內的 (x, y)，是影像內的座標；c 則是由 color() 函式所設定的顏色。p.202

● **pixels[ ]** →像素陣列。通常都跟 loadPixels() 函式搭配使用；必要時還需搭配 updatePixels() 函式。p.204

● **loadPixels()** →載入像素資訊的函式。這函式主要是將影像的像素全收納到 pixels[ ] 像素陣列裡。p.205

● **updatePixels()** →更新像素資訊的函式。若 pixels[ ] 的資料有連續改變時，則需利用這函式。p.205

● **red()** →紅色成份的數值。p.205；● **green()** →綠色成份的數值。p.205；● **blue()** →藍色成份的數值。p.205

● **hue ()** →色相的數值。p.205；● **saturation()** →彩度的數值。p.205；● **brightness()** →明度的數值。p.205

● **alpha()** →透明度的數值。p.205

● **createCapture()** →創建攝錄或聲音的函式。可指定 VIDEO 或 AUDIO。若未指定，則兩者均可。p.219

● **createVideo(src)** →創建影片檔案的函式。引數 src 能以檔名或路徑名稱、或設定陣列 [ ] 亦可。p.219

物件 (Object)

本章因歸納彙整不易，故全部省略。請直接參閱第 15 章。p.225 ~ 242

聲音處理

● **loadSound ()** →載入聲音的函式。通常會搭配下兩個函式一起使用。p.243

● **setVolume ()** →設定音量的函式。音量設定是在 0.0(無聲) ~ 1.0(最大) 的數值。p.243

● **play ()** →播放聲音的函式。有五個參數 --- 開始的時間 (startTime)、播放速率 (rate)、音量 (amp)、選擇從第幾秒開始、以及播放到第幾秒等選項，可供更細微的設定。p.243

● **p5.AudioIn()** →取得麥克風聲音輸入的函式。使用時需要前置 new 關鍵字。有「enabled」屬性，通常取得允許時會設定為 true。p.245

● **p5.SoundRecorder()** →為了儲存檔案與播放的錄音函式。預設是錄下所有聲音。若僅想錄下特定的聲音時，就必須用 setInput() 函式來設定輸入物件。檔案格式為 wave。p.247

● **saveSound ()** →將錄下的聲音儲存成檔案。執行此函式時，通常會顯示出對話框，可設定檔名與儲存位置。p.247

● **p5.FFT ()** →採用聲音的高速傅立葉解析函式。使用時需前置 new 關鍵字，而且有兩個引數可設定。p.250

● **p5.Filter()** →產生濾波器物件。小括號內可設定 "lowpass"、"highpass"、"bandpass"。預設是 "lowpass"。p.254

● **p5. LowPass()** →產生低通濾波器物件。跟 p5.Filter("lowpass") 或 setType("owpass") 一樣。p.254

● **p5. HighPass()** →產生高通濾波器物件。跟 p5.Filter("highpass") 或 setType("highpass") 一樣。p.254

● **p5. BandPass()** →產生帶通濾波器物件。跟 p5.Filter("bandpass") 或 setType("bandpass") 一樣。p.254

● **p5.Oscillator()** →可設定產生頻率的示波器。這只是基本音源。尚有四種波形可設定，預設是正弦波。p.258

DOM 處理

● **createDiv(html)** →在 index.html 裡創建 <div> 與 </div> 這組標籤元素。所創建的 div 元素是 body 元素的子要素。可再使用 child() 或 parent() 函式，來變更與其它標籤的關係。p.264

● **createP(html)** →在 index.html 裡創建 <p> 與 </p> 這組標籤元素。所創建的 p 元素是 body 元素的子元素。可再使用 child() 或 parent() 函式，來變更與其它標籤的關係。p.264

- **createSpan(html)** → 在 index.html 裡創建 <span> 與 </ span > 這組標籤元素。所創建的 span 元素是 body 元素的子元素。可再用 child() 或 parent() 函式，來變更與其它標籤的關係。p.264
- **createElement (tag)** → 可使用 tag 引數來創建元素。可再使用字串來表示是哪種元素的子元素。p.265
- **removeElements ( )** → 可以刪除使用 p5.js 創建的所有元素。但 canvas 與 graphics 元素除外。p.268
- **selectAll (name)** → 可使用 name 引數來取得標籤名或是具有同樣 class 名，全部所有的元素。p.270
- **select (name)** → 可使用 name 引數來取得標籤名、ID 名或是具有同樣 class 名，其中之一的元素。若選取數個具有一致性名稱時，則會返回最初的狀態。p.270
- **loadTable()** → 可將檔案或 URL 的內容設定成表格來讀取。預設是以 CSV 格式讀取。設定 "header" 作為引數時，僅找具有雷同標題行數的資料。p.273
- **getRowCount ()** → 計數表格的行。p.273
- **getNum()** → 可由設定的行數裡取得 ID 編號。p.273

手機的功能
- **touchStarted ()** → 偵測開始碰觸面板的系統函式。同 mousePressed() 函式的意涵。p.281
- **touchMoved ()** → 偵測碰觸面板後手指移動的系統函式。同 mouseDragged() 函式的意涵。p.281
- **touchEnded ()** → 偵測碰觸面板後手指離開的系統函式。同 mouseReleased() 函式的意涵。p.281
- **deviceMoved ()** → 偵測裝置移動是否超過門檻值。p.284 ~ 286
- **deviceTurned ()** → 偵測裝置旋轉是否超過 90 度。p.284 ~ 286
- **deviceShaken ()** → 偵測裝置振動是否超過門檻值。p.284 ~ 287
尚有手機相關的其它多種系統變數，請參閱第 18 章。p.279 ~ 290

3D 的功能
- **translate(x, y, z)** → 原座標位移的小括號內可再增加 Z 方向的座標。p.292
- **rotateX() 、rotateY()、rotateZ()** → 可依不同的方向軸旋轉。p.293 ~ 294
- **scale()** → 可依設定的比例縮放。p.294
- **push () ~ pop ()** → 繪圖屬性或座標的暫存與恢復。這組函式同樣是需配對使用。p.295 ~ 296
- **plane()** → 繪製平面形。p.299 及 p.308；● **box()** → 繪製立方體。p.299；● **sphere()** → 繪製圓球體。p.299
- **cylinder()** → 繪製圓柱體。p.299；● **cone()** → 繪製圓錐體。p.299；● **ellipsoid()** → 繪製橢圓體。p.299
- **torus()** → 繪製圓環體。p.299
- **ambientLight()** → 設置環境光。p.299
- **directionalLight()** → 設置方向光。p.299 ~ 300
- **pointLight()** → 設置點光源。p.299 ~ 301
- **normalMaterial()** → 設定七彩的普通材質。p.303
- **ambientMaterial()** → 設定環境材質。p.302 ~ 303
- **specularMaterial()** → 設定環境材質。p.302 ~ 303
- **camera(x, y, z, cx, cy, cz, upX, upY, upZ)** → 設置相機位置。p.306
- **texture()** → 設定影像或影片貼圖。p.311 ~ 312
- **loadModel()** → 載入 3d 模型的 obj 檔案。p.314

其它的預設函式
- **createGraphics (w, h)** → 在既有的畫布上創建另外的畫布，以便於再繪製圖形。可設定寬高。p.252
- **createVector(x, y)** → 用來創建向量的函式。3D 的空間可再增加 Z 座標。p.317

國家圖書館出版品預行編目 (CIP) 資料

p5.js 編程入門觀止 / 蘭德數位藝術工作室編著 . -- 初版 .
-- 新北市：龍溪國際圖書 , 2018.12
面；　公分
ISBN 978-986-7022-97-4(平裝)
1.Java Script(電腦程式語言) 2. 網頁設計 3. 電腦繪圖
312.32J36　　　　　　　　　　　　107020047

作者簡介
蘭　德
現任台中教育大學專任教授　數位藝術工作室負責人
曾任虎尾科技大學多媒體設計系專任副教授
曾任嶺東科技大學視覺傳達設計系專任副教授、講師

編著
Photoshop Bible/1994
Photoshop Bible II/1994
Illustrator 5.5 版大全 /1995
FreeHand 5.0 版大全 /1995
電子黏土 /1996
數位文字特效 /1996
基本設計 /1985　等十餘冊

p5.js 編程入門觀止

作者：蘭　德
ling-te@yahoo.com.tw
出版發行：龍溪國際圖書有限公司
地址：新北市永和區中正路 454 巷 5 號 1 樓
網站：http://www.longsea.com.tw/
電話：02-32336838
傳真：02-32336839
郵政劃撥：1294942-3
帳戶：龍溪國際圖書有限公司
總經銷：北星文化事業有限公司

封面：蘭　德
排版：蘭　德
印刷：上晴彩色印刷製版有限公司
2018 年 12 月 18 日初版第一刷發行
定價：新台幣 1200 元